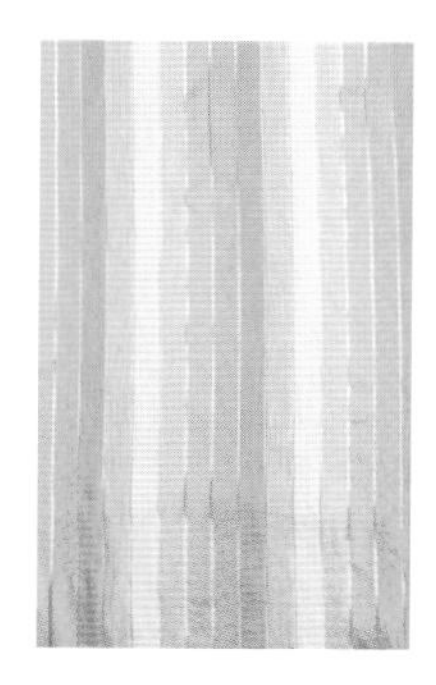

U0258588

室内设计专用系列
色彩与材质搭配手册

[英] 艾德丽安·钦 —— 著
刘悦 —— 译

Adrienne Chinn

THE HOME DECORATOR'S COLOER&TEXTURE BIBLE

中信出版集团 | 北京

图书在版编目（CIP）数据

色彩与材质搭配手册 / (英) 艾德丽安·钦著 ; 刘悦译. -- 北京 : 中信出版社, 2021.7
（室内设计专用系列）
书名原文: THE HOME DECORATOR'S COLOER&TEXTURE BIBLE
ISBN 978-7-5217-3130-9

Ⅰ. ①色… Ⅱ. ①艾… ②刘…Ⅲ. ①室内装饰设计－手册 Ⅳ. ① TU238.2-62

中国版本图书馆CIP数据核字(2021)第091110号

色彩与材质搭配手册
（室内设计专用系列）

著　　者：[英] 艾德丽安 · 钦
译　　者：刘悦
出版发行：中信出版集团股份有限公司
（北京市朝阳区惠新东街甲4号富盛大厦2座　邮编　100029）
承 印 者：北京利丰雅高长城印刷有限公司

开　　本：880mm × 1230mm　1/32　　印　　张：7.75　　字　　数：82千字
版　　次：2021年7月第1版　　印　　次：2021年7月第1次印刷
京权图字：01-2021-2960
书　　号：ISBN 978-7-5217-3130-9
定　　价：98.00元

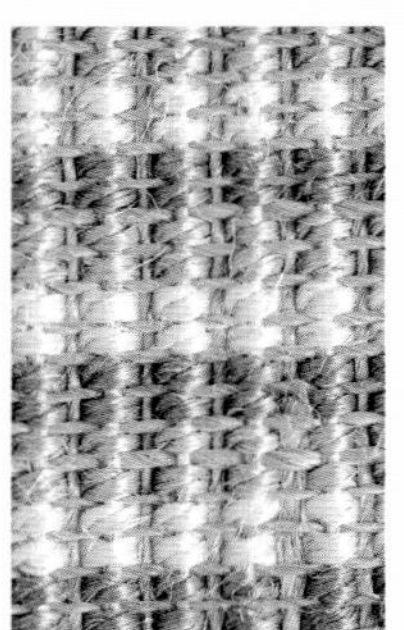

目录

如何使用本书

本书提供了180多个充满灵感的家庭装饰设计案例。每一个案例都是以页面底部的室内地面为基准深挖开来的，包括调色板、织物和地面备选方案等几个部分。本书是一本非常实用的工具书，你可以根据书中收录的图片和文字介绍，直接找到最合适的家庭装饰方案，也可以将此作为参考，激发更多的创作灵感。

本书共分为两大部分：第一部分——自然色，是以自然色调的地面为基础的居室装饰方案；第二部分——色相，是以彩色地面为基础的居室装饰方案。书中介绍了不同种类的地面配色，包括自然色调、冷色调、暖色调和鲜艳色调等配色体系。

印花油毡对于地面装饰而言是一个相对“绿色”的方式，它提供了丰富的色彩选择空间。

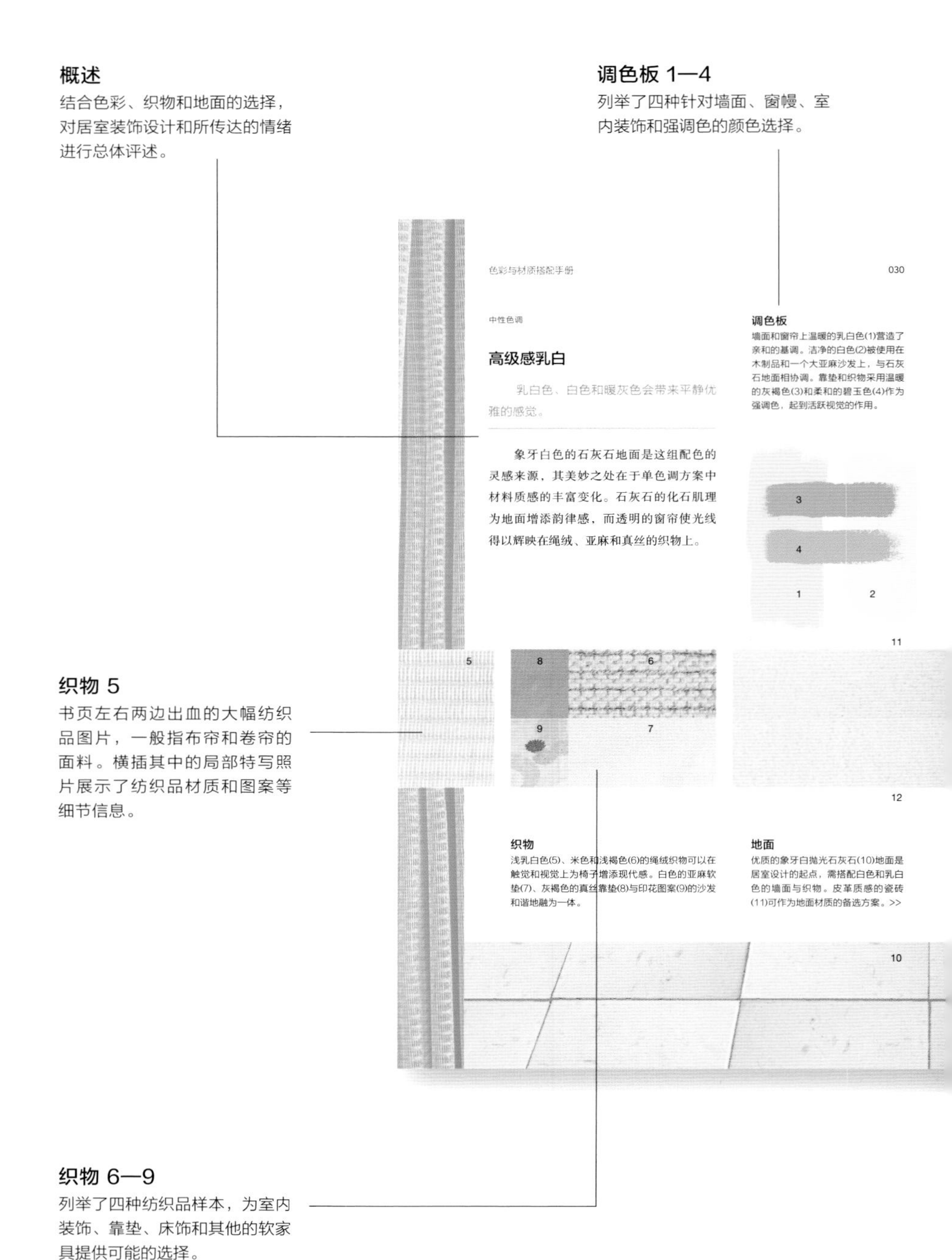

色彩与材质搭配手册 030

中性色调

高级感乳白

乳白色、白色和暖灰色会带来平静优雅的感觉。

象牙白色的石灰石地面是这组配色的灵感来源，其美妙之处在于单色调方案中材料质感的丰富变化。石灰石的化石肌理为地面增添韵律感，而透明的窗帘使光线得以辉映在绳绒、亚麻和真丝的织物上。

调色板

墙面和窗帘上温暖的乳白色(1)营造了亲和的基调。洁净的白色(2)被使用在木制品和一个大亚麻沙发上，与石灰石地面相协调。靠垫和织物采用温暖的灰褐色(3)和柔和的碧玉色(4)作为强调色，起到活跃视觉的作用。

织物

浅乳白色(5)、米色和浅褐色(6)的绳绒织物可以在触觉和视觉上为椅子增添现代感。白色的亚麻软垫(7)、灰褐色的真丝靠垫(8)与印花图案(9)的沙发和谐地融为一体。

地面

优质的象牙白抛光石灰石(10)地面是居室设计的起点，需搭配白色和乳白色的墙面与织物。皮革质感的瓷砖(11)可作为地面材质的备选方案。>>

概述

结合色彩、织物和地面的选择，对居室装饰设计和所传达的情绪进行总体评述。

调色板 1—4

列举了四种针对墙面、窗幔、室内装饰和强调色的颜色选择。

织物 5

书页左右两边出血的大幅纺织品图片，一般指布帘和卷帘的面料。横插其中的局部特写照片展示了纺织品材质和图案等细节信息。

织物 6—9

列举了四种纺织品样本，为室内装饰、靠垫、床饰和其他的软家具提供可能的选择。

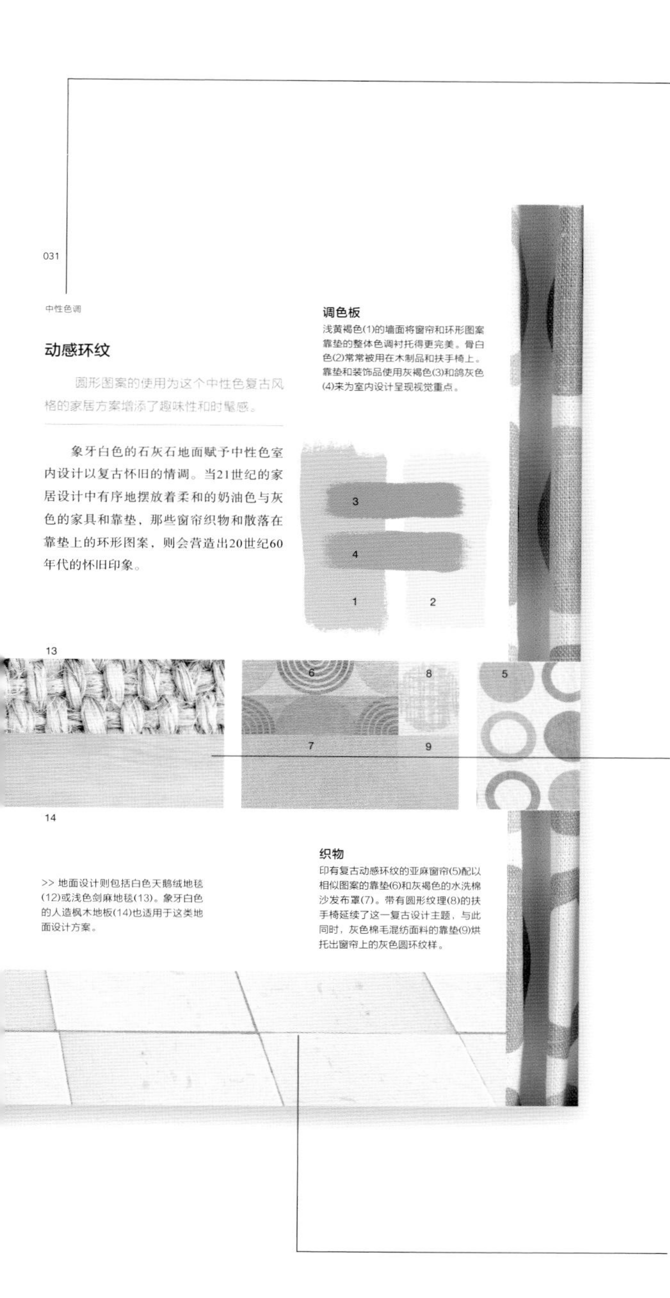
031

中性色调

动感环纹

圆形图案的使用为这个中性色复古风格的家居方案增添了趣味性和时髦感。

象牙白色的石灰石地面赋予中性色室内设计以复古怀旧的情调。当21世纪的家居设计中有序地摆放着柔和的奶油色与灰色的家具和靠垫，那些窗帘织物和散落在靠垫上的环形图案，则会营造出20世纪60年代的怀旧印象。

调色板

浅黄褐色(1)的墙面将窗帘和环形图案靠垫的整体色调衬托得更完美。骨白色(2)常常被用在木制品和扶手椅上。靠垫和装饰品使用灰褐色(3)和鸽灰色(4)来为室内设计呈现视觉重点。

3
4
1
2
13
6
8
5
7
9
14

织物

印有复古动感环纹的亚麻窗帘(5)配以相似图案的靠垫(6)和灰褐色的水洗棉沙发布罩(7)。带有圆形纹理(8)的扶手椅延续了这一复古设计主题，与此同时，灰色棉毛混纺面料的靠垫(9)烘托出窗帘上的灰色圆环纹样。

>> 地面设计则包括白色天鹅绒地毯(12)或浅色剑麻地毯(13)。象牙白色的人造枫木地板(14)也适用于这类地面设计方案。

地面色调

地面配色包括以下四种类型：中性色调、冷色调、暖色调和明艳色调。

地面 11—14

一般会提供四种同类色调的地面材料的选择方案，它们被编排在版心的左右页上。

地面 10

在每一个设计案例中，页面的底部都配有最具代表性的室内地面的大幅图片。这是奠定室内装饰基调的地面图片，该图片横跨左右两页。

传统风格的浴室地面采用鹅卵石质地的瓷砖，是一种绝佳的选择。

橡木地板使现代居室更加温暖并富有质感。

漂白的地板与白色的厚粗绒地毯搭配，为鲜艳的青柠檬色的居室设计建立了中性的基调。

前言

当你打开新公寓的大门，步入铺着红砖的玄关，穿过由橡木地板铺就的客厅，进入厨房，在这里你终于如释重负地长吁了口气，把一盒碗碟放在了仿石灰石的陶瓷地板上。新家的墙面通体被刷成纯白色，所有卧室的地面都铺设着剑麻质感的羊毛地毯。浴室内的陈设为高雅的中性色，并配以人造石材的地面。恭喜！你的新居宛如一张空白的画布，拥有了塑造个人风格的可行性空间。那么，你该从哪里入手呢？

或者，你购买的是一所旧房子。现有门厅铺设着斜拼的黑白格子瓷砖，起居室装饰有薄荷绿色的地毯，而厨房地面则采用了另一种颇为刺激的亮蓝色橡胶地板。楼上的卧室也反映出前任居住者的个人喜好：10岁的莉莎卧室铺着粉红色的粗绒地毯，好动少年马修的房间里铺设着胡桃木色的塑胶地板，16岁的洛丽房间配以淡紫色的天鹅绒地毯。父母则在一阵东西方文化碰撞的热情中，将主卧铺上了过时的灰褐色地毯。考虑到经济因素，重做所有的地面铺装并非最佳选择，但你又不清楚该如何按照自己的品位重新装饰新家。此时，你该怎么办？

本书将引导你正确处理令人望而却步的家庭装饰工作的全过程。不管你居住的是新建公寓还是20世纪50年代的农场风格小屋或维多利亚式联排住宅，地面都是我们布置新家的起点。本书的最大亮点在于，通过180多套经典居室的装饰案例，结合墙面色彩、织物材质，阐述了中性色、冷色、暖色和明艳色调的不同搭配方案。其灵感来源于各种不同的地面铺装，涵盖了从天然材料，如石材、木料、印花油毡、剑麻或羊毛地毯等，到林林总总的人造产品，如橡胶、塑胶、混凝土和树脂等极为宽泛的类型。所以，无论你喜欢现代中性色调还是乡村色彩，你都能从本书中找到适合你的家庭的装饰方案。

色彩与材质的运用

色彩系统能够强烈地改变人们对居室的视觉感受，而不同的表面材质同样会对空间产生巨大影响。

色彩是强大的，它直接影响我们的感官。绿色是大自然的颜色，使人舒适、放松、安详。就像演员在上台前，会等候在绿色的房间里以疏解紧张的心情那样，这就是由绿色使人放松的特性决定的。另一方面，红色则是一种与活力联系在一起的强有力的色彩。红色刺激着人们的心脏和血液循环，它代表着兴奋、吸引力和热情。有没有想过为什么咖啡广告中的杯子通常是红色的？这是因为咖啡是热的、使人兴奋且美味的，其特点恰恰吻合了红色的特征。

20世纪90年代，室内设计以灰褐色、乳白色和米色为基调，这在当时是一种流行趋势，它受到内敛低调的东方设计风格的影响。这个现象的背后说明了我们身处一个飞速发展的物欲横流的世界，我们希望自己的家不是简单意义上的家，而是一个远离喧嚣尘世的避风港湾。于是，中性色成为流行色，中性色时尚典雅的色调营造了舒适、放松的家庭氛围。然而，成功的中性色居室设计仰赖于纺织品的材质变化所提升的视觉情趣。这是至关重要的，因为一个充斥着平滑米色织物和地面的房间会显得缺乏活力、非常平淡。

几何的条纹图案与自然的植物图案的混搭，并配以红绿相间的补色色调，打造出清新自然的乡村风格。

将灰褐色、灰色和乳白色等典型的中性色调，与具有反差感的材质和精美的图案相结合，营造出富于生机的居家氛围。

绚丽的印花图案应用在充满活力的居室中，可以产生华丽富贵的视觉效果。

中性色调广泛流行带来的一个缺点是，许多人在进行室内设计时丧失了大胆运用色彩的自信心。人们对色彩的运用充满担忧，害怕一旦选错颜色，就会使本来锦上添花的家庭装饰变成一场吃力不讨好，甚至画蛇添足的蹩脚戏。不用担心，本书将驱散你所有的顾虑，一旦掌握了书中所涵盖的基本配色原则，你就能够从中自信地选择属于自己的色彩，创造自己梦想中的个人空间。

色环

色环以一种易于理解的方式展现了色彩之间的关系。专业室内设计师能够熟练地运用色环中蕴含的色彩知识为客户创造精美的家居设计方案。

自古以来，色彩就真真切切地存在着。直至1666年，通过艾萨克·牛顿爵士在卧室中摆弄玻璃棱镜时观测到有色光谱，人们才了解到色彩的产生方式。他通过观察棱镜折射出的光谱，看到类似彩虹的七种色彩：红、橙、黄、绿、蓝、靛、紫。这就是色彩学理论的开端。

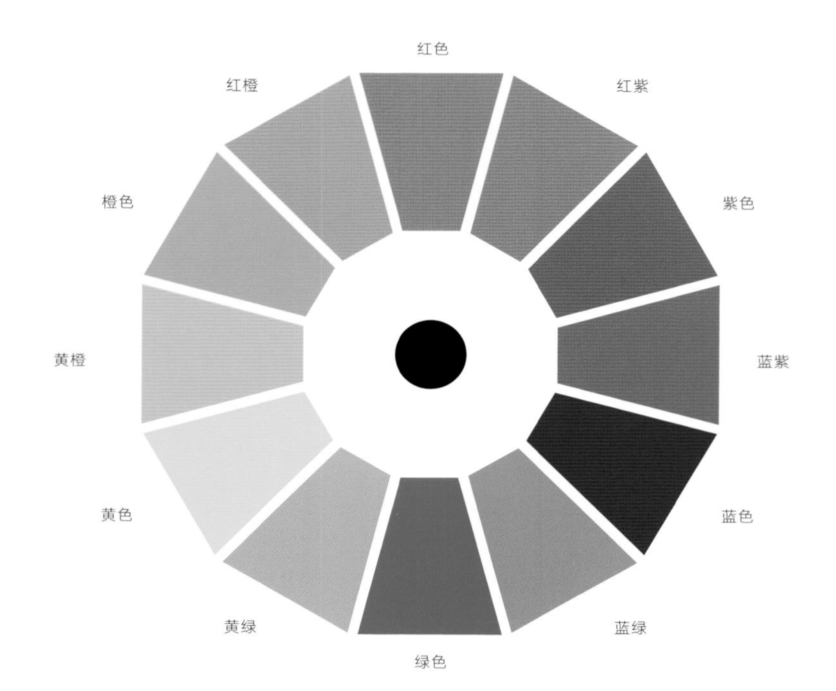

色环的起点是三种原色，即红色、黄色和蓝色，三者在色环中距离相等，其连线构成一个等边三角形。三原色是不能由其他颜色混合生成的。色环中，原色相互混合生成间色（又称合成色），即绿色（由黄、蓝混合而成）、橙色（由红、黄混合而成）和紫色（由蓝、红混合而成）。原色与间色混合得到复色，即红橙色、黄橙色、黄绿色、蓝绿色、蓝紫色和红紫色。

色环是一个非常卓越的工具，它能帮助我们一眼看出色彩之间的关系。专业色环在美术用品商店有售，当然你也可随身携带本书。比对着色环，我们可以有的放矢地选择涂料、织物和地板的颜色。

糖果色的餐椅摆放在浓郁的蓝色橡胶地面和粉红色厨柜之间，是令人愉悦的视觉重点。

邻近色配色

邻近色配色方案是通过选取色环上相邻的颜色来创建的，例如黄色、绿色和蓝色。在居室装饰中运用邻近色进行设计总能起到事半功倍的效果，其最大的优势在于这些色彩之间存在着相互渗透的密切关系。它们在视觉上和谐流畅，不突兀。

米色、棕色和黑色奠定了整个房间的基调，明亮的橙色则起到了画龙点睛的作用。

图片设计师：陈曦

互补色配色

互补色运用得当，室内设计就会显得格外巧妙且令人愉悦。互补色是指在色环中相互正对的颜色，如红色和绿色、蓝色和橙色、紫色和黄色。这些颜色视觉对比强烈，反差极大。不过，在房间中少量地运用互补色设计会起到绝佳的视觉效果。例如，在灰绿色的房间里放置一把深粉色的扶手椅。互补色特别适合在居室设计中用来营造视觉重点。

蓝色地板的冷色调营造的安静氛围与橙、黄条纹的窗帘营造的活泼气氛，形成有趣的对比。

对比色配色

对比色配色是补色配色中比较复杂的一种。色环中，对比色配色所用的颜色不是垂直对应的，而是把一种颜色与同它垂直对应的补色左右邻近的颜色进行搭配。这是一种三向配色方法。例如：红色、青柠檬色（一种黄绿色）和绿松石色（一种蓝绿色）三者的搭配。

对于米棕色的地毯和藤编椅而言，洋红色的抱枕及背景的繁华绿叶提供了鲜活的色彩补充。

图片设计师：陈曦

单色系配色

单色系配色是指采取一种颜色的不同色调对房间进行装饰。成功用单色系配色法完成室内设计的诀窍在于合理运用色调变化和灵活使用多种材质（亚麻、棉、丝绸、木材）。

用美丽的单一蓝色调配色来装饰卧室，营造出一处令人放松的静谧天堂。

图片设计师：任杰

明艳的黄色茶几给以中性色为基调的居室设计带来强烈的视觉冲击力。

重点色配色

使用重点色是打破单色系配色和中性色配色的单调乏味，并使之生动呈现的最佳方式。重点色配色主要通过垫子、地毯、艺术品和一些装饰品来完成，它可以在房间中起到视觉上的提示和活跃作用，但切记不能使用过度。有时仅仅是在蓝色调的房间里搭配一个橙色的花瓶，就能收到意想不到的视觉冲击效果。

中性色调配色

中性色在室内设计中应用得非常广泛，但它们在色环中并没有体现。中性色包括黑色、白色、灰色、棕色、米色、灰褐色和乳白色等。这些色彩传达了舒适恬静的信息，是室内设计师运用的色彩体系中必不可少的要素。在中性色的配色方案中，虽然当下流行的是棕色、米色、灰褐色和乳白色，但也不要忽视了灰色。灰色是名副其实的中性色，因为它介于黑白之间，其他的任何色彩在与之搭配时既不会被强化也不会被削弱。可见，对任何配色方案而言，灰色都是绝佳的中性色。

运用各种各样的图案和材质，来保证中性色设计的趣味性。

冷色调配色

冷色系在色环中是以蓝色为中心的，包括紫色、蓝紫色、蓝色、蓝绿色和绿色等。冷色易产生视觉上的后移感，所以要想使狭小的房间显得宽敞，有一个经典的解决方案就是用清浅的冷色调涂料粉刷墙面。在北半球，冷色调配色适用于南向和西向的房间，而在南半球，则主要应用在北向或东向的房间，这是因为冷色能为温暖、阳光充足的房间营造平静的氛围。

冷色调客厅的设计灵感来源于北欧的家居风格，柔和的蓝色、米色和白色的搭配组合经典耐看。

暖色调配色

暖色系在色环中是以橙色为中心的。明确的暖色包括红色、橙红色、橙色、橙黄色和黄色，紫红色和黄绿色通常也被归入暖色的范畴。要记住，暖色易产生视觉上的拉近感。如果一间狭长的房间，你想使远处的墙面看上去近些，那就涂上类似深红色的暖色。对于北半球的北向和东向的房间以及南半球的南向和西向的房间而言，暖色调配色是很好的选择，这些房间因缺乏阳光直射而显得阴暗，暖色调的使用能够给阴面的房间增添温暖明亮的感觉。

肌理质感丰富的压纹天鹅绒窗帘是适应暖色调客厅的优雅之选。

水果绿色和品红色的组合强化了这一明艳色配色方案的力度。

明艳色调配色

明艳色是位于色环上最本真的色彩，它们没有被添加黑色以暗沉，也没有被添加白色以柔和。明艳色饱含色彩的能量，散发着不可阻挡的力量和生命力，但在使用时要格外谨慎。以橙绿色为例，一抹艳色的加入会为空间注入吸引力，但如果整间卧室的墙面都被刷成橙绿色，色彩过于明亮会让人坐卧不安、难以入睡。

材质与图案

对于一个成功的室内装饰而言，色彩设计只是其中的一部分。还有另外两个重要因素——材质与图案。一间有着浅灰褐色墙面、橡木地板和乳白色家具的房间，可以通过选用亚麻窗帘、绳绒织物、皮革镶边的剑麻地毯、羊毛床罩和真丝靠垫等不同质感的饰品，为单调的空间增添活力。不同肌理的材质对光线的反射与吸收具有差异，会对家居设计方案产生微妙却极为重要的影响。

在室内设计中，我们已经习惯于考虑材质的变化，却往往对图案的运用没有把握。随着潮流的变化，图案再一次在家居设计中占据一席之地，而无所谓其采用的是经典

在这个设计里，为应对以中性色为基调的墙面，图案和材质协同作用于红与绿的互补色搭配之中。

精致的同色系靠垫使中性色风格的居室变得更加柔和。

这间富有质感的卧室，其特色在于：人造毛皮床罩、铬合金玻璃灯具、抛光木制座椅和时髦复古图案的棉质印花窗帘的组合。

印花、质朴的格子还是时髦的复古纹样。窗帘和靠垫并非使用图案的唯一载体，为什么不采用大花图案把你的沙发打造成一件装饰品呢？又或者为什么不在你的起居室里铺上一块洛可可风格的回纹地毯呢？在21世纪的室内设计中，气氛应变得更轻松、更自由、更有趣。

正确选择图案的关键是要先选择一种具有特色的织物，然后以此为核心，选配房间的色调和其他纺织品。但是，首先要确保所选择的核心织物是适配地板的。通常的做法是将墙面的颜色与窗帘图案的基础色调保持一致，这样可以确保图案与房间的自然融合。成功的室内设计，是当人们的目光环顾室内时，能够发现悦目的色彩、图案和材质彼此间的完美结合。

这款乡村风格的室内设计的动人之处在于：各种纺织品中红绿补色搭配生动。

第一部分　自然色

自然感的地面——从木材、石灰石一直到石板或剑麻等材质，提供了一个好看的中性色基调，你可由此构思自己的室内设计方案。

白色地面

使用白色地面能给你的居室带来安静平和的视觉感受。

餐厅中选择了美观且易于打理的抛光橡胶地板。

左下图图片设计师：马彦丰

顺时针从上至下：无缝浇注树脂地面将传统设计风格带进了21世纪的居室。漂白木地板配以白色毛皮地毯，为蓝色冷调的房间奠定了完美的基础。抛光混凝土地面是打造时尚风格的现代居住空间的首选。

中性色调

高级感乳白

乳白色、白色和暖灰色会带来平静优雅的感觉。

象牙白色的石灰石地面是这组配色的灵感来源，其美妙之处在于单色调方案中材料质感的丰富变化。石灰石的化石肌理为地面增添韵律感，而透明的窗帘使光线得以辉映在绳绒、亚麻和真丝的织物上。

调色板

墙面和窗帘上温暖的奶黄色(1)营造了亲和的基调。洁净的白色(2)被使用在木制品和一个大亚麻沙发上，与石灰石地面相协调。靠垫和织物采用温暖的灰褐色(3)和柔和的碧玉色(4)作为强调色，起到活跃视觉的作用。

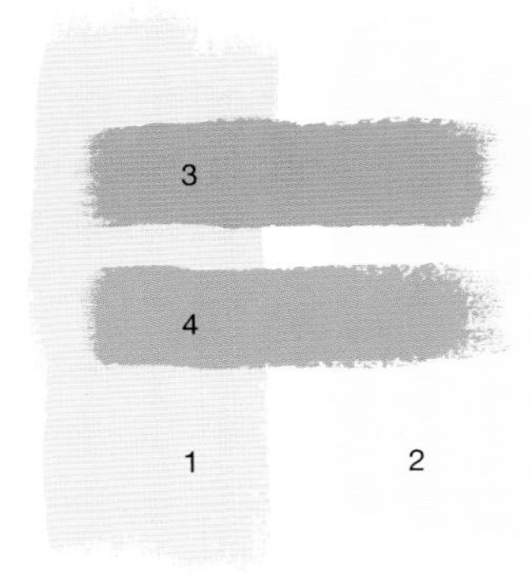

11

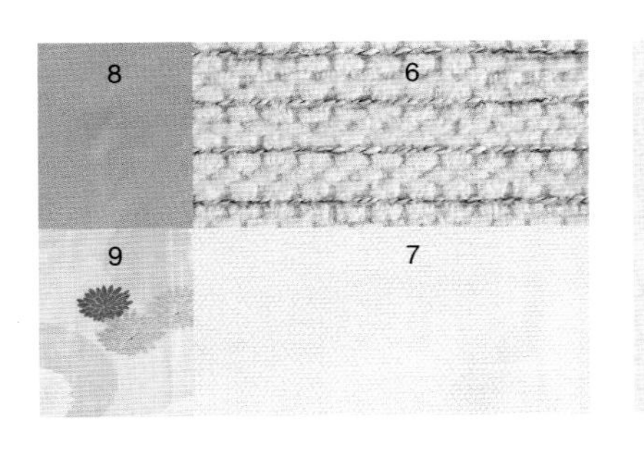

12

织物

浅乳白色(5)、米色和浅褐色(6)的绳绒织物可以在触觉和视觉上为椅子增添现代感。白色的亚麻软垫(7)、灰褐色的真丝靠垫(8)与印花图案(9)的沙发和谐地融为一体。

地面

优质的象牙白抛光石灰石(10)地面是居室设计的起点，需搭配白色和乳白色的墙面与织物。皮革质感的瓷砖(11)可作为地面材质的备选方案。>>

10

动感环纹

圆形图案的使用为这个中性色复古风格的家居方案增添了趣味性和时髦感。

象牙白色的石灰石地面赋予中性色室内设计以复古怀旧的情调。当21世纪的家居设计中有序地摆放着柔和的奶油色与灰色的家具和靠垫，那些窗帘织物和散落在靠垫上的环形图案，则会营造出20世纪60年代的怀旧印象。

调色板

浅黄褐色(1)的墙面将窗帘和环形图案靠垫的整体色调衬托得更完美。骨白色(2)常常被用在木制品和扶手椅上。靠垫和装饰品使用灰褐色(3)和鸽灰色(4)来为室内设计呈现视觉重点。

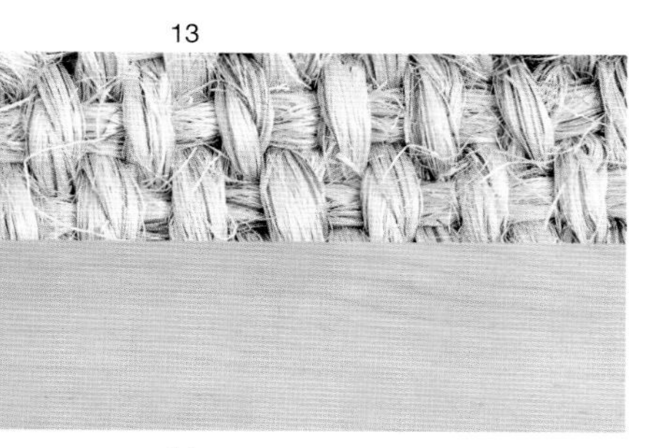

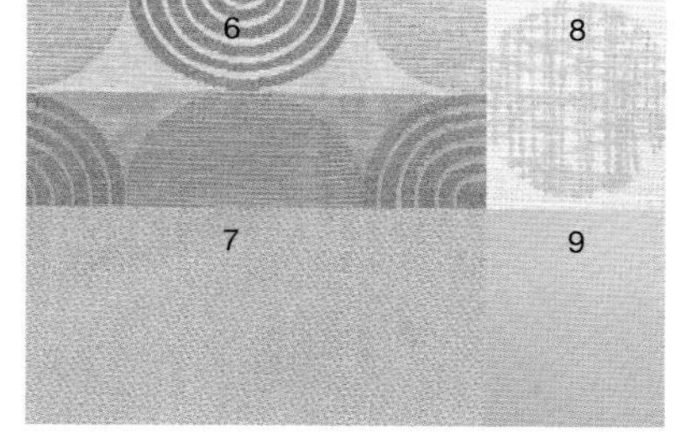

>> 地面设计可选择白色天鹅绒地毯(12)或浅色剑麻地毯(13)。象牙白色的人造枫木地板(14)也适用于这类地面设计方案。

织物

印有复古动感环纹的亚麻窗帘(5)配以相似图案的靠垫(6)和灰褐色的水洗棉沙发布罩(7)。带有圆形纹理(8)的扶手椅延续了这一复古设计主题，与此同时，灰色棉毛混纺面料的靠垫(9)烘托出窗帘上的灰色圆环纹样。

中性色调

蓝色情怀

牛仔蓝色和雾蓝色搭配浅黄褐色和白色，营造出自然清新的氛围。

漂白木地板是这组冷色系家居设计的灵感来源。本方案采用蓝色和白色这一经典的色彩组合，辅以新颖的花卉图案，并使用柔和的浅黄褐色作为重点色，为这一主题注入新鲜感。同时，保持沙发的清淡朴素以确定方案基调，使其成为醒目窗帘的完美衬托。

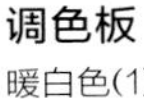

调色板

暖白色(1)的窗帘一般被用作墙面和木制品的背景色，也适合与沙发进行搭配。扶手椅的牛仔蓝色(2)对应着窗帘的深蓝色，雾蓝色(3)和浅黄褐色(4)为室内增添了柔和的亮色。

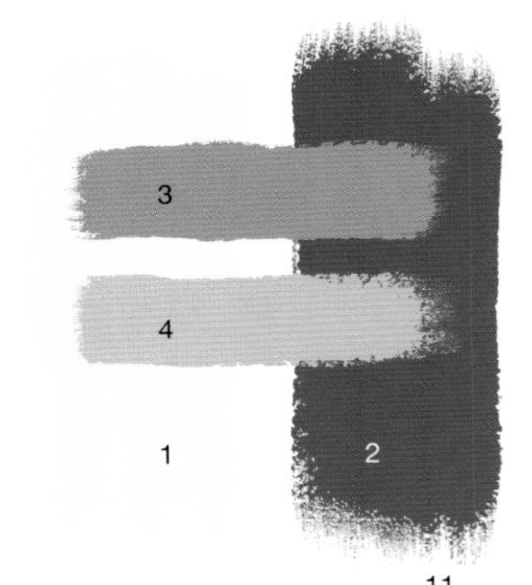

11

5

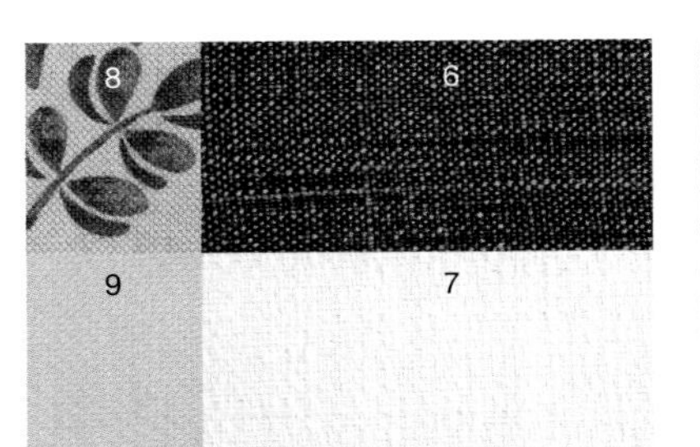

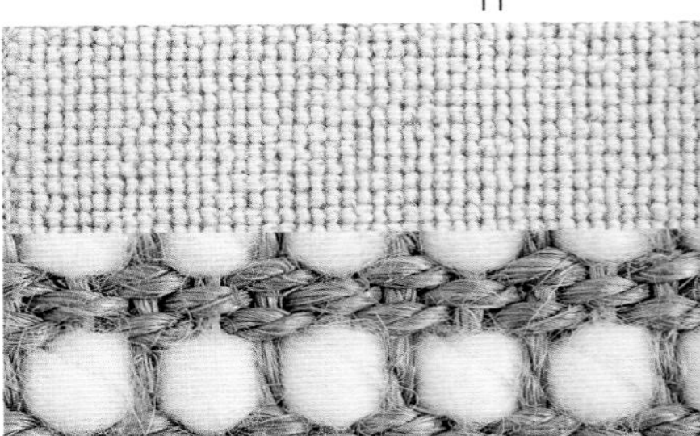

12

织物

窗帘上的花卉纹样(5)激发了这组色彩搭配。牢固的牛仔布(6)和厚实的棉麻织物(7)为室内设计增添了材质的变化和情趣。与雾蓝色真丝(9)靠垫带来的柔和感不同，印有鲜明花卉图案的浅黄褐色棉麻窗帘(8)则呈现出极为大胆的效果。

地面

漂白的木地板(10)让人联想到北欧风格和滨海家居。人们可以赤脚在这种地板上漫步，享受那种轻松快意的闲暇时光。>>

10

北欧风情

简单的蓝、白组合展现了斯堪的纳维亚半岛国家明快的设计风格。

清新的蓝、白搭配，让人们产生轻松愉悦的视觉体验。相对于颇具现代感的蓝白格子印花窗帘，随意摆放的浅黄褐色靠垫给房间增添了暖意。在室内装饰中采用蓝与白的固定搭配，可构建一个简约、亲和的生活空间。

调色板

用纯白色(1)粉刷墙面和木制品会使其呈现明亮洁净的效果。雾蓝色(2)和翠雀蓝色(3)的织物与装饰品的使用，构建出欢快的蓝色主题，浅黄褐色(4)则是其中温暖而中性的重点色。

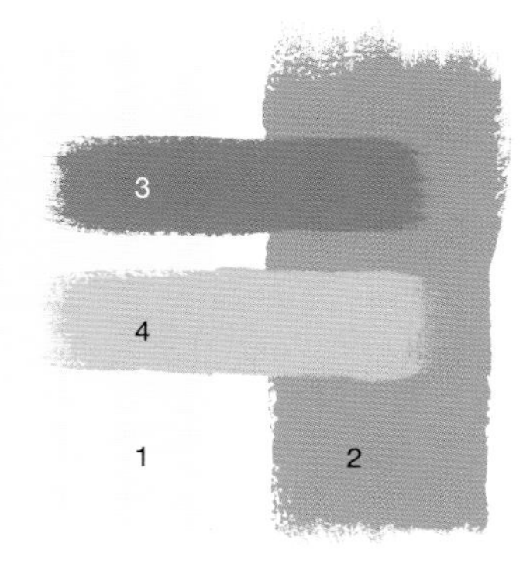

13

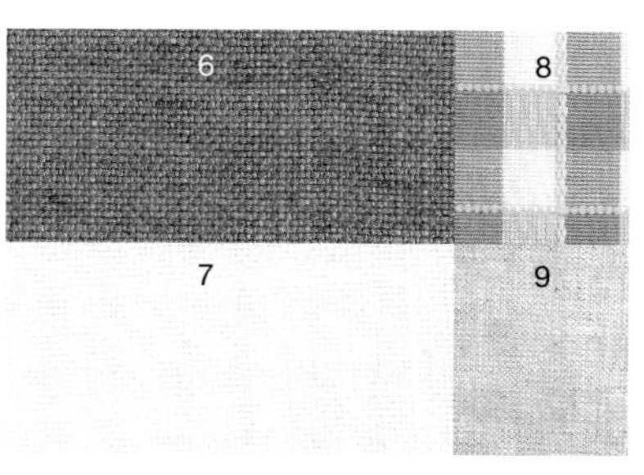

5

14

>> 软质地面设计可供选择的方案包括：毛圈纺织羊毛地毯(11)、羊毛和剑麻混纺地毯(12)或适宜在厨房和游戏厅使用的肌理塑胶地板(13)。另外，白色石灰石(14)为硬质地面设计提供了备选方案。

织物

明快的大型叶片图案印花棉布(5)呈现出现代感十足的北欧简约设计风格。蓝色和白色的棉麻混纺织物(6，7)是居室装饰中简洁实用的明智选择，靠垫则由蓝白格子布料(8)和天然水洗亚麻布(9)包裹。

暖色调

奶油糖果

色调浓郁的焦糖色和浅棕色共同营造了一个温暖宜人的居所。

精美的优质枫木地板是这组浓郁温暖的单色调搭配的出发点。窗帘、靠垫和装饰品上采用了焦糖色调和各种质感丰富的材料。这个设计方案在打造当代风格的起居空间时表现卓越。

调色板

浅土褐色(1)的墙面将居室包裹在丰富的暖色调中。温暖的乳白色(2)木制品给房间增添了清新的重点色，而织物上所选用的橙黄色(3)和蜜糖色(4)让房间充满了甜美的气息。

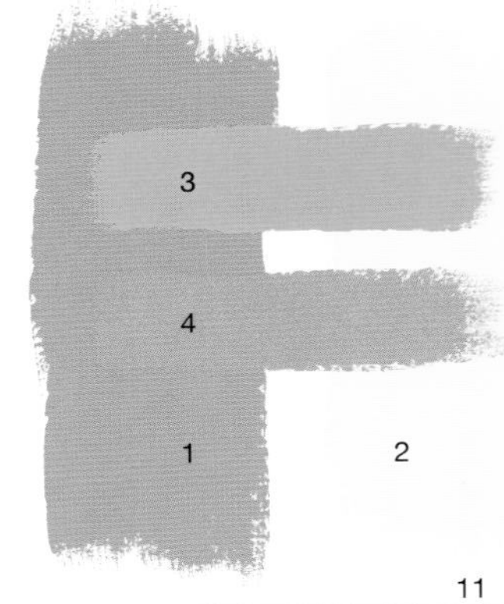

5
8
6
9
7

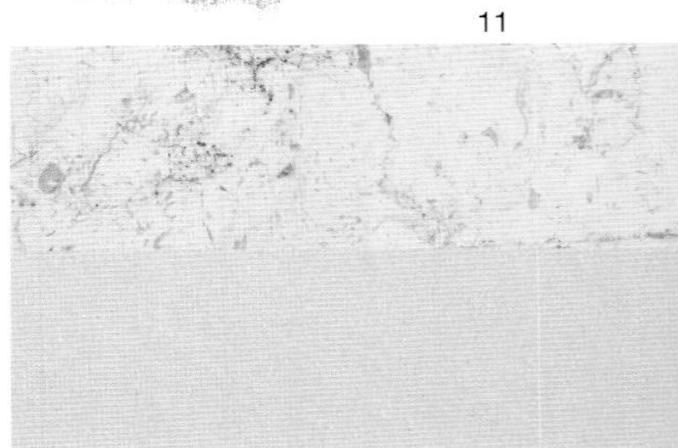

织物

蜜糖色(5)的轻薄亚麻窗帘给窗户蒙上了一层金色的光芒，与沙发上柔软的土褐色(6)绳绒织物相呼应。带有椭圆形图案的亚麻绒线交织面料(7)给椅子增添了有趣的触感。浅棕色丝绸靠垫(8)和奶油色与蜜糖色相间的泡泡纱靠垫(9)进一步丰富了室内材料的质感。

地面

质朴的宽条枫木地板(10)激发了这套暖色调配色方案。地板的明亮色调给有限的空间营造了开阔宽大的视觉效果。可供选择的地面材料还包括：高级的石灰石地面(11)或石材质感的白色陶土砖(12)。>>

10

蜂蜜与柠檬

环形和波形图案微妙的律动感赋予这组美好的居室设计以勃勃的生命力。

蜂蜜、柠檬和棕糖的诱人色彩激发了这组令人垂涎的配色方案。从椅子上的波形图案织物到靠垫上程式化的花卉图案，使用不同寻常的装饰纹样是该方案成功的诀窍。

调色板

小麦色(1)的墙面结合白色的木制品为居室提供了温暖的背景色，橙黄色(2)的窗帘和装饰品进一步提升了氛围。蜜糖色(3)深化了该配色体系的色彩层次，而少许棕糖色(4)的加入带来了视觉冲击。

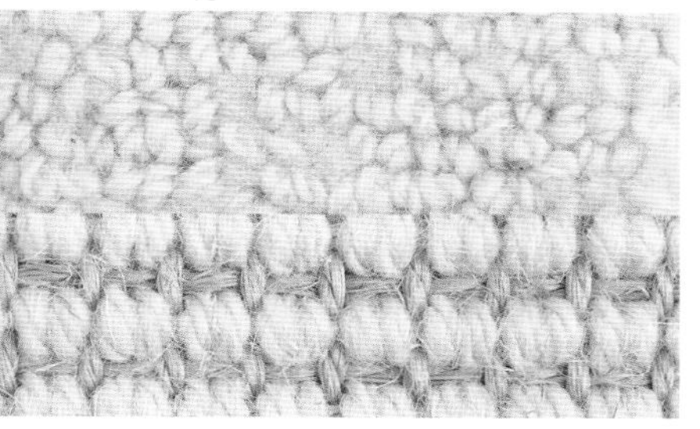

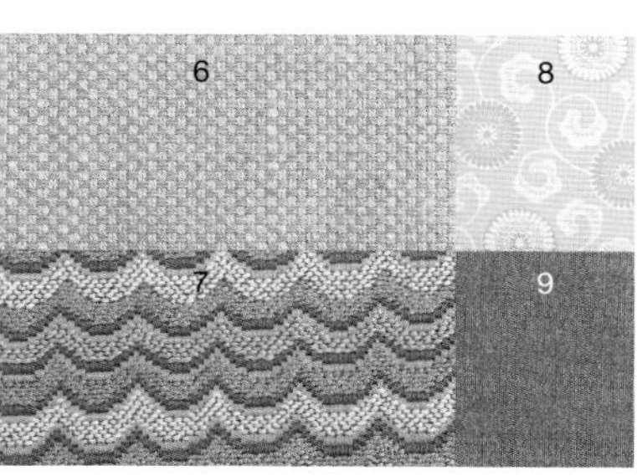

>>软质地面材料的选择包括：环状植绒地毯(13)或毛麻交织的天然材质地垫(14)。

织物

雅致的真丝窗帘(5)和富于光泽的沙发装饰织物(6)乃完美的组合。椅子上的波纹面料(7)与靠垫上的花卉纹样(8)搭配，构建视觉焦点。蜂蜜色涤纶靠垫(9)完善了整个设计效果。

明艳色调

清新绿意

清新的绿色、奶油色和白色描绘了明媚的春日景象。

这个清新明快的色彩方案灵感源自生机勃勃的春日。在由清新的白色和柔和的奶油色构建的中性色背景的衬托下，青柠檬色、果绿色和豆绿色谱写着属于它们的色彩篇章。窗帘上卷曲的花卉藤蔓纹样与装饰品上的条纹图案相映生辉。

调色板

粉白色(1)的墙面搭配白色(2)的木制品为这个可爱的方案提供了柔和的背景。青柠檬色(3)和果绿色(4)构成的春日绿色调，用在窗帘、座椅装饰和沙发靠垫上，为室内增添了浓浓的情趣。

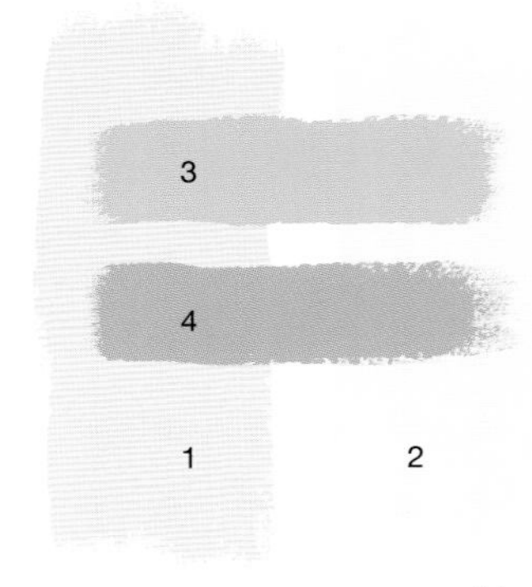

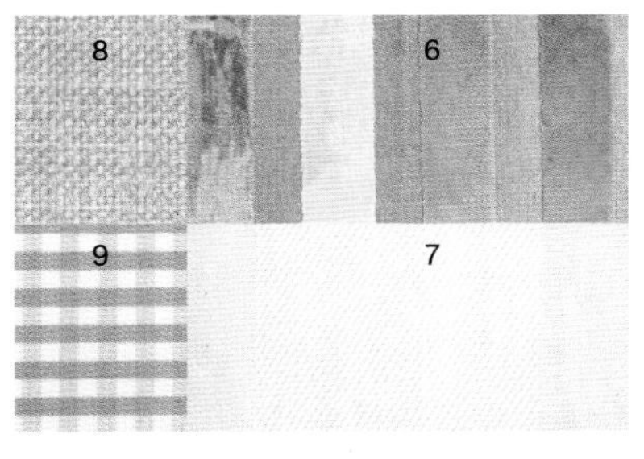

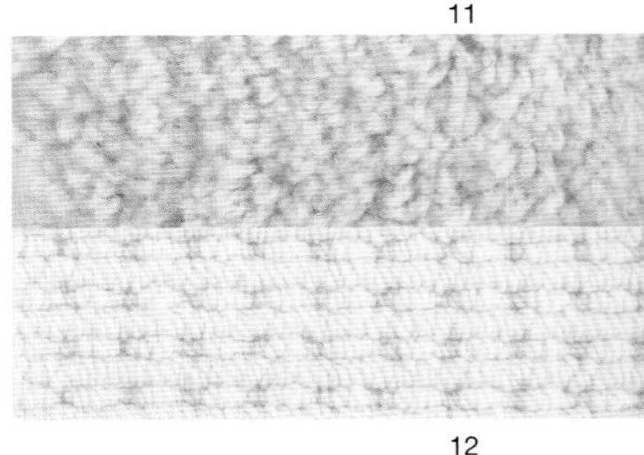

织物

亚麻织物上的白色爬藤花卉纹样(5)构建了设计主题。灰褐色亚麻布底色上织有绿色天鹅绒条纹(6)的扶手椅与白色条纹亚麻(7)沙发形成微妙的呼应。靠垫采用豆绿色梭织棉布(8)和绿白相间的格子布(9)来装饰。

地面

枫木复合地板(10)是这套清新的绿色家居方案的起点，其微妙的肌理和统一的色调使之成为现代居室的理想选择。>>

10

植物生活

叶子和藤蔓将花园带进你的家。

这个令人振奋的家居设计方案非常适用于家庭娱乐室或者休闲客厅。浓郁的绿色能够刺激感官，进而产生欢快的气氛，柔和的白色和乳白色起到了均衡色彩的作用，而漂亮的知更鸟蛋蓝色为整个设计增加了戏剧性的一笔。

调色板

清新的白色(1)墙面和木制品为这个以植物为主题的配色方案构建了一个明快干净的底色。在知更鸟蛋蓝色(3)构建的冷色调之上，令人兴奋的奇异果绿色(2)大大增强了空间的活力。窗帘上草绿色(4)的叶形图案丰富了色彩的层次。

13

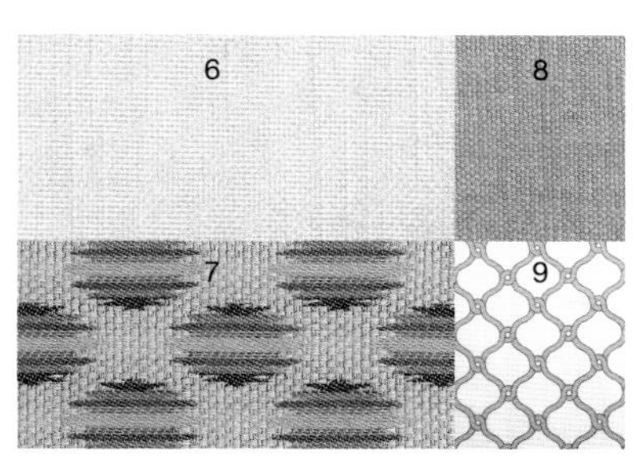

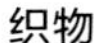

14

>> 如果你喜欢地毯，可考虑厚实的植绒羊毛地毯(11)或独特的环状纹理地毯(12)。如果你喜欢石材，利梅拉石灰石(13)是经典的选择，仿石灰石效果的瓷砖(14)也是一个经济划算的备选。

织物

风格鲜明的叶形图案窗帘(5)是本组设计的焦点。柔和的乳白色棉麻混纺(6)布艺沙发使人平静。椭圆图案织造面料(7)的扶手椅与窗帘在视觉上相平衡，而沙发上知更鸟蛋蓝色(8)和绿色链条图案(9)的靠垫则吸引着人们的视线。

乳白色和米黄色地面

流行至今的乳白色和米黄色地面为居室设计提供了一个完美的中性色基调。

对于现代卧室而言，仿麻质感的羊毛地毯是不错的选择。

从左起顺时针：对于奢华风格的起居室地毯而言，独特的图案设计使之平添了一份雅致。时髦的枫木复合地板用作起居室地面，美观又经济。对于传统风格的起居空间而言，选择乳白色地毯是非常优雅考究的，它为色彩丰富的窗帘和亮丽醒目的靠垫奠定了中性色的基调。

中性色调

洛可可花园

形态自由的卷曲纹样和花草图案源自18世纪的装饰风格。

一个中性色方案常常得益于使之紧密结合的强烈主题。洛可可风格浪漫的卷曲纹样使安静的中性色调焕发了活力。因其色彩和形式相似，各种各样的图案得以融合在一起，使设计更具质感。

调色板

用柔和的浅褐色(1)亚光漆墙面搭配象牙白色(2)的木制品、天花板和踢脚板。沙色(3)的温暖色调烘托了一个充满现代气息的空间，而精妙的法国香草色(4)给室内装饰增添了暖意。

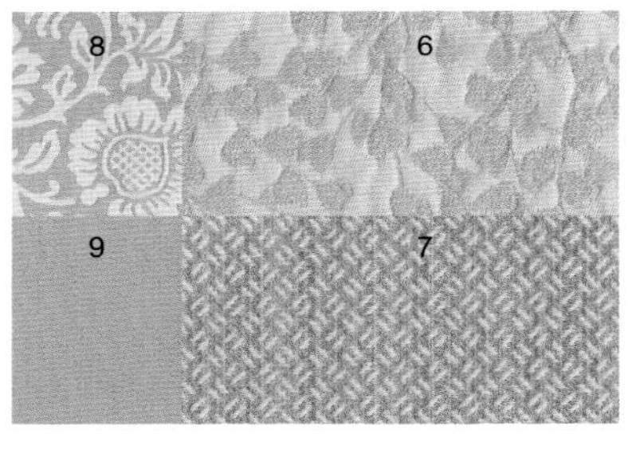

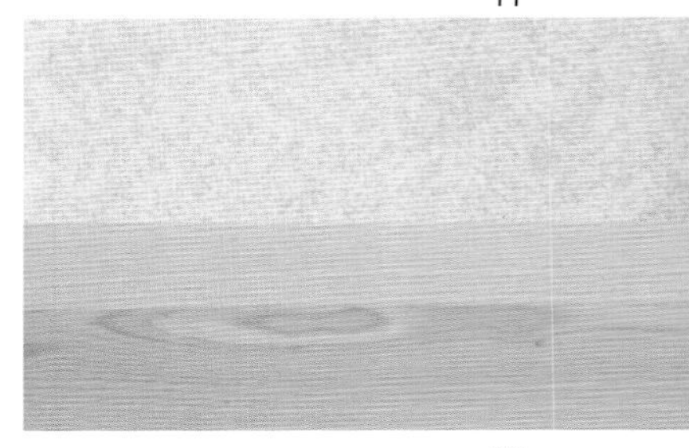

织物

绣着洛可可风格卷曲纹样(5)的象牙白色亚麻窗帘构建了这个方案的基础。叶形图案、沙色与乳白色(6，7)的装饰品丰富了材质的表现。这一洛可可风格的设计主题，在沙色与奶油色相间的亚麻植绒靠垫(8)上，以及沙色羊毛色丁（是一种面料，也叫沙丁）面料(9)布罩上反复出现。

地面

打磨光滑的石灰石地砖上点缀着法兰西香草色(10)的微粒，使设计效果趋近完美。昂贵的天然石灰石亦可以被价廉物美的陶土砖(11)代替。>>

东洋之梦

菊花和睡莲呈现出了日式庭院的静谧感。

通过建立一个强烈的主题，一个中性色方案被激发出活力。前一个方案运用了洛可可风格的装饰纹样，而本组设计的植物纹样则是从日本艺术中得到的灵感。轻柔的沙色使房间笼罩上一层时尚而平静的氛围，而浓郁的松石绿色和巧克力色则活跃了视觉效果。

调色板

贝母色(1)和沙金色(2)构建了一个浓烈的中性色基调的背景。松石绿色(3)和巧克力色(4)的花卉图案为方案增添了一抹亮色，这两种重点色也适用于诸如玻璃器皿和艺术品这样的室内装饰品上。

13

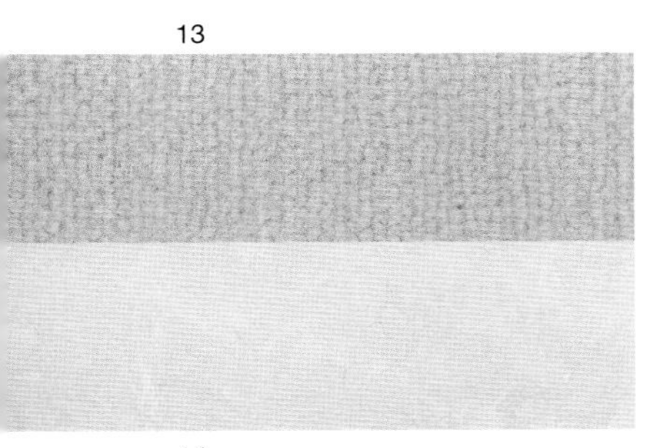

14

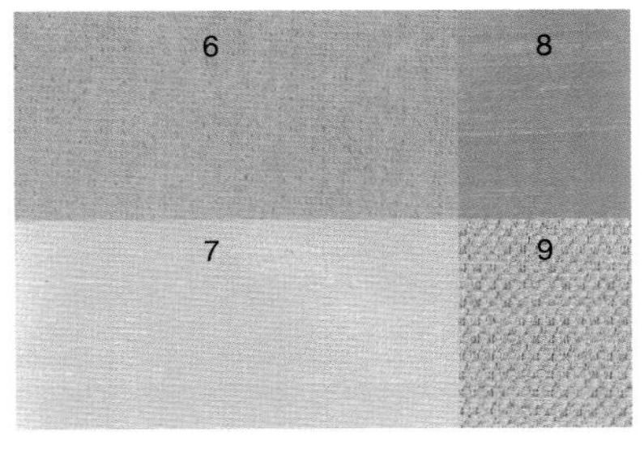

5

>> 乳白色亚光漆面的北欧白蜡树地板(12)是本方案中木制地板的最佳选择。厚厚的天鹅绒地毯(13)提供了奢华舒适的脚感，而仿石材油毡地面(14)则是一种经济实用的选择。

织物

东洋风印花窗帘(5)创造了视觉焦点。以中性的沙色为基调的富有质感的织物散发着现代气息。奢华的天鹅绒沙发(6)衬托着同色系的丝绸靠垫(7，8)，扶手椅上中性色调的绳绒面料(9)在材质上与其相呼应。

中性色调

恬静典雅

平静、自然的色调相互结合，构建了一个典雅舒适的设计方案。

为了避免中性色的平淡与乏味，使用浓烈的黑巧克力色以增强个性。混合材质的运用是本组设计成功的关键。灰褐色亚麻座椅搭配着浮石灰色的绳绒织物，巧克力色的仿鹿皮面料以及蜂蜜色的亚麻织物进一步丰富了材质的层次感。

调色板

浅灰褐色(1)的墙面、窗帘和地面营造出一个舒适的空间基调。浮石灰色(2)的木制品和沙发丰富了色彩的层级，作为重点色的黑巧克力色(3)和浓郁的牡蛎白色(4)提升了整个方案的质感。

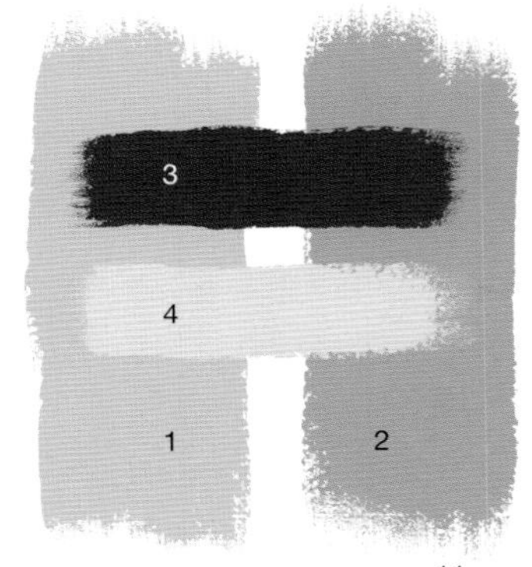

11

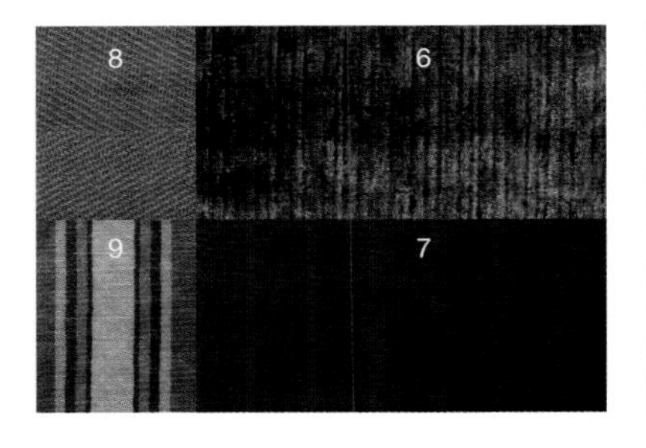

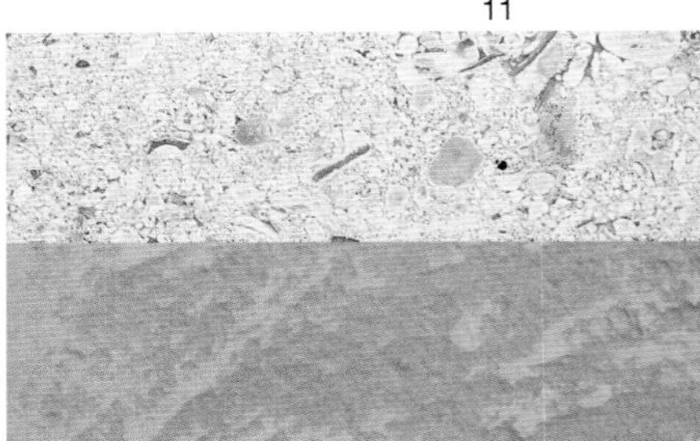

12

织物

牡蛎白色的印花窗帘(5)增添了窗户的情趣。浮石灰色绳绒面料(6)的大尺寸沙发与黑巧克力色的仿鹿皮(7)装饰座椅，形成色彩上的补充。牡蛎白色的亚麻(8)和天鹅绒条纹面料(9)的靠垫将本组配色和谐地糅合在一起。

地面

天然材质的地板增加了材质的亲和力，主要适用于中性色和大地色的居室设计主题。浅色的枫木地板(10)或者石灰石地面(11)都是很好的选择。>>

10

温暖亲和

大地色系带来松弛开放的社交感受。

大地色系的配色方案非常适用于承载社交功能的空间，如餐厨空间和家庭娱乐室。对于米灰色的墙面和浅色天然材质地板而言，辛辣的黄棕色为房间增添了温情暖意。同时，使用轻柔的粉绿色作为重点色，可以让视觉效果更加清新饱满。

调色板

本套大地色的配色体系是以灰褐色(1)为中心创建的。凝脂白色(2)形成了本主题的中性色基调，为墙面设计提供了清新的背景。浓郁的卡其色(3)和甜美的粉绿色(4)构成了该组配色方案中对比鲜明的重点色。

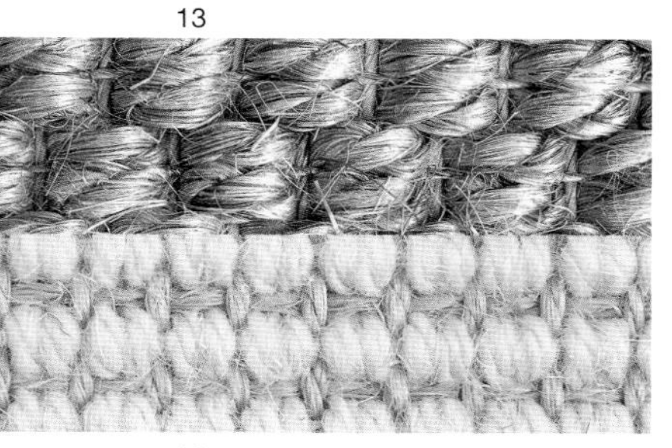

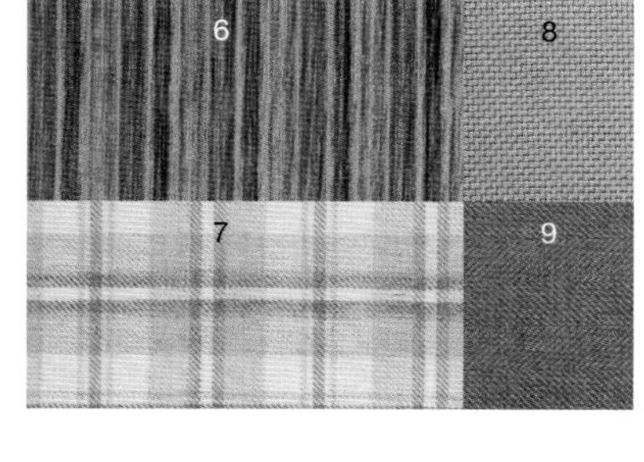

5

>> 与天然石材相比，仿石质感的陶土砖(12)则是厨房地面价廉物美的选择。剑麻(13)、羊毛和黄麻(14)的不同质感给家庭空间带来了暖意。

织物

肉桂色的羊毛窗帘(5)把窗户装点得分外美丽。棕糖色和卡其色相间的绳绒面料(6)使沙发既耐磨又美观，也可采用纯羊毛的格子花呢(7)，它包含了这套调色板中的所有颜色。靠垫采用粉绿色(8)和卡其色(9)的亚麻面料来装饰，为空间增加视觉重点。

冷色调

蓝绿交响曲

在本组配色中，蓝色与绿色共同谱写了和谐的乐章。

像蓝绿色这样的调和色比较容易让人接受，因为它能为日常生活渲染出和谐的背景色。与红、黄、蓝三原色相比，调和色较为柔和，在光线照射度较弱的北方地区效果最好。

调色板

温软的碧玉色(1)和海蓝色(2)以优雅的姿态倾诉着色彩的传奇。浓郁的牡蛎白色(3)作为重点色深化了色彩层次，同时，暖白色(4)也为这首色彩乐曲敲响了一个令人振奋的音符。

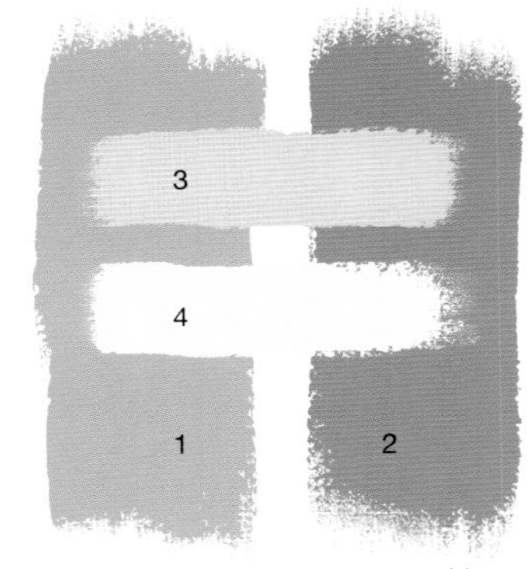

11

5

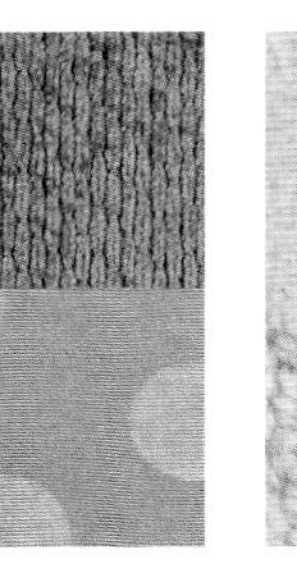

12

织物

亚麻窗帘可选日本菊花的装饰纹样(5)。沙发的面料采用深海蓝色的绳绒织品(6)，而沙发靠垫则选用温软的碧玉色(7)。棉麻混纺的牡蛎白色(8)的座椅面料和带有东方图案的沙发靠垫(9)，进一步将这个充满色彩的故事娓娓道来。

地面

乳脂金色的仿古石灰石地板(10)丰富了这套和谐的配色方案，仿皮革效果的陶土砖(11)也是充满情趣的备选对象。>>

10

风中之花

在本组鲜活的冷色调方案中，异国情调的花饰纹样散发着勃勃生机。

就像不受拘束的孩子一样，这种喜悦活泼的花卉图案窗帘织物需要有所控制，合理搭配使用。大面积的中性乳白色地面将起到很好的烘托作用，中性色调的墙面也一样。均衡的搭配是本组设计的关键。

调色板

冷色调的古金色(1)和水绿色(2)构成本组配色方案的主体基调。点缀其间的紫菀色(3)与窗帘织物上的紫色花朵形成了视觉上的联系。浅褐色(4)的墙面与窗帘底色相呼应。

13

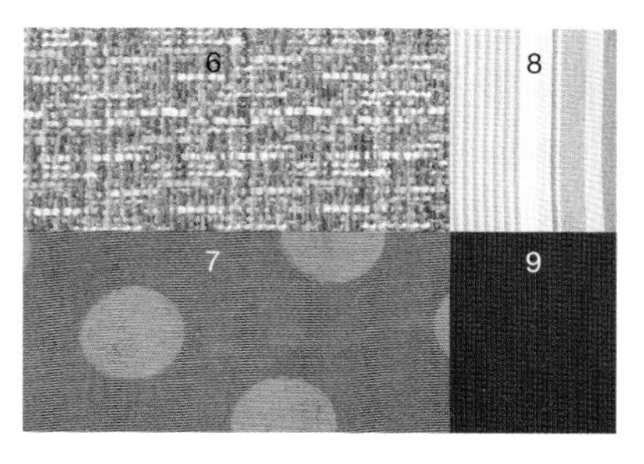

14

>> 厚重的乳白色环状簇绒地毯(12)提供了柔软舒适的脚感，而天然的羊毛地毯(13)给房间带来了乡野情趣。仿石材效果的油毡地面(14)也不失为一种环保的选择。

织物

花卉图案的窗帘(5)与沙发上绿松石色、水绿色和古金色(6)交织而成的绳绒面料相互陪衬。绿色圆点图案(7)以及水绿色和古金色条纹图案(8)的面料装饰着靠垫。座椅上的紫菀色棱纹面料(9)应和着这一紫色的主题。

冷色调

原野玫瑰

淡雅的绿色为这个甜美的女性化方案提供了柔和的背景。

这是一个适用于卧室或起居室的迷人方案，其柔和的色调营造出一种安静亲和的氛围。淡雅的绿色主导着这个设计，浓郁的玫瑰色调作为重点色则为这个经典的女性化配色方案增添了一份可爱。

调色板

柔和的水绿色(1)奠定了本主题的基调。室内装饰品上更深一些的浪花绿色(2)则是受到窗帘的激发。奶油色(3)的墙面和木制品应和着地板的色调。靠垫所采用的浓郁玫瑰红色(4)是一种非常漂亮的重点色。

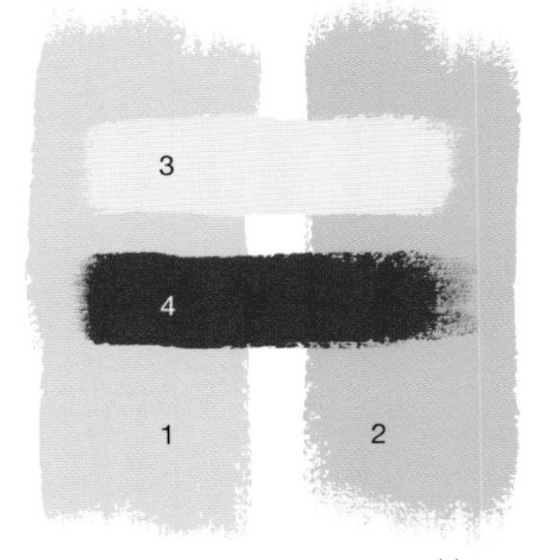

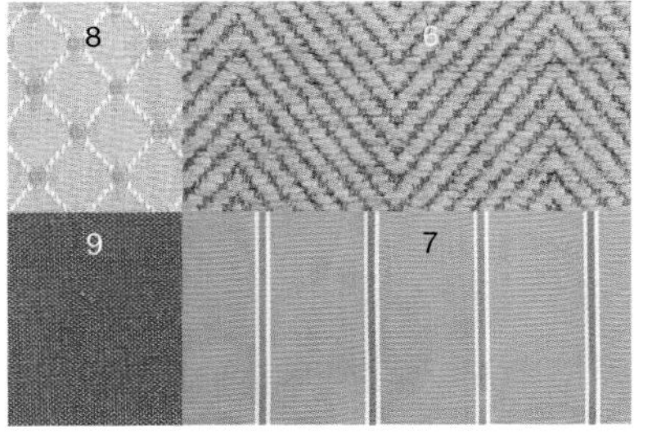

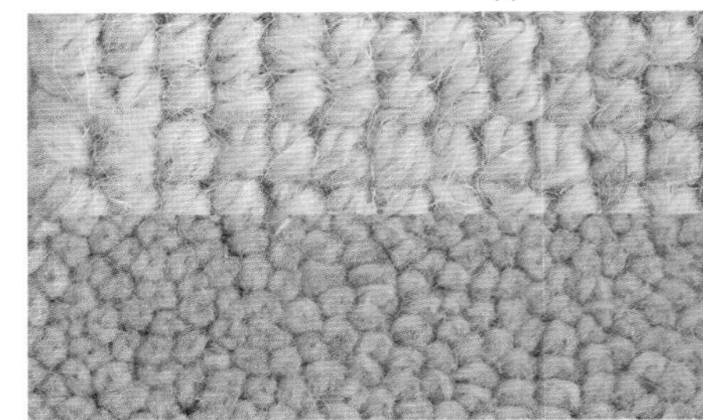

织物

玫瑰与绿叶优雅地布满窗帘(5)。沙发上使用质感丰厚的蓝绿色人字呢面料(6)，扶手椅上清爽的条纹图案和谐地融合了浪花绿色、玫瑰红色、蜂蜜色的色调(7)，吸引人们坐于其上。清淡的灰绿色格子真丝布料(8)和浓郁的玫瑰红色真丝面料(9)共同装饰着靠垫。

地面

亚光漆面的漂白山毛榉木地板(10)与房间内的花纹图案搭配完美。圈绒羊毛地毯(11)和簇绒羊毛地毯(12)是软质地面的可选材料。>>

10

花之藤蔓

花儿四处蔓延的藤蔓图案带来了优雅的律动感。

在这组迷人的设计中，窗帘和装饰布上花儿藤蔓的波状起伏构成了一系列动感优美的装饰线条。它能给你的卧室带来轻松、舒适、安逸的美好氛围。

调色板

凝脂白色(1)的墙面、木质家具、床上用品和地面共同营造出了一个清新的基调。那宛若高山湖泊般轻柔的蓝绿色调(2)的窗帘，仿佛把人带入了静谧的梦幻之境。美丽的玫瑰红色(3)和胭脂红色(4)是这组方案的重点色。

13

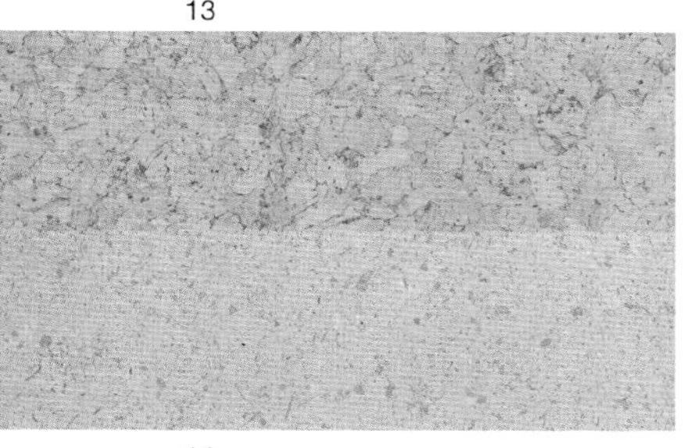

14

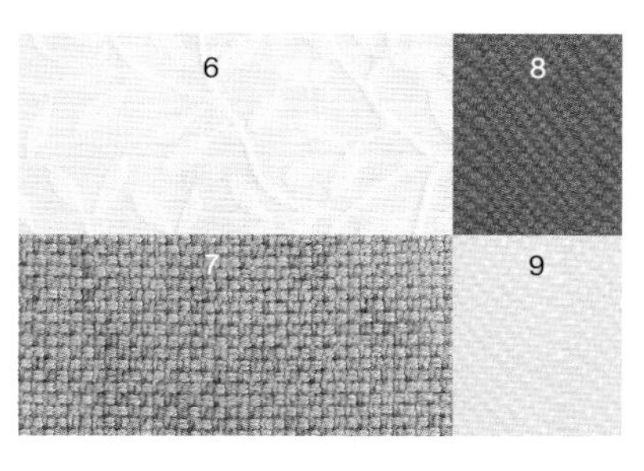

>> 轻柔色调的软木地板(13)能带来温暖舒适的脚感。石灰石地面(14)给人典雅高级的感觉。

织物

花儿的藤蔓优美地在窗帘上蔓延着(5)，给人以宁静放松的感觉，与乳白色藤蔓图案的床罩(6)相映成趣。奢华的蓝绿色绳绒面料(7)贵妃椅散发着不可抗拒的魅力。床上搭配一组玫瑰红(8)和胭脂红(9)色系的丝绸靠垫，起到点缀和活跃视觉的功能。

暖色调

异域紫红

茄紫色调散发出了一种异国情调的丰润感。

深紫红色和灰褐色共同为这个具有成熟感的配色方案营造了高贵的氛围。生动的紫红色给人的视觉感官带来了强大的冲击力。如果你是一个敢于尝试的人，那么这对餐厅和起居室设计来说，是一套大胆并充满魅力的搭配方案。

调色板

以茄紫色(1)为主体的窗帘和装饰品，与温暖的灰褐色(2)墙面和窗帘上的叶子图案相互平衡。窗帘上浓郁的深红色(3)玫瑰图案使这套紫红色配色系统得以升华，起到画龙点睛的作用。靠垫上浓郁的紫红色(4)带来了一抹亮丽的色调。

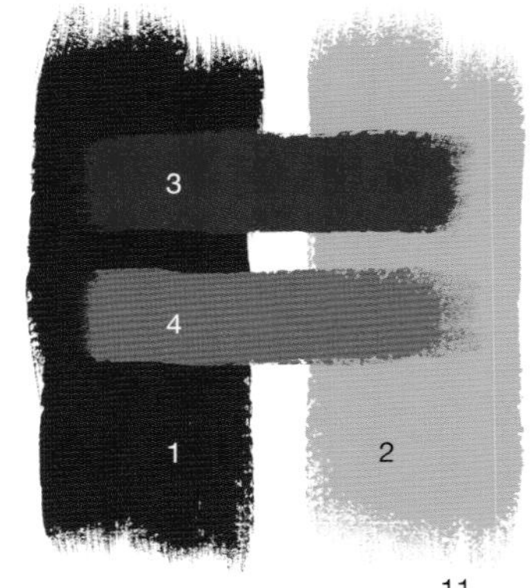

11

5

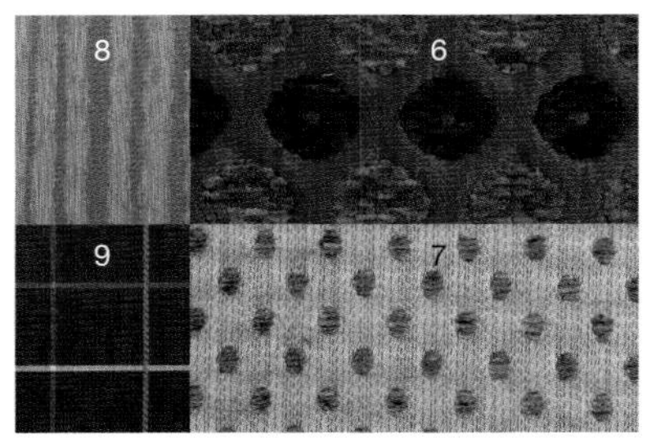

12

织物

窗帘上的叶形图案(5)是映衬这一茄紫色主题的图形要素。座椅上茄紫色和灰褐色相间的圆形图案绳绒面料(6)，与浅灰褐色沙发面料上的紫红色小点(7)形成对应。靠垫用灰褐色和紫红色相间的条纹面料(8)和茄紫色与亮紫红色相间的格子图案面料(9)进行装饰。

地面

精美耐用的石灰华大理石地面(10)是这组居室设计的最佳选择。耶路撒冷灰色和金黄光泽的石灰石地面(11)或仿石灰华陶土砖(12)也是颇具魅力的备选方案。>>

10

激情粉紫

紫色和粉色诱发着人的感官乐趣。

在这组设计中，窗帘上的印花图案成为人们的视觉焦点。深深的茄紫色与浓郁的粉红色窗帘相互平衡，灰褐色天鹅绒沙发映衬着茄紫色和紫红色的靠垫。

调色板

醒目的粉红色(1)丝绸窗帘是起居室中夺人眼球的视觉焦点。深茄紫色(2)和李子色(3)构建了平衡协调的色调。灰褐色涂料(4)使墙面呈现明亮的暖意。

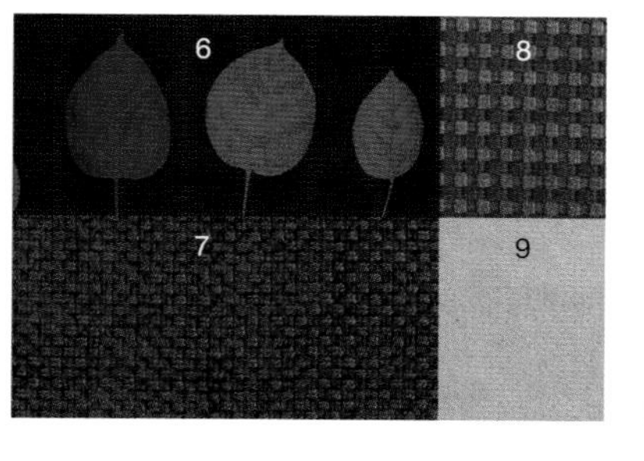

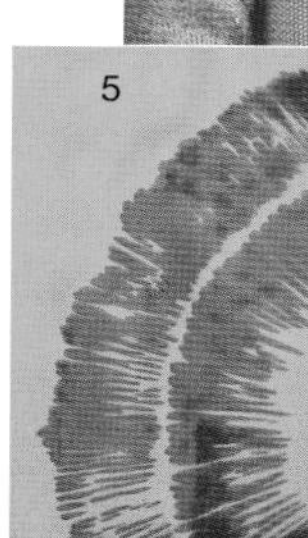

>> 浓密厚实的乳白色簇绒地毯(13)让地面散发出阵阵温情。美观的仿石灰石的塑胶地板(14)则兼具了石材的外观与地毯的温暖脚感。

织物

华丽富贵的丝绸窗帘(5)和叶形纹饰的靠垫(6)为这组设计方案增添了无穷的魅力。柔软的绳绒面料(7)被使用在座椅和沙发靠垫(8)上，给人一种慵懒舒适之感，华丽的天鹅绒面料(9)沙发则吸引着人们即刻落座。

暖色调

鲁冰花

轻柔曼妙的色彩描绘出了一派春天的景象。

亚麻窗帘上优雅蔓延的鲁冰花枝叶，为卧室提供了一个精美的春日主题。伴随着薰衣草紫色、桃红色、浅黄色和咖啡色等一系列安详的色调，人们沉醉在松弛的情绪中。

调色板

在这个迷人的配色方案中，柔和的桃红色(1)和薰衣草紫色(2)相辅相成。靠垫的浅黄色(3)取自窗帘的色调。暖灰褐色(4)可提亮环境底色，墙面和木质家具均选用浅米色。

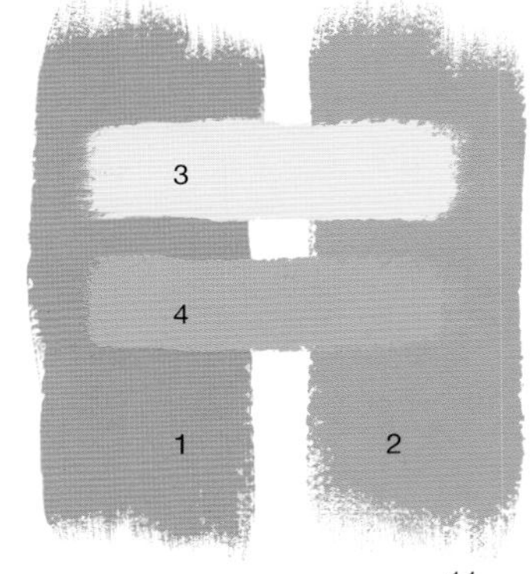

11

5

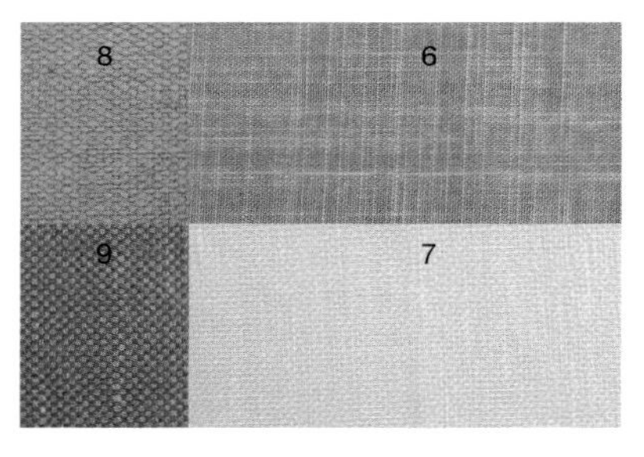

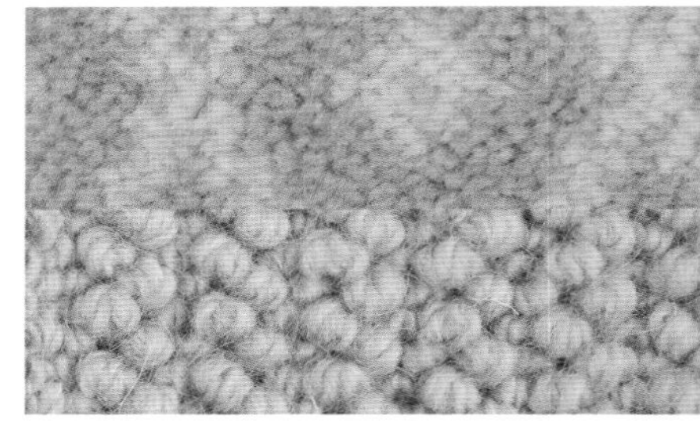

12

织物

春日的鲁冰花和牡丹花在亚麻窗帘(5)上营造了一个美丽的背景。柔软的薰衣草紫色拉绒棉(6)用来制作可爱的床罩，靠垫面料选取浅黄色亚麻(7)和桃红色绳绒织物(8)。具有光泽感的暖灰褐色棉布(9)则用作椅子的装饰面料。

地面

灰褐色和乳白色相间的带有菱形图案的地毯(10)为地面增添了温暖的感受。格子图案地毯(11)感觉不错，质朴风格的羊毛编织地毯(12)则更能传递出自然的观感。>>

10

玫瑰灰烬

灰色、蜂蜜色和玫瑰灰色的茂盛花朵簇生出装饰派的艺术风格。

浓郁温暖的灰色乃完美的中性色，但因人们对灰褐色的偏爱而经常被忽略掉。你会发现，从炭灰色到鸽灰色的一系列暖灰色调，与任何一种颜色均可协调搭配使用。在本主题中，它很好地衬托了温暖的蜂蜜色、矿物红色和灰粉色。

调色板

本配色方案采用柔和的暖灰褐色(1)、蜂蜜色(2)、蓝灰色(3)和矿物红色(4)的组合，回溯了装饰派艺术的设计风格，适用于轻松的家庭活动室和休闲的起居空间。这组暖灰色调的设计方案也可为缺乏自然光照明的房间带来温暖感。

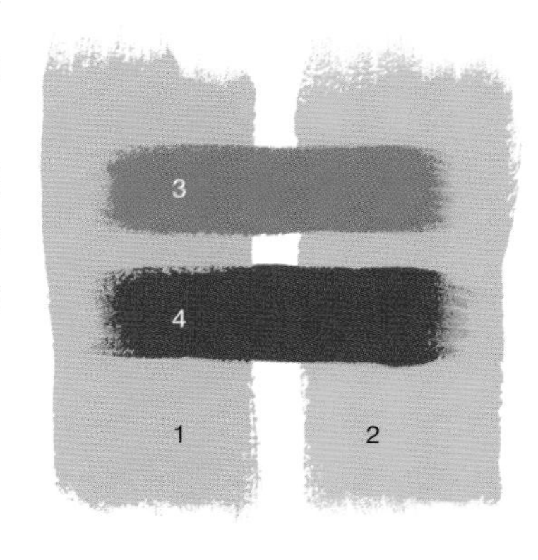

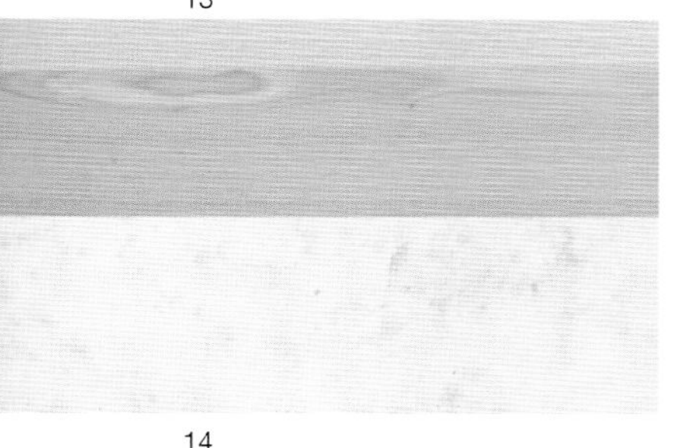

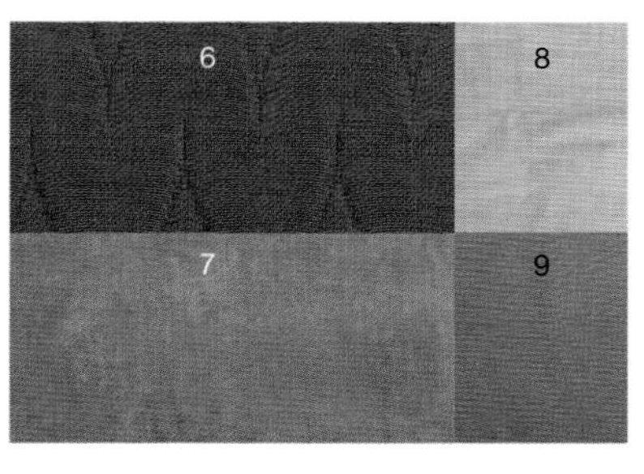

>> 优质的北欧白蜡木地板(13)是一种绝佳的木地板选择方案。古香古色的磨光珍珠白石灰石地面(14)，其一流的材质对于这种风格的居室，也是极好的选择。

织物

艳丽的花朵装饰着亚麻窗帘(5)。青灰色带有装饰纹理的混纺夹棉面料(6)覆盖着座椅，温暖的灰褐色拉绒棉布(7)装饰着沙发。靠垫则采用了蜂蜜色棉质天鹅绒(8)和矿物红真丝塔夫绸(9)这两种颇具质感的面料。

明艳色调

西番莲

浓郁的紫色和鲜艳的品红色使这套配色方案富于生机。

魅力四射的电光粉红色给浅灰色调的亚麻窗帘注入了惊人的活力。本方案是基于中性的灰色调室内装饰物而产生的，浅灰色调的墙面与窗帘的色调一致，木制品被刷成灰白色，冷色调的紫色则在色彩上起到均衡作用。

调色板

中性的浅灰褐色(1)和浮石灰色(2)共同构建了这套配色的基调。艳光四射的品红色(3)带来强烈的视觉冲击力。窗帘上的冷紫色(4)作为重点色对于醒目的粉红色起到色彩平衡的作用。

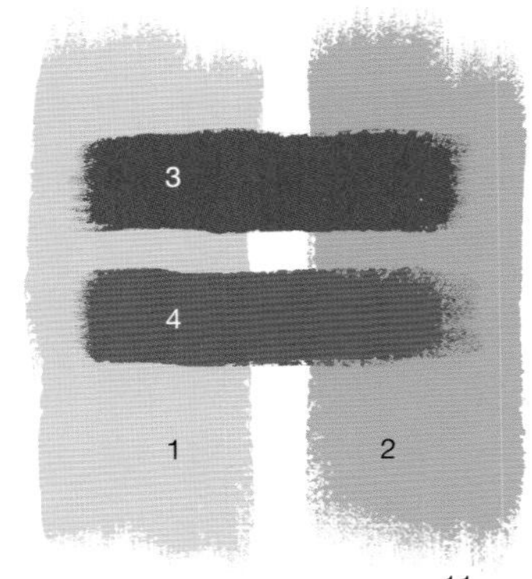

11

5

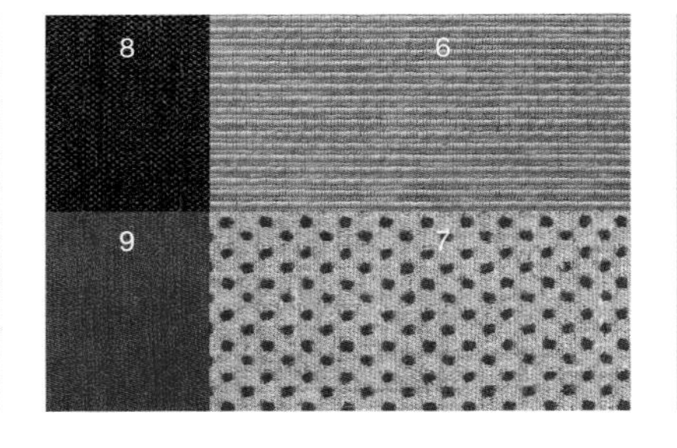

12

织物

亚麻窗帘上品红色的花朵图案(5)激活了略显沉闷的中性灰色调。室内装饰品上浮石灰色调的棱纹织物(6)与浮石灰色棉麻混纺的植绒圆点图案面料(7)，保持着微妙的平衡感。靠垫选择深棕色(8)和品红色(9)的绳绒面料。

地面

稠密的羊毛割绒地毯(10)在此类主题中是非常温暖并受人欢迎的选择。人造凝灰石陶土砖(11)色调迷人，波纹质感的陶土砖(12)颇具趣味，都是可供选择的方案。>>

10

绝妙的品红色

生气勃勃的大型图案散发着令人无法抵抗的华贵感。

热播美剧《欢乐一家亲》（*Frasier*）的男主角弗雷泽说过这么一句话："如果少即是多，那么多又该有多么多啊。"印有超大叶片和浓郁粉红色花朵图案的华丽丝绸窗帘，便是展现这种令人惊叹的设计元素的最佳例子。

调色板

柔和的灰褐色(1)、牡蛎白色(2)和卡其色(3)共同为这套迷人的方案营造了一个中性的背景基调。墙面和木制品采用牡蛎白色，为室内蒙上了一层淡淡的暖意。明艳的品红色(4)在这组配色中诉说着色彩的奥秘。

13

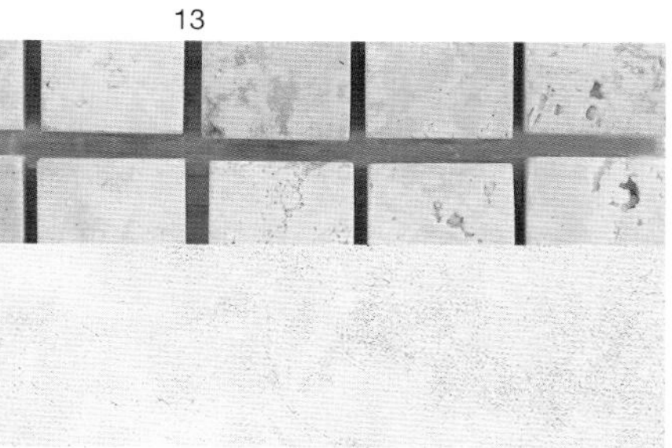

14

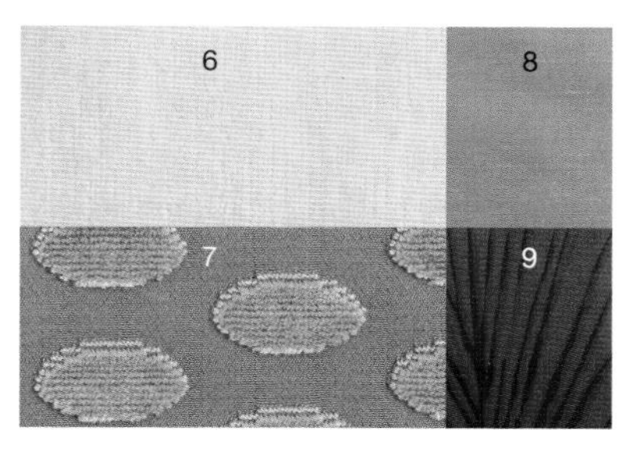

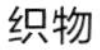

>> 如果你想要与众不同，可选用石灰石马赛克瓷砖(13)。仿石灰石效果的人造复合地板(14)也不失为一个很好的选择。

织物

绚烂的丝绸窗帘(5)奠定了华丽的基调。牡蛎白色的纯棉天鹅绒沙发(6)与地面搭配形成美丽的色彩组合，卡其色椭圆图案的绳绒面料(7)为扶手椅赋予了活力。沙发上摆设的灰褐色(8)真丝靠垫和品红色棕榈叶图案(9)靠垫，极具存在感。

明艳色调

蓝色狂想曲

蓝色谱写悠扬的旋律，青柠檬色点缀以高亢的重音。

迷人的亚麻窗帘里的蓝绿色叶形纹饰轻轻地吟唱着歌曲。鲜亮的青柠檬色为乳白色的基调带来活力。这是一套针对卧室设计的精美方案，其中白色系的床饰用品散发着清新的气息。

调色板

墙面和地面选用柔和的粉白色(1)作为背景色。深蓝绿色(2)羊毛人字呢面料取自窗帘上暖调的蓝色。青柠檬色(3)和苹果绿色(4)提升了这一主题清新的印象。

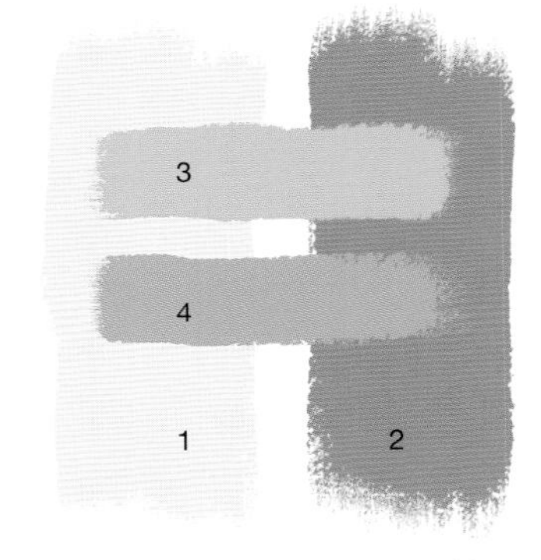

5

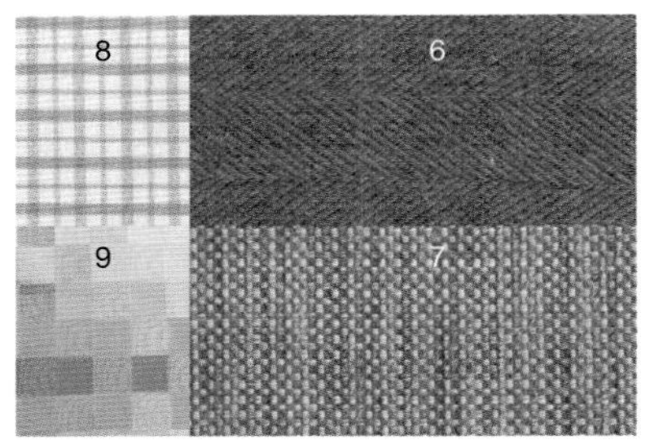

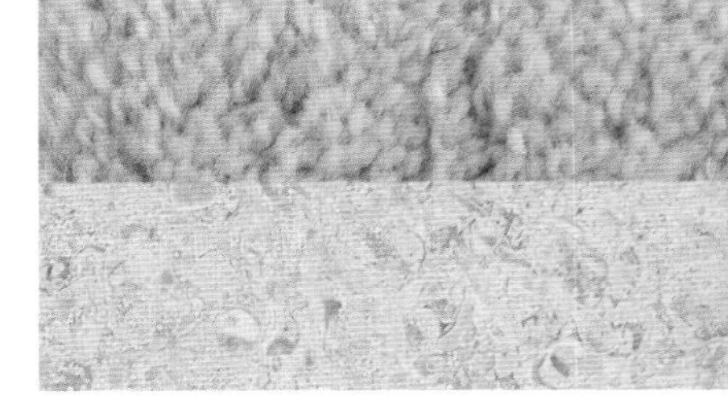

织物

印有绿色叶子和蓝色玫瑰(5)的亚麻窗帘装饰限定了窗户的位置。蓝绿色羊毛人字呢面料(6)装饰的扶手椅与苹果绿色绳绒面料(7)的贵妃椅相呼应。靠垫采用了纯棉格子布(8)和纯棉织锦缎(9)两种面料，点缀空间、增添趣味。

地面

豪华的象牙色天鹅绒羊毛地毯(10)为这组设计奠定了雍容华贵的基调。要想获得更现代的气息，请选择凝脂白色的割绒地毯(11)。华丽的米黄色抛光石灰石地板(12)乃一流的石材地面选择。>>

10

趣味条纹

活跃跳动的柠檬绿条纹给居室注入了夏天的气息。

清爽的条纹让人联想起海滨躺椅和夏季遮阳篷。鲜亮的蓝色和绿色配以耐磨的棉纺面料，对于营造充满活力的家庭活动室是一个理想方案。

调色板

浅鸭蛋青色(1)的墙面为这套迷人的方案提供了和谐的基调。明亮的浅黄褐色(2)与古金色(3)相互调和，而海蓝色(4)则唤醒了人们夏日里身处海滨沙滩的记忆。

13

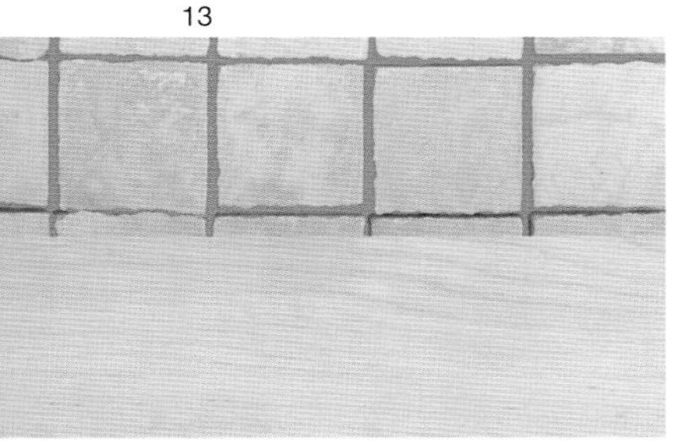

14

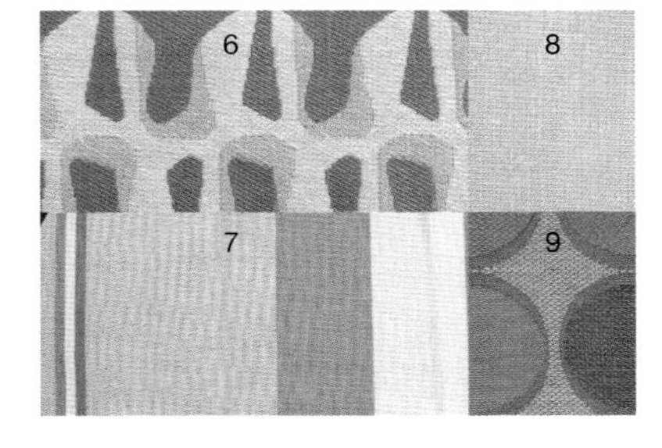

>> 为了寻求变化，也可选用大尺寸的仿石灰石马赛克地砖(13)。象牙色的仿枫木人造复合地板(14)，因其脚感良好适合装饰在套间的浴室中。

织物

棉质窗帘上青柠檬色、浅黄褐色和海蓝色相间的条纹图案(5)乃本套方案的主题。椅子装饰面料上别致新颖的图案(6)与沙发纯棉布料上的条纹图案(7)形成对应。古金色的亚麻靠垫(8)和圆形图案的人造纤维丝靠垫(9)为居室增添了轻松愉快的气氛。

黄褐色地面

温暖的黄褐色地面对于任何一个房间来说都是极具吸引力的选择。

大小不同的仿石灰石瓷砖拼装地面，为颇具现代感的餐厅增添了质感。

从左上方顺时针方向：封蜡抛光软木地板对于家庭办公空间来说，是一种经济实用的选择。对于入口门廊而言，逼真的仿木人造革地面颇受欢迎。软木拼贴的装饰图案地面为浴室增添了乡村情调。

中性色调

巧克力太妃糖

一场棕色和黄油糖果色的视觉盛宴。

当围绕黄褐色地面进行居室设计时，需要正确处理中性的金黄色调，并创建一个与之呼应的暖色调配色方案。对于黄褐色地面而言，巧克力棕色和奶油色乃极佳的陪衬色，它们能带来浓郁醇厚的甜美感觉，适用于构建家庭活动室的活跃氛围。

调色板

可可棕色(1)和太妃糖色(2)对于充满童趣的家庭装饰而言是绝佳的选择。靠垫和窗帘条纹上甜美的黄油糖果色(3)与地面色调相一致。暖白色(4)的墙面和木制品可以让房间保持清新明亮的感觉。

11

5 8 6 9 7

12

织物

可可棕色、太妃糖色、暖白色和黄油糖果色相间的别致条纹棉窗帘(5)装点着窗户。粗犷的人造皮革(6)、甜美的太妃糖色和黄油糖果色的绳绒装饰面料(7)共同点缀居室。黄油糖果色亚麻(8)靠垫和可可棕色与太妃糖色相间的棱纹(9)箱式凳是极具质感的。

地面

坚固耐用的软木地面(10)是家庭活动空间的理想选择。精美的橡木地板(11)同样适用于这类空间。经济实用的油毡地面(12)牢固又温暖，也是备选方案。>>

顽皮的球

充满趣味的球形图案为家庭空间增添了轻松的气氛。

这是第二套关于巧克力色和黄油糖果色的配色方案，这套设计的重点源自窗帘上欢快的球形图案。球形图案为中性色调的家居设计增添了强烈的视觉冲击。

调色板

窗帘和室内装饰上的由巧克力色(1)和黑巧克力色(2)构成的暖棕色调是这套家居装饰设计中的关键色。黄油糖果色(3)的亚麻面料靠垫应和着地板的色调，并为房间增添了生动鲜活的感受。沙色(4)墙面呈现出暖意。

13

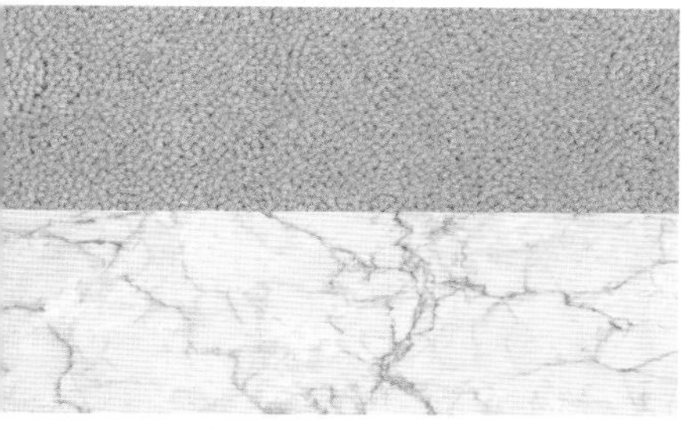

14

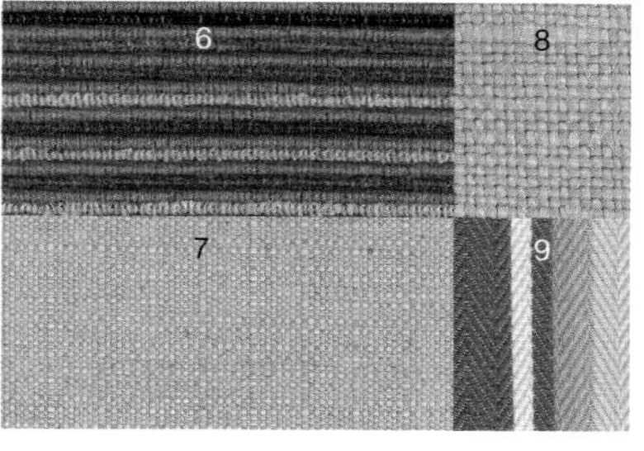

>>浓密的割绒羊毛地毯(13)温暖且十分受欢迎。带有漂亮纹理的大理石地面(14)是很好的选择。

织物

活泼的圆形印花亚麻窗帘(5)是这套设计中的特色。椅子上可可棕色、太妃糖色和暖白色相间的面料(6)与沙发上实用的米黄色棉麻面料(7)相互搭配。靠垫的面料采用了黄油糖果色的亚麻(8)和彩色条纹棉(9)两种材质，与窗帘相协调。

冷色调

阳光雨露

金色的阳光和蓝色的露珠看起来明亮又轻盈。

蓝色和黄色是一组经典的配色，本方案巧妙地采用了浓郁的蜂蜜色和海蓝色的搭配，适用于自然光照射不足的起居室设计。海蓝色与暗淡的光线色调一致，蜂蜜色则为室内注入活力。

调色板

窗帘中温暖的蜂蜜色(1)和朦胧的金黄色(2)与黄褐色调的地面相呼应。海蓝色(3)调和了浓郁的金色调，拓展了本组方案的色彩层次。浅褐色(4)的墙面和木制品为居室营造了和谐的中性色基调。

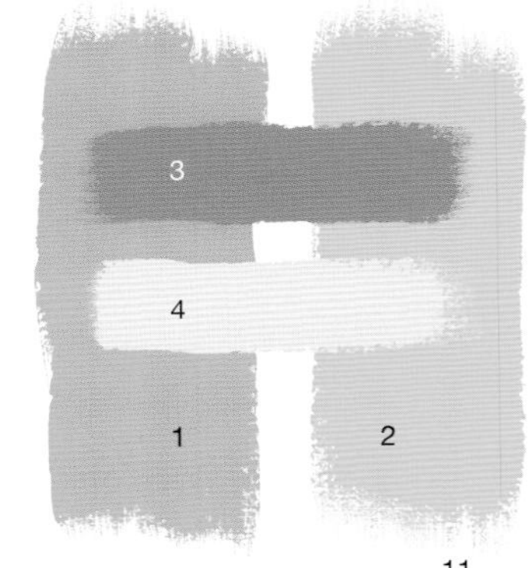

11

5

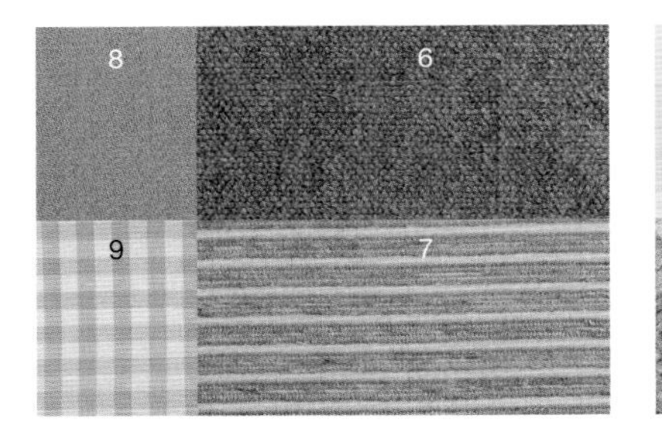

织物

装饰着印度风格花卉图案的亚麻窗帘(5)在华贵的海蓝色绳绒面料(6)沙发的陪衬下别具韵味。扶手椅上的海蓝色和蜂蜜色相间的棱纹面料(7)，丰富了空间的材料质感。海蓝色羊毛色丁面料(8)靠垫和漂亮的淡蓝色与乳白色相间的真丝(9)靠垫，赋予了整个方案更强的表现力。

地面

让人惊艳的耶路撒冷金色仿古抛光石灰石地面(10)散发着迷人的魅力。金色调的白蜡木地板(11)和厚实的蜂蜜色与乳白色相间的菱形图案羊毛地毯(12)，同样拥有绝佳的视觉效果。>>

10

灰色花束

冷色调的灰色系散发出了精致文雅的气质。

迷人柔和的灰色在室内设计中应用得最广泛，在本组蓝色和金黄色的经典配色方案中，灰色系散发着自身独有的魅力。作为完美的中性色，雅致的灰色调将大多数色彩衬托得美轮美奂，无论是与冷色还是与暖色结合，效果都非常理想。

调色板

淡淡的冰川灰色(1)是这套配色方案中至关重要的中性色，而与之搭配的浓郁的蜂蜜色(2)则为居室增添了暖意。高山湖泊那偏冷的蓝绿色调(3)和野鸭蓝色(4)使整套方案散发着清新的气息。墙面可选择蜂蜜色、浅褐色或冰川灰色。

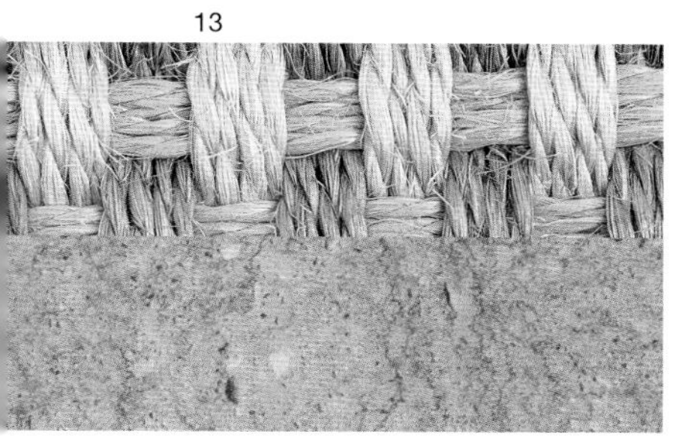

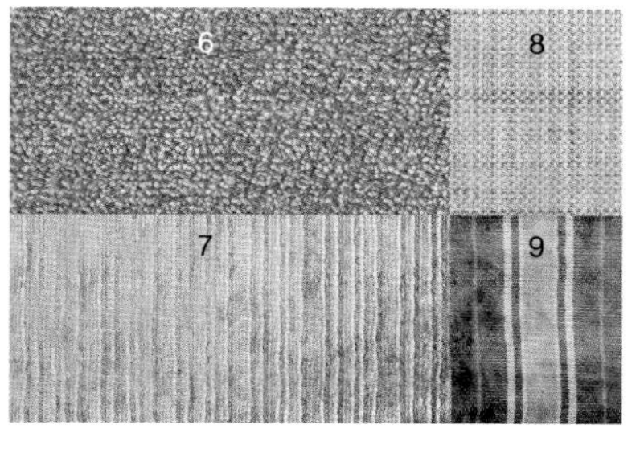

5

>> 由灰褐色、浅褐色和蜂蜜色混合而成的天然材质地面(13)是一种更为粗犷质朴的选择。仿砂岩质感的人造复合地板(14)也是经济美观的备选方案。

织物

灰色、蓝色和金黄色交织而成的印花亚麻窗帘(5)被沙发上浓郁的蜂蜜色绳绒面料(6)烘托得充满温情。蜂蜜色天鹅绒面料的靠垫(7)及高山湖泊蓝色和蜂蜜色混纺而成的棉织靠垫(8)为房间增添了迷人的魅力。另外，华丽的天鹅绒条纹靠垫(9)增强了视觉冲击力。

暖色调

花瓣雨

一场美丽梦幻的花瓣雨唤醒了初夏的清新。

窗帘上四处散落的蝴蝶和鲜花图案营造出了一种轻快空灵的情调。这种美丽的面料同样适用于卧室和令人放松的起居空间。印花窗帘的柔和色调作为本方案室内装饰和视觉重点的灵感来源，广泛应用于靠垫、地毯和床品。

调色板

在这组明快的配色方案中，草莓奶昔色(1)和黄油糖果色(2)共同组成了一个暖色基调。知更鸟蛋青色(3)墙面给阳光充足的向阳房间带来清凉感。卡其色(4)赋予沙发夏日的青草气息。

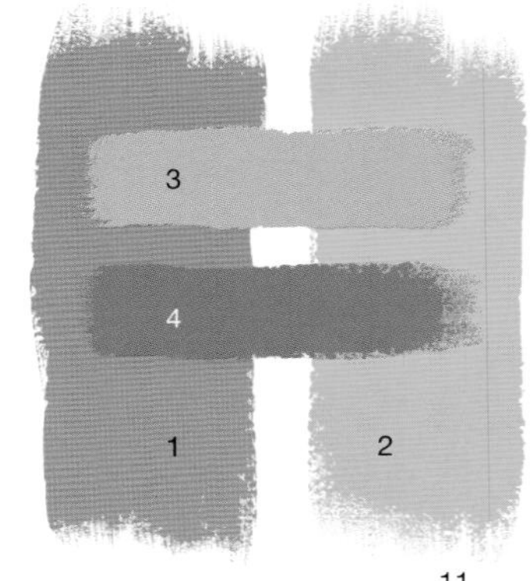

11

5

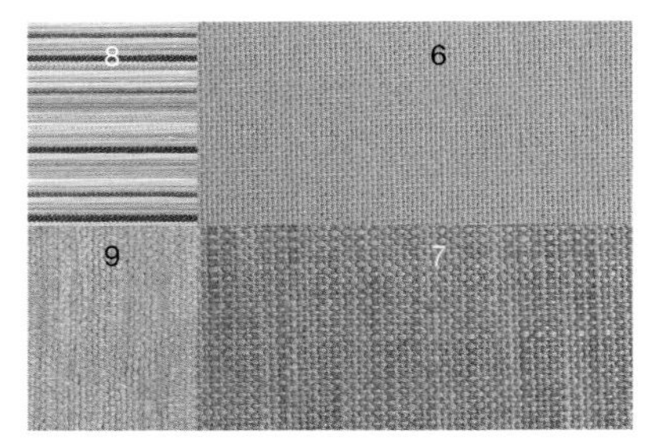

12

织物

这套魅力无穷的亚麻窗帘(5)为房间提供了色彩灵感。知更鸟蛋青色棉纺面料(6)的椅子与卡其色棉织面料(7)的沙发相映成趣。一条彩色条纹(8)的小地毯可增加居室的质感。轻柔的黄油糖果色绳绒面料(9)靠垫给居室注入了盛夏的阳光。

地面

如果你的家里有小孩或宠物，活泼的黄褐色油毡(10)地面是最佳选择，它既能提供温暖的脚感又非常容易打理。软木铺装(11)是另外一种极其适合家庭使用的选择。>>

10

杰克与豆茎

一个童话般的世界，满是欢乐的色彩和卷曲的藤蔓纹样，让人想起电影《杰克与豆茎》（*Jack and the Beanstalk*）。

如果杰克的豆茎像这套充满魔力的窗帘一样漂亮，那么杰克产生攀爬它的欲望也就不足为奇了。窗帘的印花图案中缠绕着藤蔓植物的迷人须蔓，为室内空间带来了虚幻而充满魔力的情调。

调色板

浓郁的大地色系的棕红色(1)与充满阳光质感的蜂蜜色(2)搭配，为房间营造了温暖的氛围。偏冷的古金色(3)和水绿色(4)使视觉效果更为清新。浅灰褐色的涂料保持了墙面的中性底色。

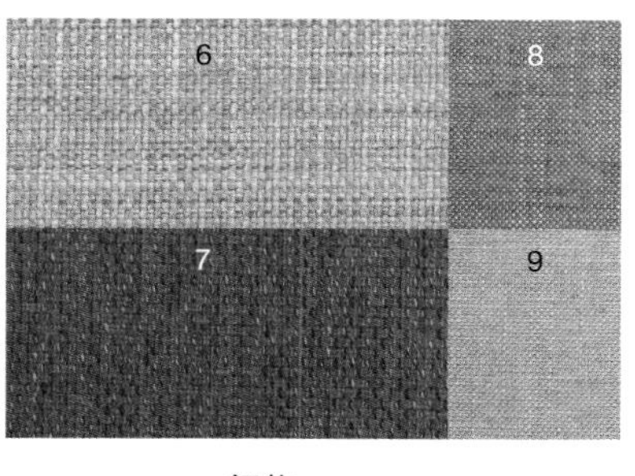

>> 如果想要与众不同，可以考虑使用竹子地板(12)。时髦的条纹簇绒羊毛地毯(13)为房间带来了材质和图案的变化。若要打造现代风格，蓬松的长毛绒羊毛地毯(14)绝对不会令人失望。

织物

漂亮的亚麻印花窗帘上装点着童话般的巨大花朵和藤蔓图案，柔和的粉蜡笔画效果的织物纹样(5)是这组充满情趣的装饰设计的灵感来源。蜂蜜色拉绒棉面料(6)扶手椅为房间增添了明亮的色泽。棕红色绳绒面料(7)的沙发赋予了这个方案一份庄重感。靠垫采用了水绿色(8)和古金色(9)的亚麻面料。

明艳色调

橙花盛开

扑面而来的花朵散发着充满喜悦的温暖感受。

这个活泼的橙色方案是一个非常适用于女孩房间的选择。窗帘上饱满的花朵很美，而橘红色、黄色和浓郁的红色则充满活力。

调色板

窗帘的印花图案和椅子面料中喜气洋洋的橘红色(1)为房间奠定了欢快的基调。沙金色(2)和玫瑰红色(3)和谐地搭配着浓郁的橘红色。象牙白色(4)的墙面和床上用品保持了平静中性的色调。

5

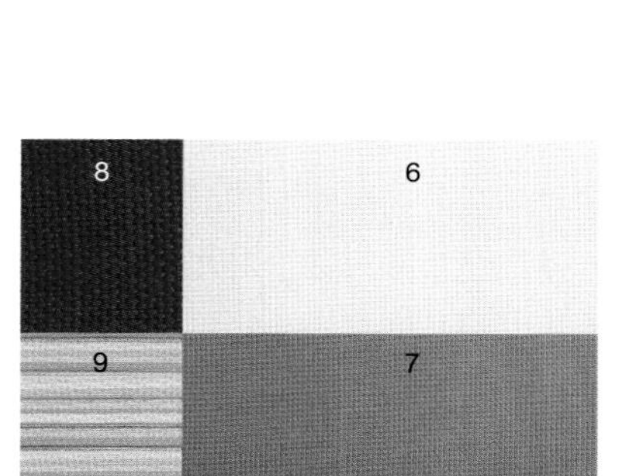

11

12

织物

充满阳光气息的亚麻织物(5)给窗帘和床幔带来了欢快的氛围。象牙白色亚麻面料的床罩(6)为房间增添了轻快明亮的感觉。椅子上装饰着平滑的橘红色棉织面料(7)。玫瑰红色的亚麻靠垫(8)与沙金色和橘红色相间的条纹面料床品(9)和谐地搭配。

地面

厚实温暖的沙金色羊毛地毯(10)在这组设计中发挥着完美的作用，天然的剑麻地毯(11)也极富质感。橡木镶花地板(12)，因其丰富的图案变化提供了另一种选择的可能。>>

10

橘红色的梦

金色的阳光散发着明亮温暖的光芒。

橘红色系轻薄的亚麻条纹窗幔，装饰着通向天井的滑门，为整个居室披上了一层温暖的色调。这套果汁般的配色方案特别适用于阳光房和与中庭相连的休闲起居空间。

调色板

橙色(1)是这个主题的代表色，桃红色(2)和黄油色(3)为房间增添了温柔的特质。室内装饰和家具中的沙金色(4)为居室奠定了稳定的底色。墙面选用白色，以更好地映衬温暖的金色调。

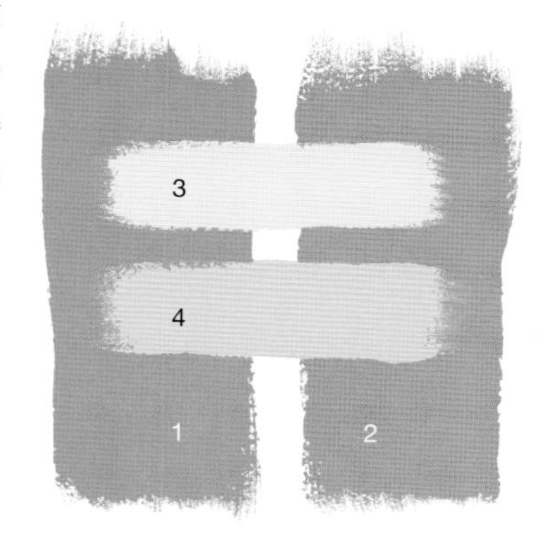

13

14

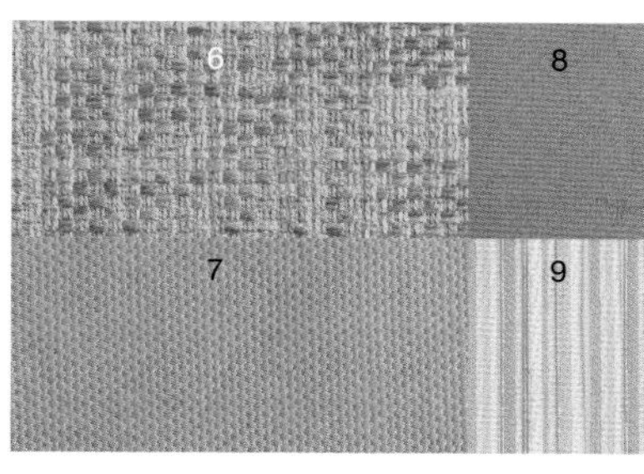

5

>> 暖色调的油毡地面(13)是针对儿童房间地面的实用之选。石灰石地面(14)是适用于门厅的绝佳材料。

织物

轻薄的条纹亚麻窗帘(5)在窗前和推拉门前轻轻飘荡，带来花园的气息。橙黄交织的棉质面料(6)的座椅带来了阳光的质感。中性的沙金色棉质面料(7)沙发，与橙色的仿鹿皮面料(8)和彩色条纹面料(9)的靠垫相映成趣。

土红色地面

质朴的土红色为室内空间增添了家的温暖。

土红色石材铺设地面，是传统乡村风格门厅的经典之选。

左下图与右下图图片设计师：韩薛

从左上方顺时针方向：颇具质感的再生地砖为迷人的卧室增添了乡村气息。楼下次卧里的陶土砖铺装营造了庭院花园的氛围。餐厅隔断采用土红色的墙体别有一番韵味。土红色的天花板辅以通透的竹节隔断，看起来温馨且不失雅趣。

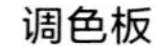

中性色调

褪色的优雅

雅致的花饰和刺绣彰显女性魅力。

这些精致的颜色可作为一个优雅的客厅或主卧的宜人背景。柔和、褪色的粉彩色调能营造一种文艺和优雅的氛围。用窗帘面料装饰床上的靠垫可以增添轻松和舒适的感觉。

调色板

珍珠母贝色(1)和贝壳色(2)的雅致色调营造了平和舒缓的氛围。风暴灰色(3)作为重点色深化了色彩层次。对于较大面积的室内空间而言，暖白色(4)的室内装饰品和墙面是一个很好的选择。

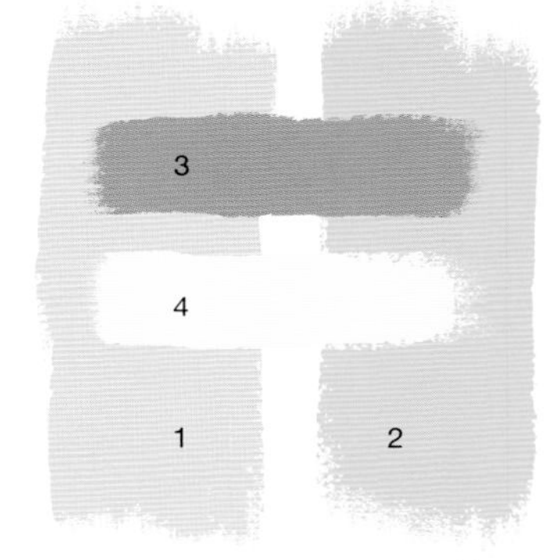

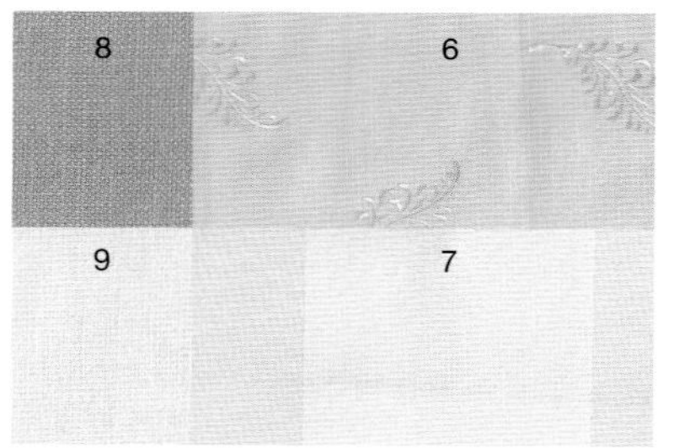

织物

亚麻窗幔中那褪色的花卉图案(5)散发着优雅的气息。床罩采用了美丽的刺绣织锦棉质面料(6)。考究典雅的条纹棉缎(7)覆盖着贵妃椅。亚麻靠垫采用了风暴灰色和暖白色(8、9)的色彩组合，极好地衬托了印花亚麻窗帘。

地面

醒目的平织条纹地毯(10)是一个出人意料又颇受欢迎的足下之选。放置一张浅土红色的天鹅绒羊毛地毯(11)是另外一种富有吸引力的软质地面方案。>>

10

草莓卡布奇诺

一场卡布奇诺与草莓的邂逅，看起来美味又迷人。

咖啡和奶油的雅致色调为浓郁的土红色地面补充了恬静的平衡感。柔和清淡的草莓红色是一种漂亮的重点色，与深红色调的地面相搭配，在视觉上十分相配。

调色板

浅黄褐色(1)、灰褐色(2)和浅褐色(3)构成了这组设计的基调。浅褐色的墙面和木制品使房间更显精致典雅。沙发和靠垫面料上的草莓果泥色(4)作为重点色，起到了视觉上的提升作用。

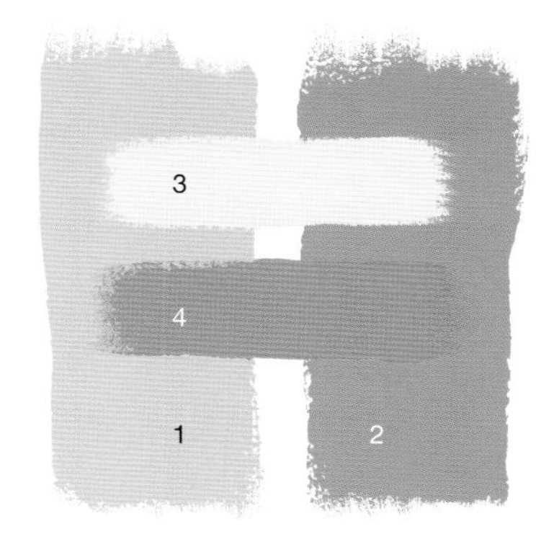

13

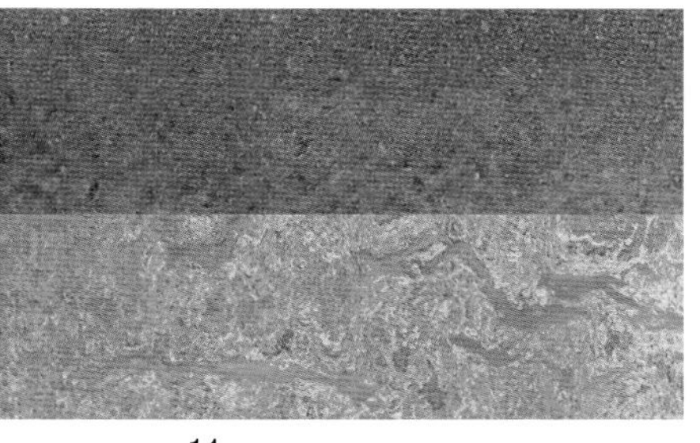

14

6 8 5

7 9

>> 仿古效果的地面(12)和都灵石地砖(13)营造了意大利托斯卡纳地区那种浪漫的生活氛围。土红色的肌理油毡地面(14)是一种美观又实用的选择。

织物

轻薄的亚麻疏光窗帘(5)为窗户营造了半透明的朦胧感。在大沙发上使用的漂亮印花面料(6)，与颇具质感的浅黄褐色塔夫绸面料(7)和草莓果泥色亚麻面料(8)的靠垫相映成趣。扶手椅上时髦的灰褐色条纹棉质面料(9)非常迷人。

中性色调

迷人的珊瑚

散发着舒适情调的珊瑚色给中性色调的现代风居室平添了灵动之处。

如果你的居室以中性灰为基调并配有土红色的地板，那么请使用如珊瑚色和鲑肉色这样的暖色作为重点色，以便和地板的色调形成呼应。否则，地面浓郁的土红色就会主导整个房间，而暗淡的中性色调将显得毫无生趣。

调色板

以浅褐色(1)和沙色(2)为主的温暖的中性色调是这组设计方案的基调。桃红色(3)和砖红色(4)的靠垫、装饰面料将这组设计糅合在一起，并且使土红色地面很自然地融合在以中性色为基调的房间里。

11

5 8 6 9 7

12

织物

醇厚的浅褐色人字呢窗帘(5)与厚实的沙色棉麻混纺沙发面料(6)形成和谐的搭配。桃红色纯棉面料(7)的扶手椅散发着迷人的魅力。带有淡砖红色印花的亚麻靠垫(8)和柔和的桃红色人造丝靠垫(9)，将房间点缀得诱人而富有格调。

地面

浓郁的砖红色簇绒羊毛地毯(10)洋溢着热情和温暖的感觉。如果想给居室增添文雅的书卷气息，可以选择桃红色的天鹅绒羊毛地毯(11)。抛光砖红色大理石(12)夹杂着灰白色的中性色纹理，既华丽又考究。>>

10

土红色印花布

印花面料上生动的花鸟图案为这个以中性色为基调的居室带来了动人的歌声。

中性色并不意味着平淡无奇，在本组设计中通过漂亮的土红色印花装饰布，可使以中性色为基调的居室鲜活起来。仅仅是配备一把此面料的扶手椅，就会为原本受限于现代感的房间增添生气。

调色板

印花面料上浓郁的土红色(1)和鲑肉色(2)，洋溢着活力与温暖。室内装饰采用的牡蛎白色(3)明快而现代。窗帘、墙面和家具则采用凝脂白色(4)，以使整个方案保持清新感。

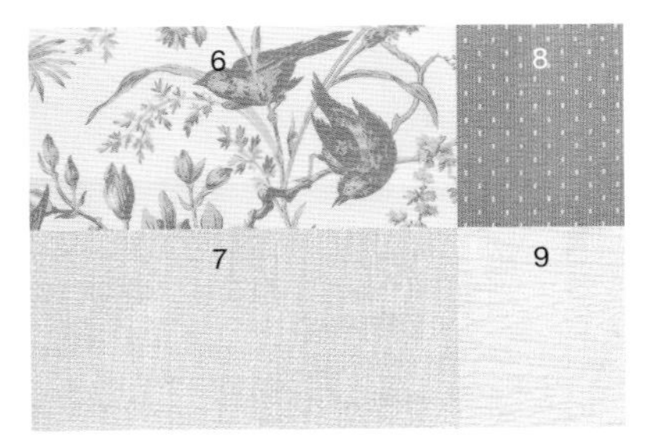

>> 过油樱桃红榉木地板(13)是地面的上佳之选。要想获得纯正的陶土砖铺装效果，釉面翁布里亚（意大利中部大区）土红色地砖(14)是最佳选择。

织物

牡蛎白色的亚麻窗帘(5)轻柔地垂在地面上。扶手椅上花鸟印花图案的面料(6)是本设计主题的真正主角，同时，中性色棉麻混纺面料(7)的沙发起到良好的烘托作用。靠垫采用珊瑚色棱纹细点面料(8)和木纹棉纤混纺面料(9)来丰富材料的质感。

冷色调

秋日之冰

在这套精美的配色组合中，冰蓝色的冷色调将土红色衬托得鲜活动人。

鲜艳的蓝色和橙色会产生强烈的色彩碰撞和视觉冲击。所以在这个主要以温暖的土红色为基调的方案中，将冷色调的冰蓝色作为重点色，有节制地使用，可以适度降低视觉反差并起到柔和色调的作用。

调色板

铁锈红色(1)不容忽视的色调吸引着人们的视线。在方案中保持色彩的平衡感是至关重要的，所以需要在墙面和诸如沙发这样的大型家具上采用类似浅黄褐色(2)这样的中性色。知更鸟蛋青色(3)和海蓝色(4)为方案增添了宁静感。

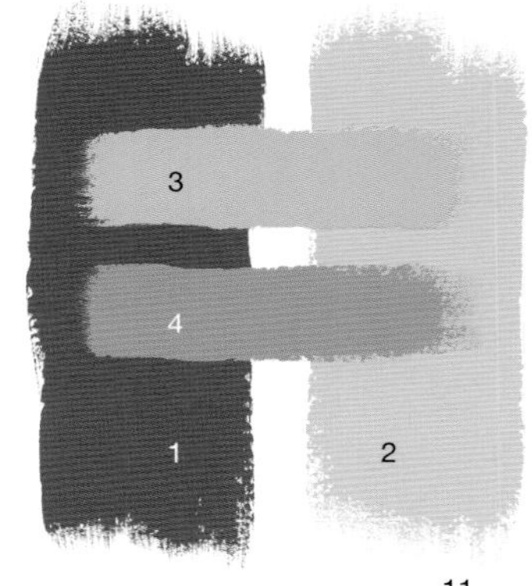

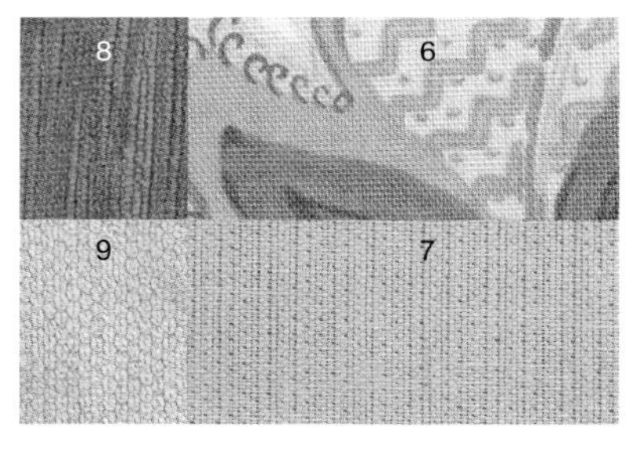

11

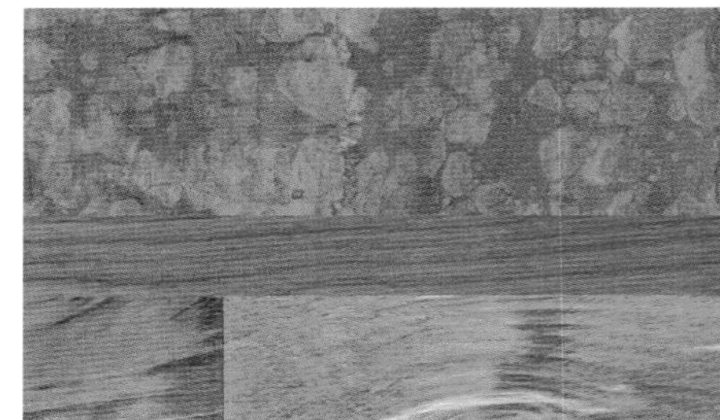

12

织物

迷人的印花亚麻窗帘(5)与蓝白相间的印度花卉纹样靠垫(6)形成视觉上的共鸣。浅黄褐色棉麻混纺面料(7)的沙发与浓郁的铁锈红色棉绒面料(8)的靠垫相映成趣。扶手椅上知更鸟蛋青色的绳绒面料(9)柔化了空间氛围。

地面

仿古效果的铁锈红色地砖(10)为这组配色构建了朴实无华的基调，而红色调的人造大理石地砖(11)也能达到相似的效果。樱桃红色榉木地板(12)乃木地板中的最佳选择。>>

10

霜冻的蕨类

冬天的冰雪亲吻蕨类植物叶子的美景，成为这组配色方案的灵感来源。

带有秋日色调的蕨类植物为这个设计提供了一个强大的图形设计基础，是家庭活动室的绝佳设计主题。温暖的光芒和霜冻的蓝绿色调结合，散发着欢乐的气息。

调色板

清爽如水的知更鸟蛋青色(1)是本组配色方案的起点。起强调作用的焦赭色(2)则使气氛变得高亢。温暖的蜂蜜色(3)里仿佛蕴含着金秋的阳光。凝脂白色(4)的墙面和木制品为房间奠定了典雅的基调。

13

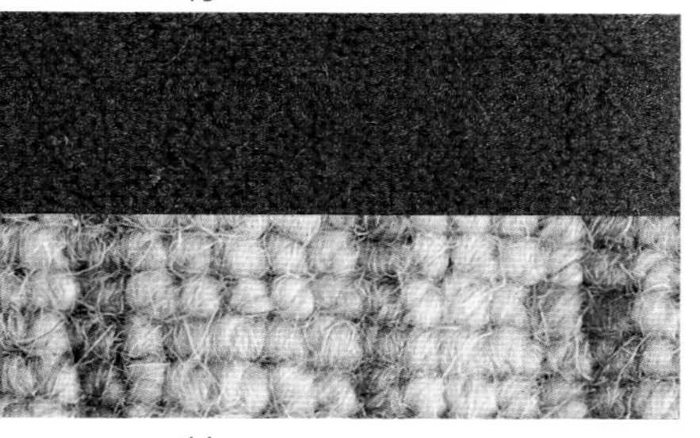

14

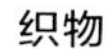

6 8 5 7 9

>> 如果你想拥有温暖的脚感，可选择长毛绒羊毛割绒地毯(13)，条纹簇绒羊毛地毯(14)则会带来更为轻松闲适的感受。

织物

印有霜冻蕨类植物纹样的棉布窗帘(5)散发着迷人的魅力。知更鸟蛋青色与蜂蜜色交织的面料(6)和机织格子面料(7)被运用于室内装饰。靠垫的材质分别采用了印有蜂蜜色和乳白色叶子纹样的蓝绿色纯棉面料(8)，以及做旧效果的铁锈红色棉质天鹅绒面料(9)。

冷色调

姜味酥饼

在这组洋溢着亚洲情调的设计中，辛辣的姜黄色诱惑着人的味蕾。

散发着诱人色调的姜黄色与冷色调的蓝绿色搭配，给人一种想进入其中的亲近感，这套配色对于充满欢乐气氛的家庭活动空间而言是一种完美的选择。

调色板

诸如棕糖色(1)和砖红色(2)这样的中性色能够使人在缺乏自然光的房间里感受到阳光般的暖意。墙面采用珍珠母贝色(3)这样的暖白色调，是因为它能更好地衬托姜黄色。冷色调的知更鸟蛋青色(4)则为室内增添了清爽之意。

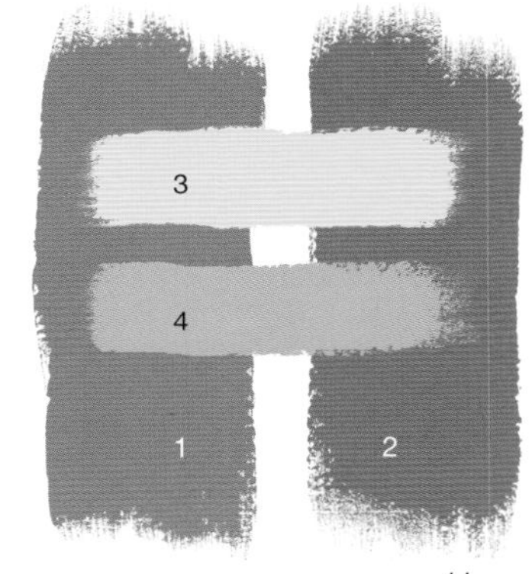

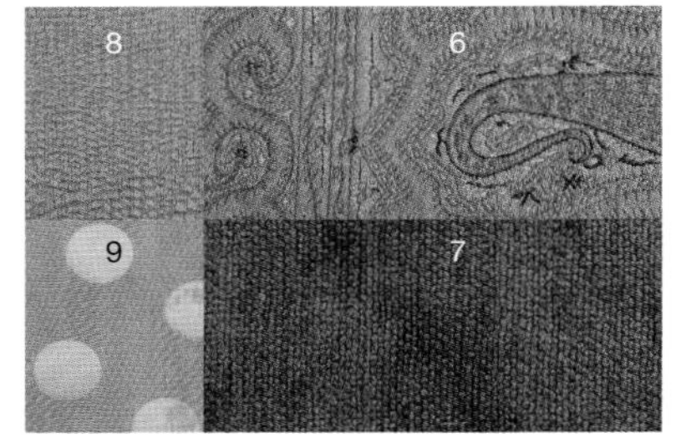

织物

以棕糖色和知更鸟蛋青色(5)为基调的带有典型印度风格纹样的棉织窗帘构建了这套设计的主题。座椅上的佩斯利花纹面料(6)洋溢着浓郁的异国风情。沙发采用了温暖的砖红色绳绒面料(7)。靠垫分别选用了富于质感的姜黄色丝绸面料(8)和知更鸟蛋青色圆点图案的羊毛混纺面料(9)。

地面

装饰着波斯图案的色泽浓郁的姜黄色羊毛地毯(10)，为这组设计增添了东方韵味。另外一种软质地面的选择是带有棋盘格图案的簇绒羊毛地毯(11)，它会呈现主题中暖棕色调与冷蓝色调之间的色彩关系。>>

10

秋日花园

清凉的蓝色调为秋日的花朵带来了冬天的气息。

柔软的棕色、浓郁的土红色与清新的蓝绿色组合，构成本组设计的主题。这是为轻松的起居空间和家庭活动室准备的一套精美配色方案。

调色板

冰蓝色(1)的墙面为充满阳光的房间带来丝丝凉意。窗帘上海蓝色(2)的印花图案与窗帘和其他装饰面料中美味的棕糖色(3)和太妃糖色(4)搭配，可以很好地平衡视觉。

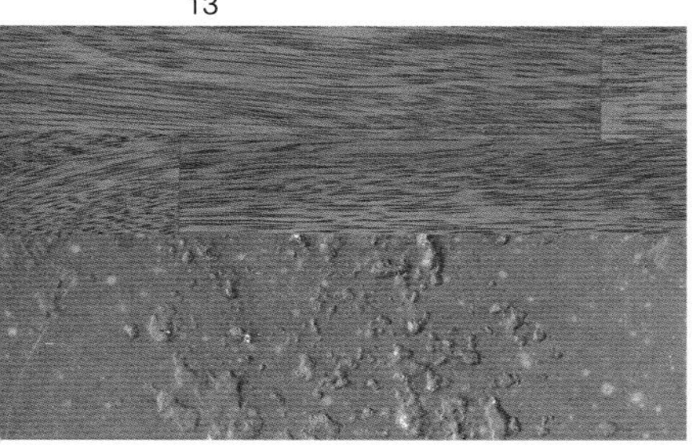

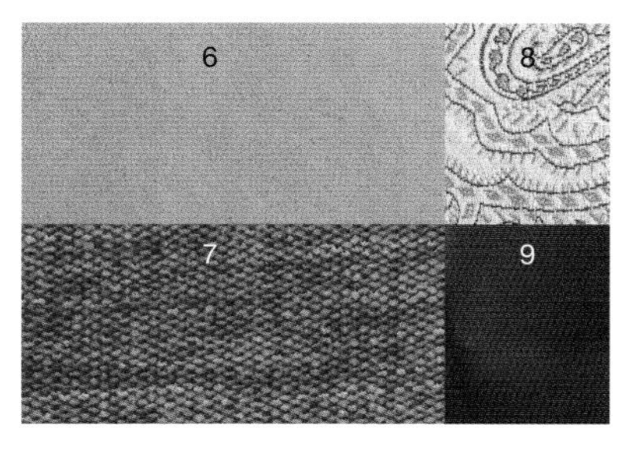

>> 豪华的皮革地面(12)既有温软的脚感又耐磨实用，乃上佳的选择。如果要选择暖色调的木地板，可以考虑过油印茄木地板(13)。淳朴的仿旧效果的土红色陶土砖(14)呈现出极具质感的地面效果。

织物

亚麻窗帘中层次丰富的蓝色调和辛辣的棕色调(5)是这组设计的灵感来源。扶手椅上冰蓝色的仿麂皮材质(6)散发着迷人的魅力。沙发采用了绳绒面料(7)，而靠垫则由异域风情的蓝色佩斯利花纹面料(8)和棕糖色人造丝绸(9)面料装饰。

暖色调

魅力游乐场

马戏团常用的彩色条纹图案让人联想起在游园会上度过的美好时光。

在室内设计中，条纹图案通常是充满魅力的选择。在粗犷的米色亚麻面料上，条纹图案传递出一种轻松愉快的氛围。该方案为家庭娱乐室营造出游乐场的感觉，孩子们才是这里的主人。

调色板

牡蛎白色(1)是一个充满夏日气息的中性色，也是这组配色主题的基底色。牡蛎白色的墙面和家具，让居室散发着夏季水边码头的惬意与遐想。矿物红色(2)、卡其色(3)和蜂蜜色(4)为方案营造的节日气氛锦上添花。

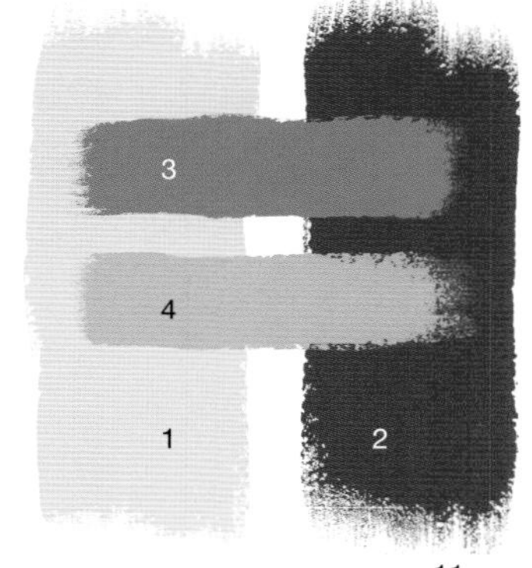

5

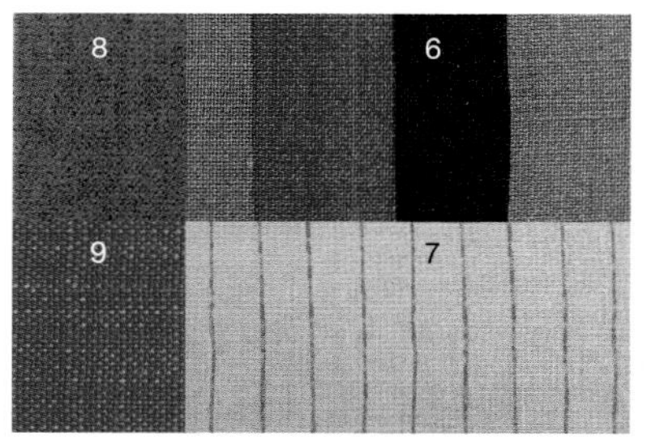

11

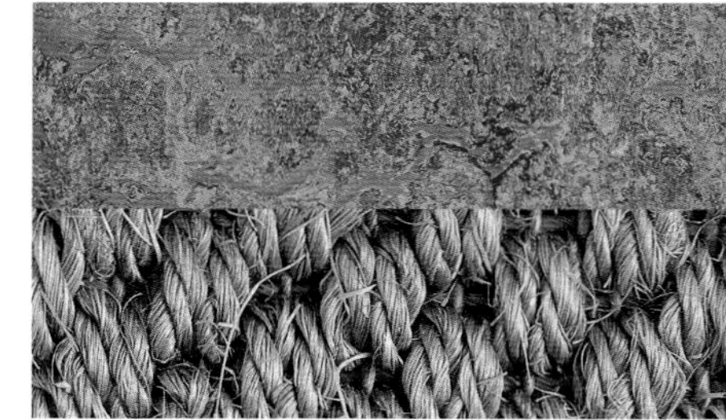

12

织物

带有棕色条纹的牡蛎白色亚麻面料(5)轻松自然，适合制作罗马帘或窗幔。扶手椅可选择充满活力的条纹亚麻面料(6)装饰。蜂蜜色条纹面料的靠垫(7)，为卡其色天鹅绒沙发(8)增添了轻松惬意的感觉。其他靠垫面料则选用矿物红色亚麻材质(9)，以使色调浓郁醇厚。

地面

迷人的肯帕斯木地板(10)是家庭空间的理想选择。橙色调的杂色油毡地面(11)提供经济温暖的足下感受，而耐磨的剑麻地面(12)是另外一种质朴的地面选择。>>

10

童子军

卡其色和军绿色被篝火的橙色激发出熊熊燃烧的热情。

羊毛和灯芯绒等结实耐磨的织物，配以军绿色、卡其色和橙色，让人联想起秋高气爽之时的乡间远足。这组暖色调的设计主题适用于家庭活动室或书房。

调色板

卡其色(1)的墙面和窗幔围合出一个茧状的空间。蕨菜绿色(2)增添了野外宿营的感觉。室内装饰品上成熟的桃红色(3)和浓郁的酒红色(4)让人感觉舒适温暖。

13

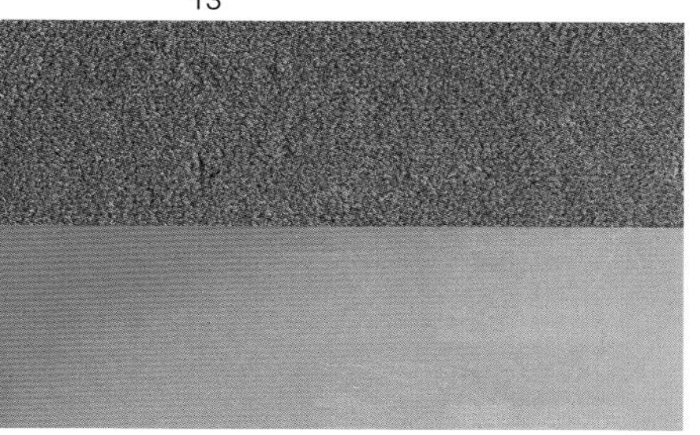

14

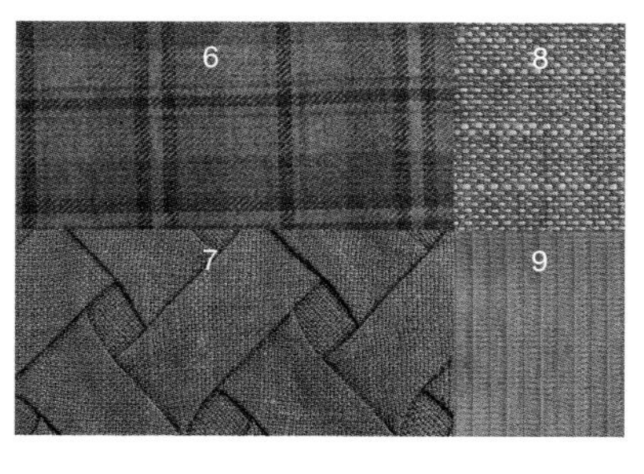

5

>> 长毛绒羊毛割绒地毯(13)适合大家庭。蜂蜜色陶土砖(14)牢固耐磨，搭配地毯使用可取得最佳的视觉效果。

织物

牢固的卡其色亚麻窗帘(5)为房间提供了一个中性色的背景。漂亮的沙发采用羊毛格子呢(6)面料，而与之搭配的靠垫分别选择蕨菜绿色的褶皱棉布面料(7)和橙、金两色相间的棉涤混纺面料(8)装饰。耐用的桃红色灯芯绒材质(9)是座椅装饰面料的经典之选。

暖色调

霍比特人※

神话故事中的森林和城堡激发了这套客卧设计的灵感。

在这间充满魔力的客卧里，你的客人会在脑海中浮现出善良的精灵与快乐的霍比特人跳舞的景象。窗帘面料被用来在古典的四柱床上制作一个茧状帷幔。适当选取几件质朴的古董装饰物，会使这个方案更加完美。

※《霍比特人》（*The Hobbit*）是英国作家约翰·罗纳德·瑞尔·托尔金创作的长篇小说，同名系列电影首部于2012年上映。

调色板

浓郁的土红色(1)地板，在精美的亚麻印花窗帘上的风暴灰色(2)和海蓝色(3)图案的映衬下，显得柔和了许多。耀眼的澄金色(4)活力满满。牡蛎白色的墙面应和着窗帘的底色。

5

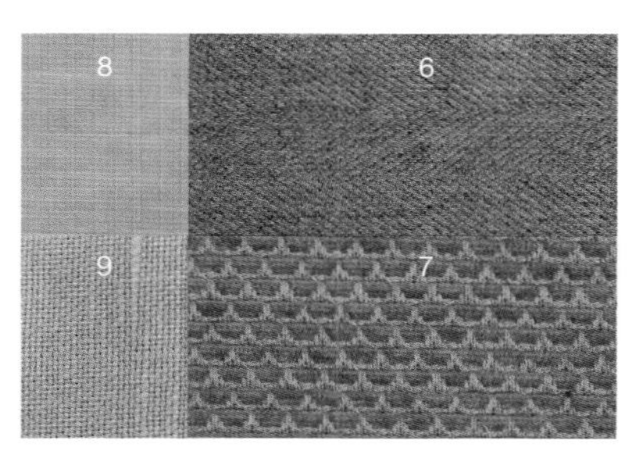

11

12

织物

迷人的亚麻印花面料被用来制作精美的窗帘，上面的图案让人联想起童话故事(5)。客卧的床上铺放着海蓝色的人字呢羊毛床罩(6)。土红色绳绒面料(7)的舒适座椅，为客人提供良好的阅读体验。靠垫分别采用澄金色的仿旧天鹅绒面料(8)和风暴灰色的亚麻面料(9)。

地面

对于乡村风格的地面，质朴的手工陶土砖(10)是优选方案。过油南美柚木地板(11)那浓郁的黄褐色调，在这组配色方案中显得异常和谐。>>

10

羊毛多多

这是一组为家庭活动室、书房和藏书室设计的以羊毛为主要装饰材料的方案。

柔软的羊毛织品带来了苏格兰的怀旧色彩，让人的思绪回到电影《勇敢的心》（*Brave Heart*）中那个令人热血沸腾的世界。精纺毛料、格子花呢和条纹毛呢组合在一起是那么优美动人。

调色板

温暖的沙色(1)墙面与格子花呢窗帘的搭配，为房间营造了一个迷人的中性色基调。浓郁的波尔多酒红色(2)丰富了色彩的层次感，而温暖的棕糖色(3)使整个配色方案和谐统一。一抹清新的灰蓝色(4)调和了浓郁的地面色彩。

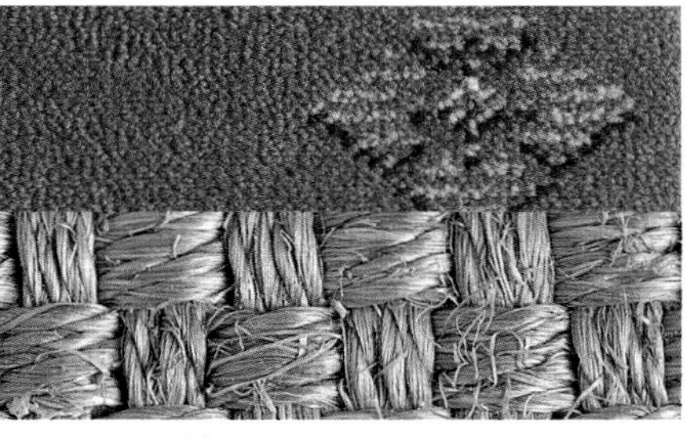

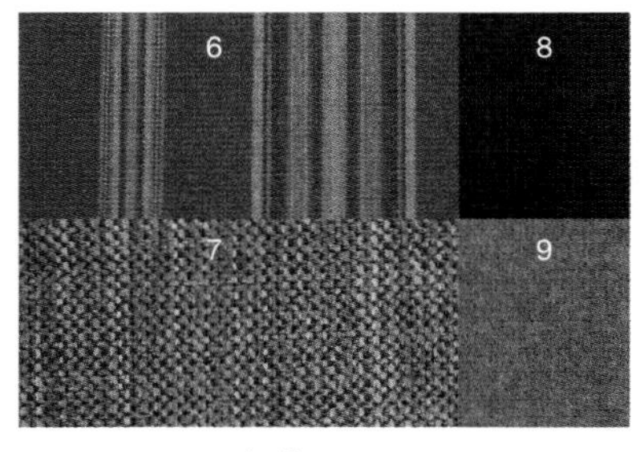

>> 在客卧和家庭活动室的装饰中，羊毛地毯一直备受人们的喜爱，波尔多酒红色调的簇绒羊毛地毯(12)和有菱形图案的羊毛植绒地毯(13)是上佳的选择。编织剑麻地毯(14)是一种独具魅力的天然材质地面的备选方案。

织物

格子花呢窗帘(5)融合了沙色、波尔多酒红色、海蓝色和石楠紫色，给人温暖柔软的感受。高背扶手椅选用充满阳刚气概的羊毛条纹面料(6)，与沙发上柔和的绳绒面料(7)相辅相成。靠垫分别采用波尔多酒红色天鹅绒面料(8)和灰蓝色精纺羊毛面料(9)，将整个设计主题贯穿在一起。

明艳色调

脱线家族

《脱线家族》（*The Brady Bunch* ）是20世纪70年代风靡一时的美国家庭情景喜剧。这组复古的图案营造出20世纪六七十年代的氛围。

还记得《脱线家族》中的一家人使用的是什么样的窗帘吗？是否如这个欢快有趣的复古主题一般带来了热闹愉悦的氛围？窗帘上醒目的图案让人想起英国著名纺织品设计师卢西尼·戴的那些热情洋溢的设计作品。

调色板

深土红色(1)为这个生机勃勃的设计主题奠定了牢固扎实的色彩基础。带一些茶色调的黄油糖果色(2)为居室增添了光彩，古金色(3)和蕨菜绿色(4)与橙色调的搭配构成了经典复古的色彩组合。

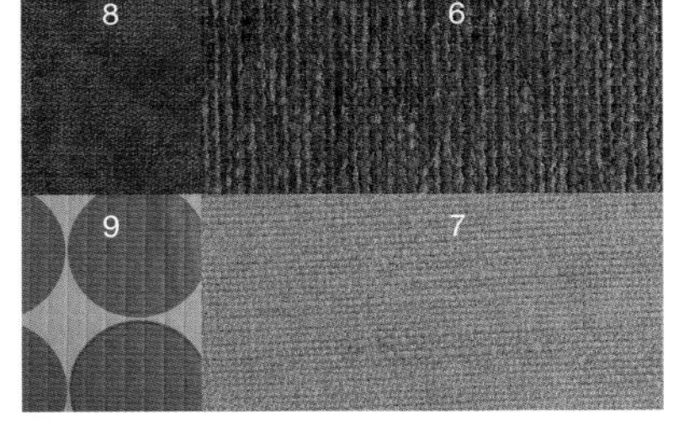

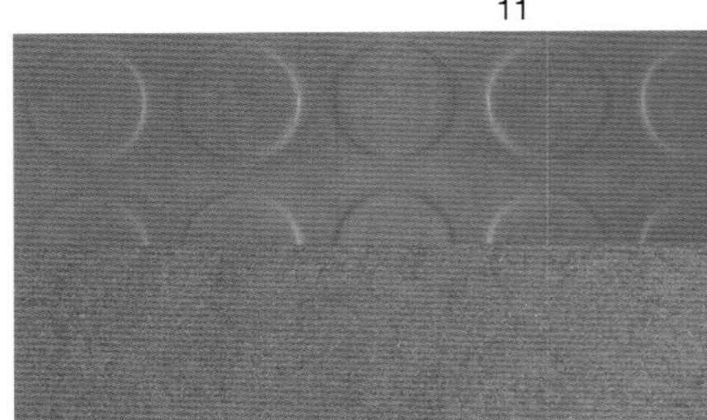

11

12

织物

窗帘上的复古印花面料(5)看上去棒极了。蕨菜绿色的棉质绳绒面料(6)扶手椅选用古金色拉绒亚麻织物(7)制作的靠垫进行装饰。沙发选用奢华的土红色绳绒织物面料(8)，并放置超大尺寸的靠垫来活跃气氛，靠垫选取饰有圆形图案的夹棉涤纶面料(9)来制作。

地面

樱桃木地板(10)非常适合此类活跃的家庭活动室主题。若喜欢脚感更有弹性的地面，圆形图案的橡胶地板(11)和色泽饱满的橙色油毡地面(12)都是不错的选择。>>

10

方圆之间

有趣的图案在欢乐的家庭活动室中尽情跃动。

圆形、方形和千鸟格混搭在一起，塑造了轻松欢快的家庭活动室的设计主题。这个方案成功的关键在于平衡好各部分之间的关系。选择两种主要图案，如圆形和方形，在色彩上也同样选择两种主色调并搭配相协调的重点色。

调色板

鲜活的橙色(1)为方案带来明艳醒目的色彩。橄榄色(2)和古金色(3)严谨沉稳，调和了千鸟格面料和窗帘面料上的浆果紫色(4)。墙面和木制品则涂刷成清新的白色。

13

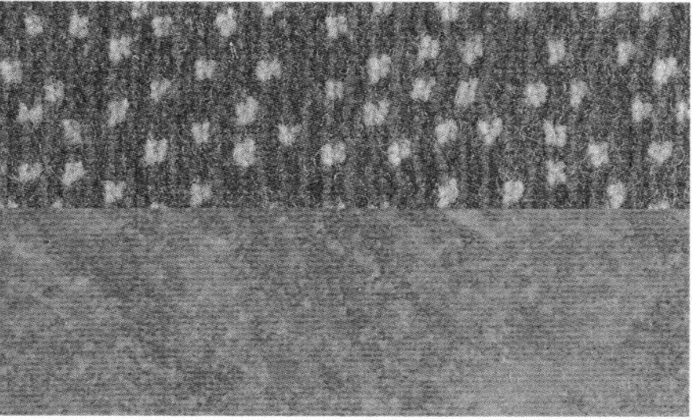

14

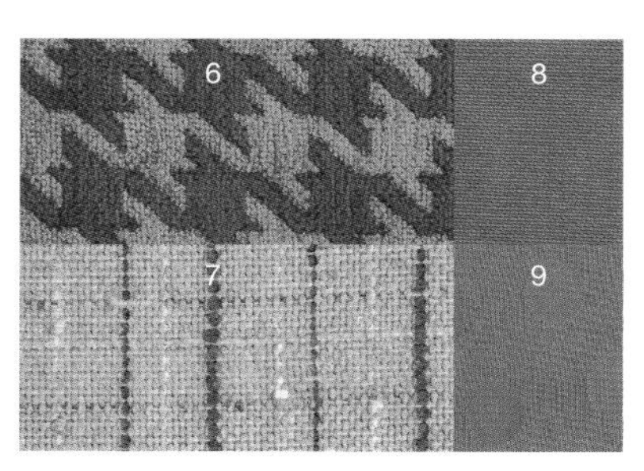

5

>> 如倾向于舒适的脚感，可选择饰有乳白色圆点的橙色羊毛地毯(13)来营造轻松的居室气氛，仿陶板效果的瓷砖地面(14)则更为经济适用。

织物

刺绣着彩色圆形图案的白色亚麻窗帘(5)催生了这个设计主题。座椅选用明亮的千鸟格绳绒面料(6)装饰，它散发着不容抗拒的魅力，在沙发上低调的亚麻织物(7)的映衬下显得柔和许多。最后，用橙色丝绸(8)和圆形图案的毛混面料(9)制作的靠垫完善整个设计。

明艳色调

愉快的大丽花

活泼明艳的大丽花让人想起那些慵懒的夏日时光。

在这组设计中，充满诱人夏日色彩的印花窗帘展示着勃勃生机，适用于以娱乐功能为主的起居空间，令人欢欣鼓舞的色彩激发了人们的社交欲望。

调色板

地面与装饰面料上的桃红色(1)和土红色(2)构建了主题的色彩基础。靠垫上醒目的青柠檬色(3)为设计注入了明艳、跳跃的元素，窗帘上的紫菀色(4)花朵为室内增添了清凉的重点色。选用凝脂白色涂刷墙面和家具。

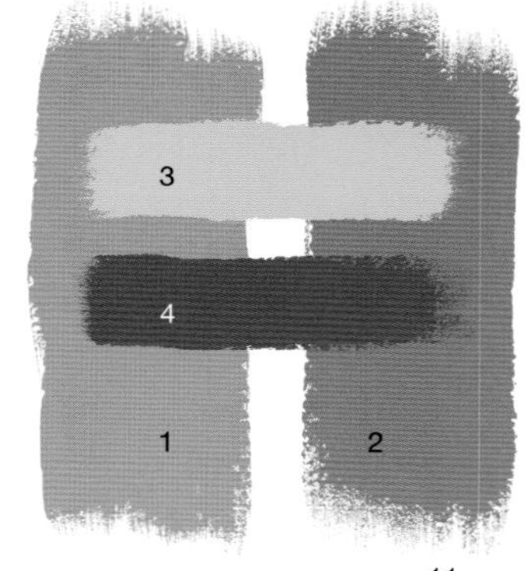

11

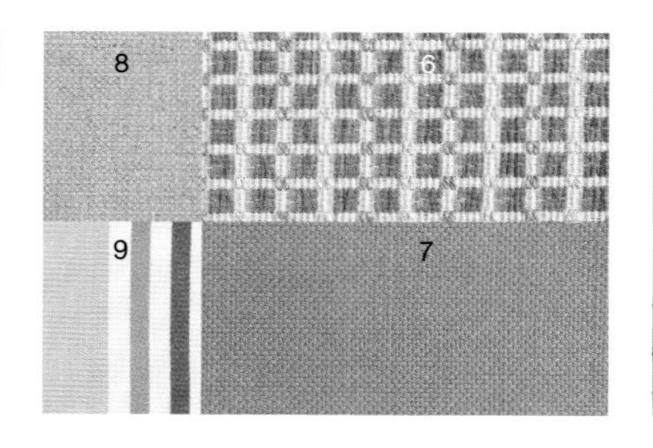

12

织物

印花棉麻面料(5)的窗帘为窗户增添了一种细腻典雅的女性气质。乳白色和桃红色相间的绳绒面料(6)座椅非常适合这个温暖的橙色主题。沙发选用深桃红色的棉质面料(7)，以营造出一个中性的基调，很好地衬托了靠垫上醒目的青柠檬色和条纹面料(8，9)。

地面

在一个充满魅力的起居室中铺设色泽饱满的土红色簇绒地毯(10)会非常抢眼。欲营造良好的交流氛围，可以选择仿鳄鱼纹的油毡地面(11)。光泽感极强的罗索维罗纳大理石地面(12)则营造出奢华的感受。>>

10

都市夏日

明快、光鲜亮丽的城市生活。

柑橘和浆果色调的条纹和格子面料可为城市公寓带来夏日的氛围。抛开印花棉布，选择那些拥有成熟质感的纺织品，诸如仿鹿皮面料和绳绒织物，用它们来装扮你的窗帘和居室吧。

调色板

青柠檬色(1)给这个充满魅力的配色方案带来了夏天的感觉。凝脂白色(2)的墙面和木制品为房间提供了和谐的中性基调。浓烈的甜菜色(3)构建了丰厚的重点色。雅致的桃红色(4)极好地衬托着充满激情和活力的青柠檬色。

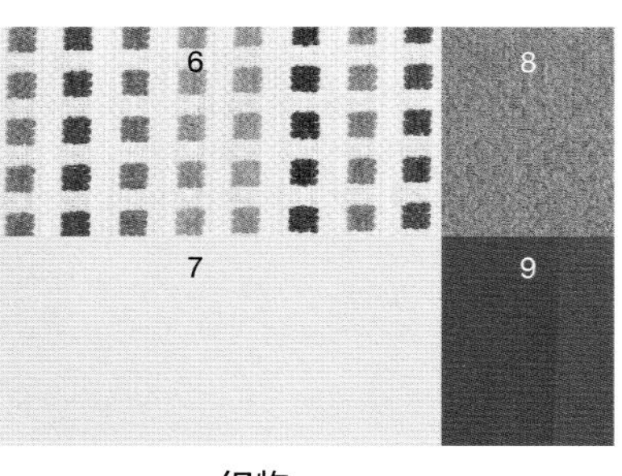

>> 简约漂亮的亚光土红色地砖(13)是物美价廉的地面选择。土红色、乳白色和卡其色混编的杂色剑麻地毯(14)散发着质朴的乡村气息。

织物

时髦的条纹棉质(5)窗帘是城市公寓中装点窗户的理想选择。椅子可采用乳白色的方格绳绒面料(6)装饰，而沙发则选用凝脂白色的仿鹿皮面料(7)以显得明亮轻快。靠垫分别采用颇具质感的青柠檬色绳绒面料(8)和带有甜菜色条纹的拉绒棉质面料(9)，它们会将居室装点得异常美丽。

绿色地面

饱满自然的绿色不仅适用于厨房和走廊，使用在任何房间中都会有不错的效果。

图片设计师：韩薛

绿色的墙面和地面与原始的砖墙交相呼应。

从左至右：在时尚的极简风起居室中，大块的绿色抛光石板地面令人印象深刻。室外的浓浓绿意与餐厅内铺设的海洋绿色的烧毛石材地面相映成趣。

中性色调

生命之树

适用于男性书房或图书室的大地色调的设计方案。

饱满的森林色调和大地色调非常适合图书室或书房，不仅为阅读和思考创造了安定的环境，更使忙碌生活的人们拥有了一个温暖静谧的世外桃源。

调色板

书房或图书室的墙面采用温暖的砖红色(1)是很棒的选择，这会形成类似蚕茧的包裹效果。将木制品涂刷成浅褐色(2)，使之与麻本色窗帘融为一体。可可棕色(3)和丛林绿色(4)是营造大地色调氛围的关键所在。

11

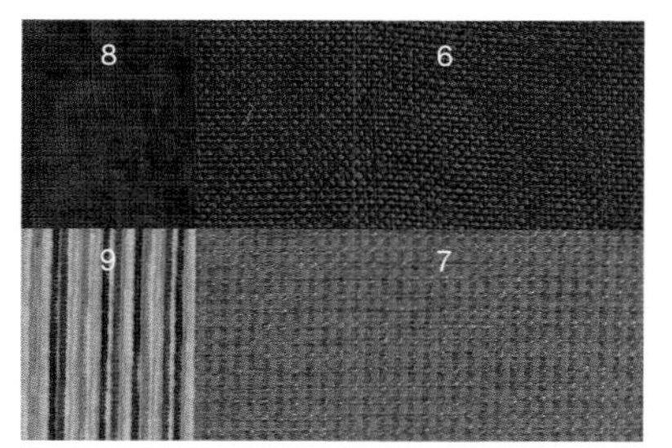

12

织物

用印有简洁植物造型(5)的本色亚麻面料装饰窗户。在座椅上选用可可棕色的亚麻面料(6)，沙发上选用砖红色的绳绒织品(7)，用丛林绿色做旧效果的织物靠垫(8)来为室内增加一抹重点色。而条纹图案的绳绒面料(9)是扶手椅的绝佳搭配。

地面

强韧的深绿色簇绒羊毛地毯(10)为这一主题奠定了大地色基调，当然也可根据实际需求采用仿石材效果的水洗绿色(11)人造复合地板。>>

葡萄园

葡萄藤蔓的波浪起伏给予卧室或起居室柔美舒缓的气息。

纺织品上优雅舞动的藤蔓图案是这个设计的灵感来源，在卧室和起居室的靠垫和窗帘上使用卷曲扭转的藤蔓纹样可以营造强烈的主题气氛。

调色板

选用凝脂白色(1)涂刷墙面和家具以营造一种沉静中性的基调，温暖中性的灰褐色(2)和太妃糖色(3)被用在了家居装饰品上。柔和的草绿色(4)与地面色彩相协调，为空间增添了雅致轻松的氛围。

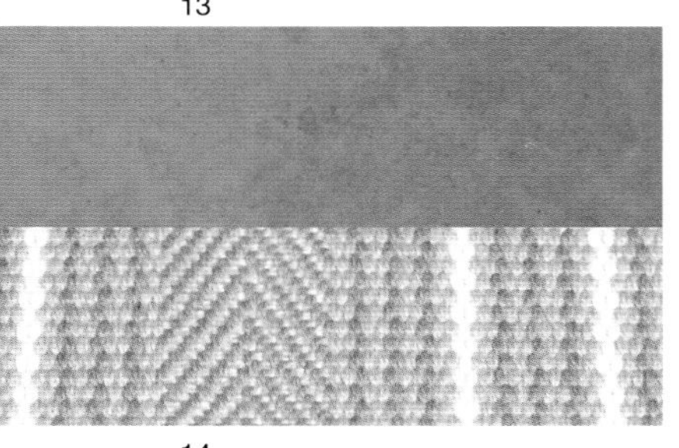

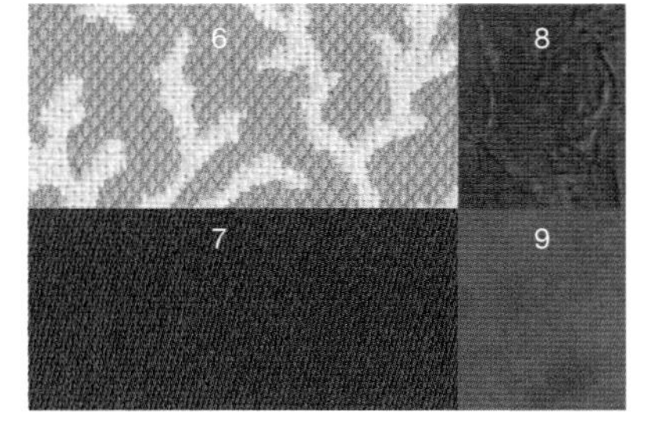

>> 海草绿色的编织地毯(12)则是另一种独具自然风味的地面铺装选择。要营造微妙的中性色基调，可选用灰绿色水磨石地面(13)或者时髦的绿色与乳白色相间的条纹棉织地毯(14)进行地面铺装。

织物

极富表现力的棉质提花织物(5)窗帘与带有细小藤蔓纹样的棉织靠垫(6)相映成趣。时髦的太妃糖色羊毛色丁面料(7)沙发在材质上与太妃糖色的压褶天鹅绒(8)靠垫相辅相成。灰褐色的仿麂皮(9)扶手椅则可用来平衡较深的沙发颜色。

冷色调

乡间偶得

秋日下午，在乡间散步的途中发现的色彩激发了这个舒适主题的设计灵感。

灰绿色的石材地面是这个乡村主题设计的灵感来源，在柔和的蓝绿色调中嵌入醒目的橙色来增添生机勃勃的重点色。诸如羊毛、绳绒织物和螺纹棉布这类极具质感的面料，会让人回想起那些舒适的粗花呢和灯芯绒服装。

调色板

以柔和的黄灰色(1)作为基调，将温暖的灰褐色(2)用在墙面和室内装饰上。棕糖色(3)和翠雀蓝色(4)是一对互补色，将成为这个轻松的绿色主题中令人兴奋的视觉重点。

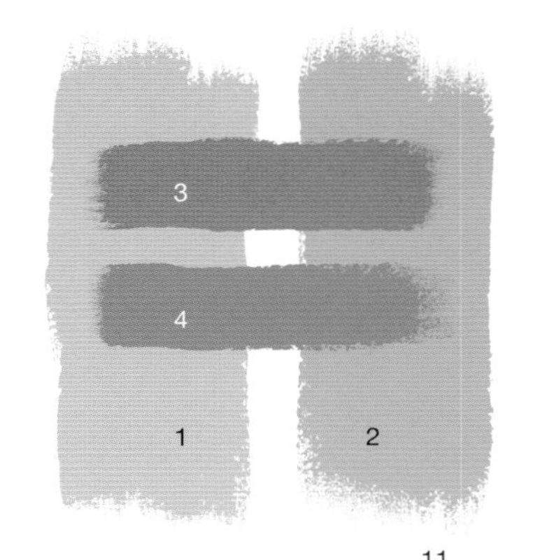

11

12

5

织物

绿色格纹呢(5)窗帘上的色彩影响了室内其他装饰面料的选择，沙发上的苔绿色绳绒织物(6)与亚光面料的窗帘相呼应，深色的螺纹棉布(7)为扶手椅增加了粗犷的质感，棕糖色和翠雀蓝色(8，9)的软垫制造了强烈的视觉效果。

地面

灰绿色的石材地面(10)是此设计的出发点，室内色彩均应注意与石材的黄色基调相协调。其他可选的地面铺装材料包括石灰石地板(11)、剑麻编织地毯(12) 和仿石材效果的人造复合地板(13)。>>

10

轻松宁静

饱满的棕色调和冷冷的蓝色调营造了安宁平静的休养之所。

这个宁静主题中所使用的色彩共同塑造了类似茧形的包裹感，成熟的色调被用来设计成年人的起居空间，深棕色皮革和极具质感的织物形成强烈的冲突，钴蓝色带来温润轻柔的韵味。

调色板

将雾灰色(1)用于墙面，海草绿色(2)用在木制品和窗帘上，以此和石材地面保持色调的统一。深棕色(3)用在富有质感的织物和皮革装饰品上，给整个设计打好基础，钴蓝色(4)点缀其间营造了温柔的格调。

13

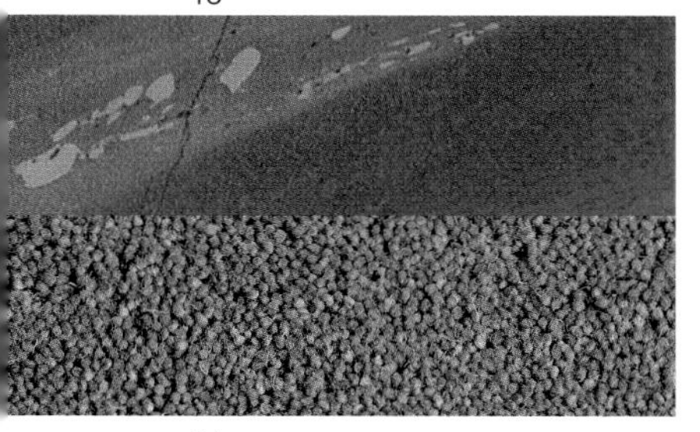

14

>>如果你更喜欢柔和一些的脚感，那么灰色的羊毛地毯(14)是既柔软又实用的选择。

织物

海草绿色麻织(5)窗帘与同色调的木制品非常和谐，糅合了棕色、灰褐色和蓝色的颗粒状棉织品(6)与家居装潢上使用的深棕色皮革(7)一起提升了设计的高级感，钴蓝色的马海毛床罩(8)和格纹呢靠垫(9)丰富了空间的材料质感。

暖色调

棕榈天堂

丛林植物元素创造了极具异国风情的繁盛景象。

棉质印花窗帘上雅致的棕榈树叶和似锦繁花形成了原始葱郁的和谐图画，而温暖柔和的色调则为这些生机勃勃的纹样提供了和谐的背景。成年人的起居室和男性卧室若采用这种设计风格，将会呈现绝佳效果。

调色板

在芳醇的蜂蜜色(1)中点缀以醒目的石榴红色(2)是此设计主题的关键，窗帘和靠垫上的靛蓝色(3)为之增添了庄重的感觉，知更鸟蛋青色(4)为室内补充了清新的色彩。墙面和木制品可用乳白色。

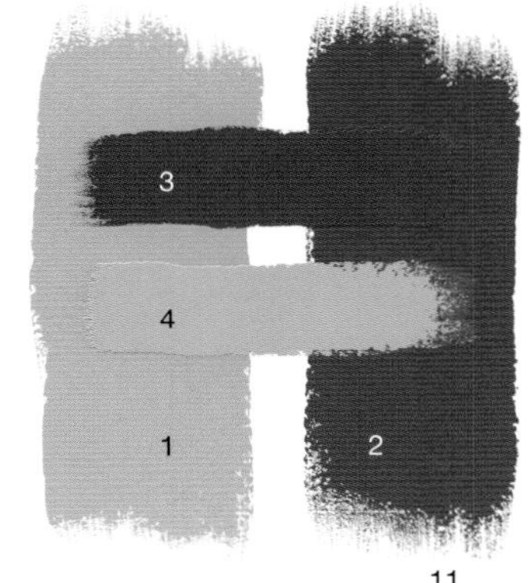

11

5

12

织物

令人惊叹的窗帘面料(5)奠定了空间的基调，窗帘上出现的关键色彩在蜂蜜色绳绒织物(6)的沙发上得以突出强化，深蜂蜜色则为靠垫织物上具有异国风味的靛蓝色和乳白色图案(7)提供了背景。石榴红色作为温暖的重点色，用在座椅的羊毛装饰面料(8)和真丝靠垫(9)上。

地面

色调变化丰富的绿色石材地板(10)为地面增添了丰富的质感。抛光海草绿色石材地板(11)表面光洁，可营造出更为正式的氛围。深绿色和黑色的大理石地面(12)则可营造出高贵的空间感受。>>

10

秋枝

秋天的黄褐色调是这个闲适恬淡的设计主题的灵感来源。

有枝叶装饰的织物带来了秋的气息，提供了舒适的乡村生活景象，成为居室内亲切朴实的背景。点燃炉火，拍拍身边的猎狗，架起双脚，把身体深埋柔软的座椅中，在这个安适的空间里阅读一本好书，享受美好时光。

调色板

令人垂涎的桃红色(1)和酒红色(2)让人联想起秋日硕果累累的景象，将墙壁和木制品涂刷成乳白色(3)来保证房间的明亮，窗帘上的海蓝色(4)构建了冷色调的重点色。

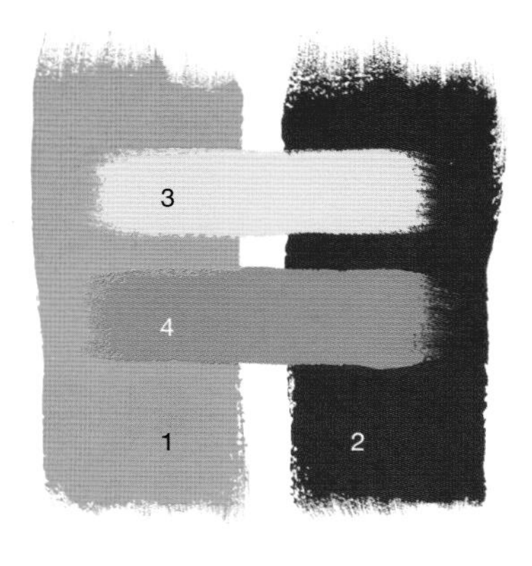

13

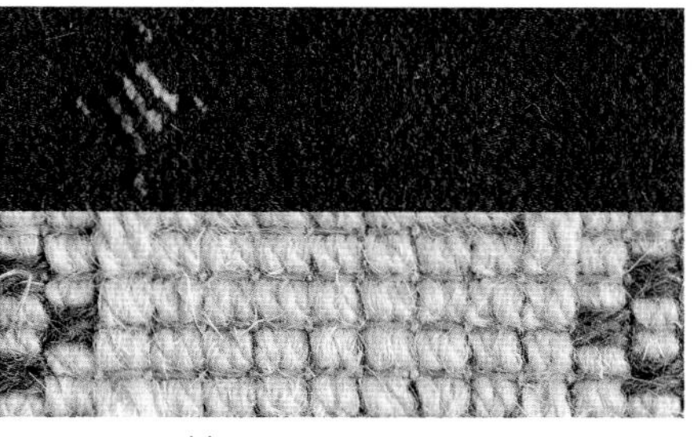

14

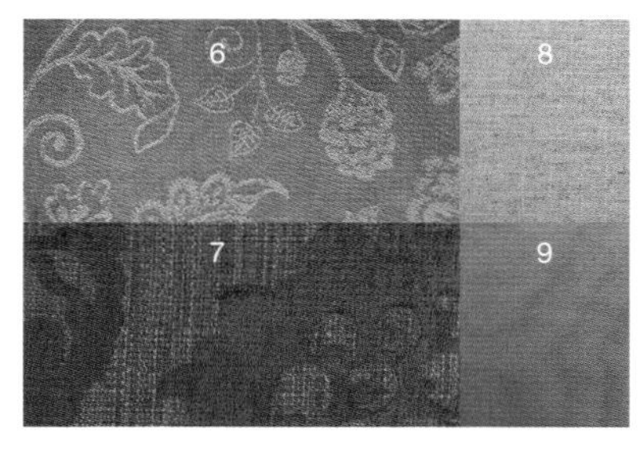

5

>> 点缀有细小菱形图案的深绿色加厚羊毛割绒地毯(13)提供了奢侈的脚感，而极具天然质感的格纹编织羊毛地毯(14)则可营造闲适的氛围。

织物

窗帘上丰富的图案(5)与桃红色座椅装饰上的枝叶纹样(6)及酒红色的绳绒面料靠垫(7)相映成趣，灰褐色的亚麻沙发(8)因其中性的色调有效地调和了室内的气氛，上面放置的桃红色真丝靠垫(9)则在沙发和同为桃红色调的座椅之间建立了联系。

明艳色调

舍伍德森林

叶片与花朵共同编织出浪漫的森林交响曲。

这种宏大、粗犷、外向的设计主题非常现代并令人振奋。重点是使用装饰有繁盛的花卉植物图案的织物制作起居室的窗帘，上面硕大的花朵和卷曲的藤蔓令人回想起中世纪的绒线刺绣。

调色板

青柠檬色(1)是这个主题中最重要的部分，用甜美的玫瑰红色(2)和茄紫色(3)与之调和。鸽灰色(4)是室内装饰品的最佳选择，在墙面涂刷浓厚的凝脂白色来保持平衡。

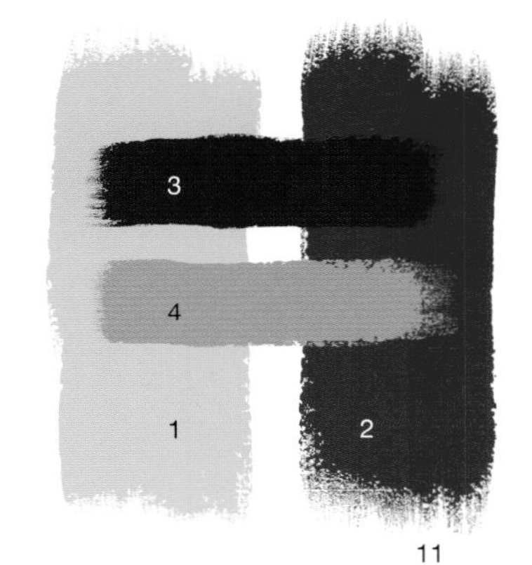

5

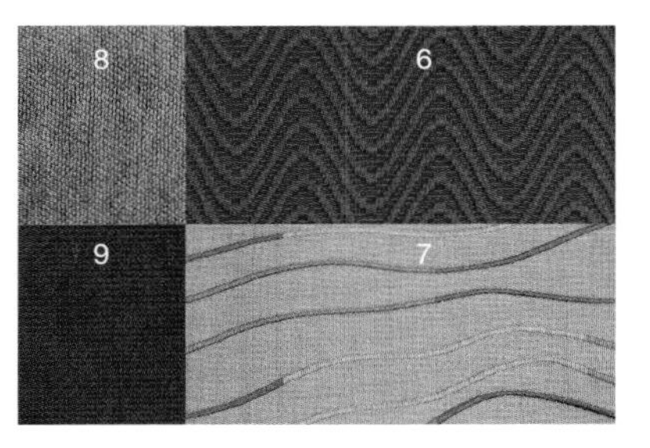

11

12

织物

带有卷曲起伏图案的棉麻交织窗帘(5)与波浪纹样的玫瑰红色座椅装饰(6)和青柠檬色的真丝靠垫(7)相互映衬。沙发上的装饰织物选用鸽灰色的绳绒面料(8)，它与泛着青柠檬色光泽的茄紫色马海毛面料靠垫(9)一起成为空间中的点睛之笔。

地面

长毛绒羊毛簇绒地毯(10)是整个主题的基础，橄榄色、灰褐色、乳白色相间的剑麻地毯(11)是一种独具魅力的选择，在仿石板效果的灰绿色瓷砖地面(12)上加铺小块毯也是非常时髦的做法。>>

10

春日花束

春天时节的紫色和黄色营造了欢快喜悦的氛围。

这个方案的灵感源自春天，紫色和黄色这对互补色调完美结合。这组经典配色让人不禁联想起复活节的色彩和氛围，清新动人、易于搭配，非常适用于起居室和卧室。

调色板

李子色(1)和醒目的柠檬草色(2)是关键色彩，它们通过柔和的草绿色(3)进行衔接。温暖的烟灰色(4)作为出色的中性色特别适合应用在家居装饰品上。乳白色的墙壁和木制品提供了一个典雅的背景。

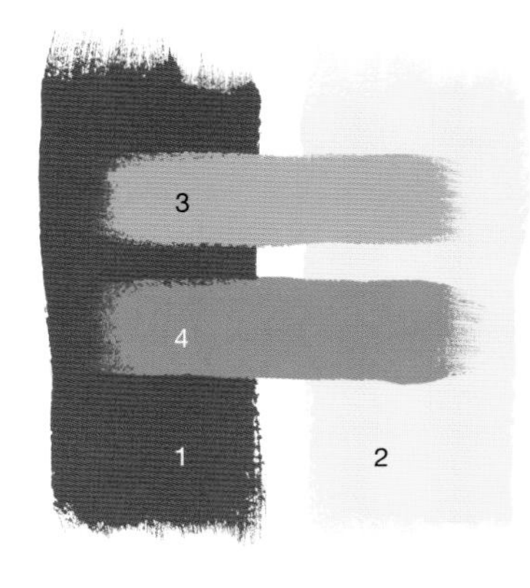

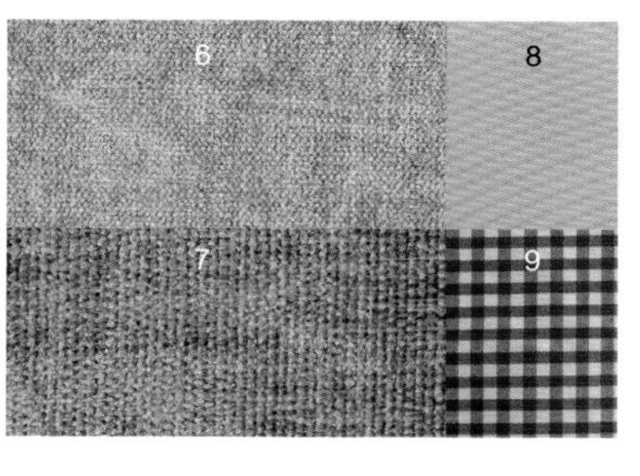

>> 漂亮的石板地面(13)堪称此种风格的最佳代言。橄榄色的封蜡瓷砖(14)既会让人回想起维多利亚时代的审美喜好，又具有非常现代的形式。

织物

清爽自然的印有手绘春季花卉图案的亚麻面料(5)特别适用于此风格的窗帘。柔和的草绿色绳绒织物(6)扶手椅和烟灰色绳绒面料(7)沙发极具吸引力。靠垫采用柠檬草色的真丝面料(8)和李子色格纹真丝面料(9)装饰，其色调来自窗帘中的主要色彩。

浅棕色地面

无论是传统还是现代风格的室内设计，浅棕色地面铺装都是很好的选择。

橡木地板即刻使传统风格的居室焕然一新。

从左顺时针方向：有细小图案的中性色地毯为简洁的现代风居室带来了材质上的趣味。橡木地板为刻板冷漠的白色居室注入了暖意。美观又实用的剑麻地毯对于传统和现代两种风格的起居室，都很适合。

中性色调

香草奶油

柔软的奶油色调营造出了精致甜美的氛围。

香草奶油的色调适宜在主卧和客卧中营造轻松愉快的氛围，微妙的色调变化带来温暖感受，同时用丰富的材料质感增添了视觉吸引力。

调色板

玉米穗黄色(1)和小麦色(2)与浅色地面搭配非常协调，墙壁和室内装饰品上使用的凝脂白色(3)为室内奠定了浓厚的中性色基调，暖白色(4)的家具和刺绣靠垫为整个设计增添了轻快的重点色。

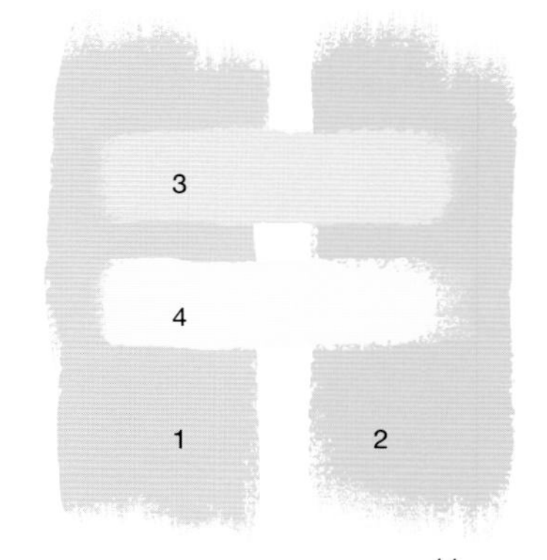

11

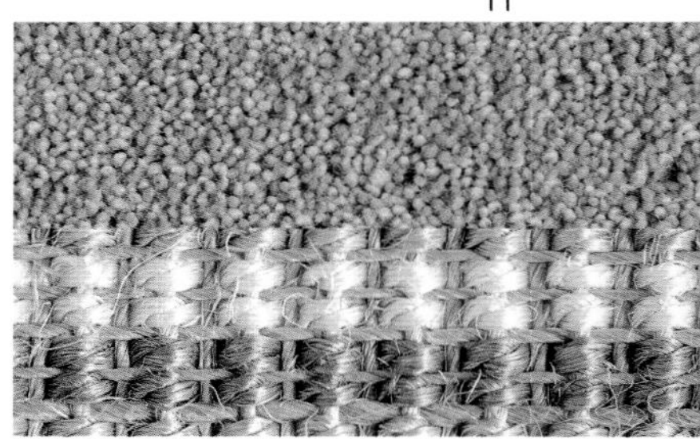

12

5

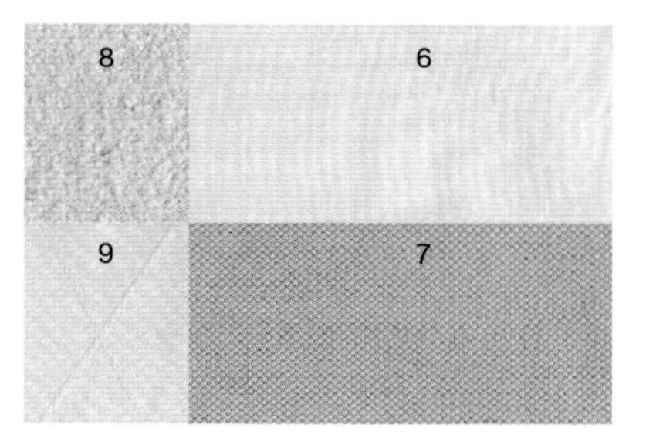

织物

窗帘和床罩选用浪漫的白色刺绣麻织品(5)，明快轻薄的玉米穗黄色麻质窗帘(6)似乎将阳光带进房间，用小麦色的靠垫(7)和颗粒感棉绒床罩(8)装饰床体，用交叉格子图案的亚麻面料(9)装饰座椅。

地面

时髦的条纹机织地毯(10)为房间增添了朴素节制的品质感，温暖的杏色簇绒羊毛地毯(11)十分适合在卧室中使用，而美观大方的条纹图案的麻编地毯(12)也是不错的选择。>>

10

摩尔的沙地

摩尔（非洲西北部伊斯兰教民族）式的图案和色彩为现代居室带来颇具异国风情的雅致感受。

摩尔式建筑中优雅的拱形图案和金丝镶嵌的工艺都在居室的窗帘材质上得到了体现，在中性色的居室内使用带有引人注目的图案的织物可以有效地使空间生动、避免乏味。

调色板

在窗帘、靠垫、墙面和木制品上均使用饱满的凝脂白色(1)来构建这个迷人的设计主题。在家居装饰上使用蜂蜜色(2)和暖灰褐色(3)会保持整个色调的柔和中性。而窗帘图案上的浅麦色(4)则添加了一个腼腆的重点色，丰富了色彩层次。

13

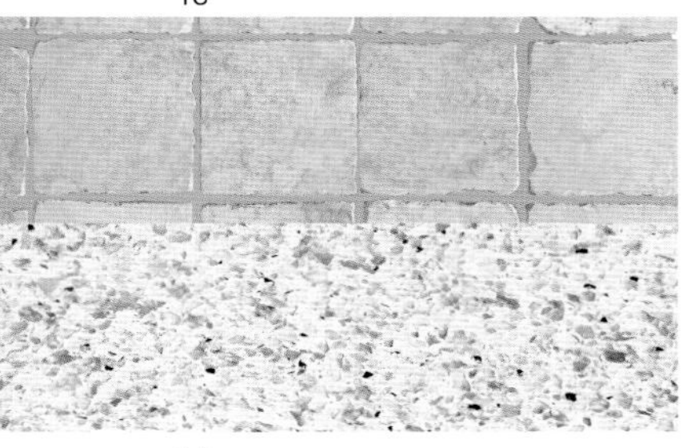

14

6 8 5

7 9

>> 在乡村风格的住宅中，用石灰石马赛克(13)进行地面铺装是极好的，它不仅适用于一般居室，甚至还可以延续到浴室之中，从而使空间连贯。抛光人造石英石地面(14)则是既美观又实用的选择。

织物

窗帘选取触感轻柔、图案醒目的亚麻面料(5)，座椅上和沙发上则选用色调微妙的蜂蜜色与暖灰褐色相间的水平条纹装饰面料(6，7)，这些织物彼此联系、协调有致。粗纺真丝面料(8)和富有光泽感的乳白色丝绸(9)制作的靠垫为室内增添了丰厚的质感。

中性色调

卡利普索节拍

如卡利普索民歌（流行于加勒比海地区）欢快的风格，活泼的圆圈图案为家居空间带来轻松律动的节奏。

选择带有活泼图案的织物装饰靠垫和漂亮的座椅来使中性色的设计具有跃动的韵律，印着不规则圆圈图案的厚实面料特别适合表现这个主题，它为方案增添了活力，并催生出其他重点色。

调色板

这是一个中性色方案，用较深的太妃糖色(1)和温暖的蜂蜜色(2)共同营造柔和惬意的氛围，在靠垫织物中使用橙色和酒红色(3)来增加视觉冲击力，用轻快明亮的玉米穗黄色(4)涂刷墙壁。

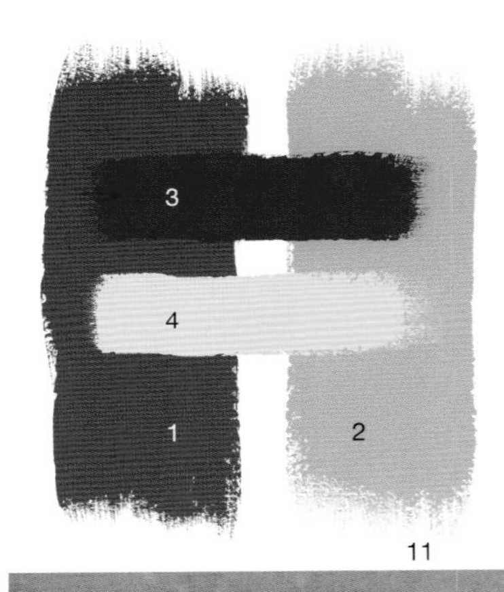

11

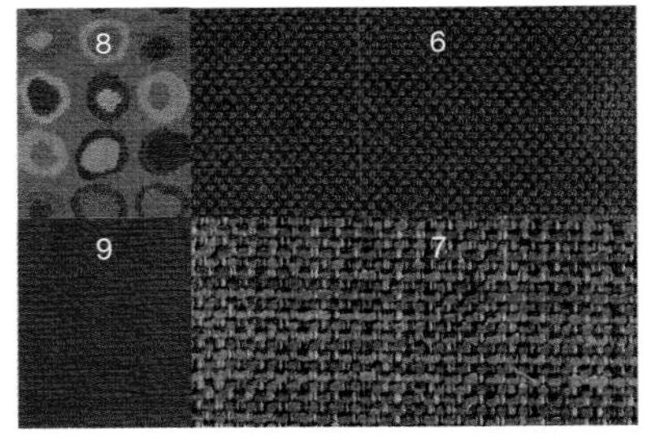

12

织物

此款腈纶窗帘面料无论是视觉效果还是手感都非常像拉绒棉布(5)，座椅选用的太妃糖色机织棉布(6)，美观又实用。沙发则选用太妃糖色和蜂蜜色相间的交织拉绒面料(7)，用印有圆圈图案的人造纤维面料(8)和酒红色织物(9)制作的靠垫增加视觉冲击力。

地面

橡木地板(10)因其美观耐磨，特别适用于人员活动较多的房间。也许你从来没有考虑过皮革地面(11)，但这确实可行，选用古铜色会更为持久耐用。>>

10

纽约风情

烟灰色和棕色构建的精致成熟风。

灰色调与棕色调会为都市公寓带来有如量身定制的阳刚感觉，而且这种严谨克制的设计风格也恰如其分地表现了你所置身其中的城市的风貌。

调色板

太妃糖色(1)和棕糖色(2)构成了居室温暖的中性色基调，在墙面和木制品上涂刷凝脂白色(3)来延续这种温暖的氛围，再用鸽灰色(4)点缀其间增添冷静成熟的韵味。

13

14

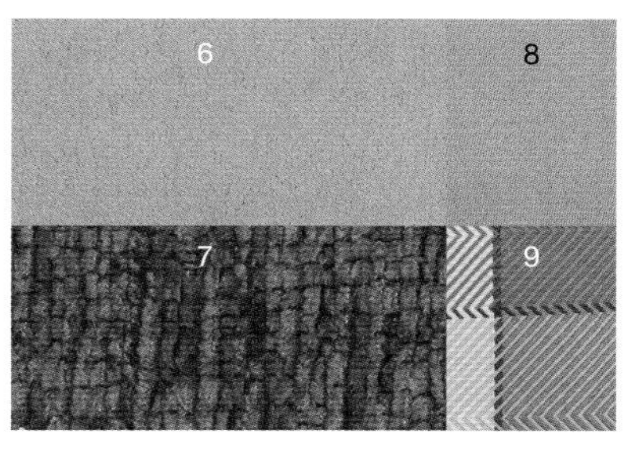

5

>> 结实的簇绒羊毛地毯(12)柔软舒适，款型别致的剑麻编织地毯(13)则为中性基调的室内设计带来图案和材质上的丰富变化。漂亮的棕色大理石(14)不但时髦，还非常实用。

织物

印有方形图案的涤纶面料(5)不论是视觉效果还是手感都近似于丝绸，适用于窗帘。座椅的材质采用太妃糖色的仿麂皮面料(6)，沙发则选择让人难以抗拒的色调浓郁的棕糖色丝质绒织品(7)装饰。靠垫选用鸽灰色羊毛色丁面料(8)和丝麻混纺的格纹图案面料(9)。

冷色调

蝴蝶飞舞的花丛

拍动翅膀飞舞的蝴蝶和迎风摇曳的花朵让睡眠时光变得美好安详。

平和、精致而优雅，这是一个非常适合卧室的主题。在卧室中需要严格合理地使用色彩，使之成为脱离俗世喧嚣的避风港湾。

调色板

含蓄的灰褐色(1)奠定了整体的风格基调，高山湖蓝色(2)成为其中漂亮的点缀色，精致的古金色(3)为室内注入温暖的气息，用暖白色(4)涂刷墙面和木制品，使之与织物色调协调统一。

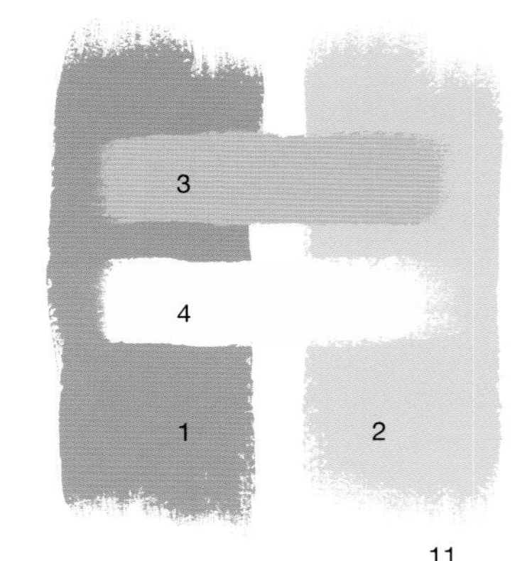

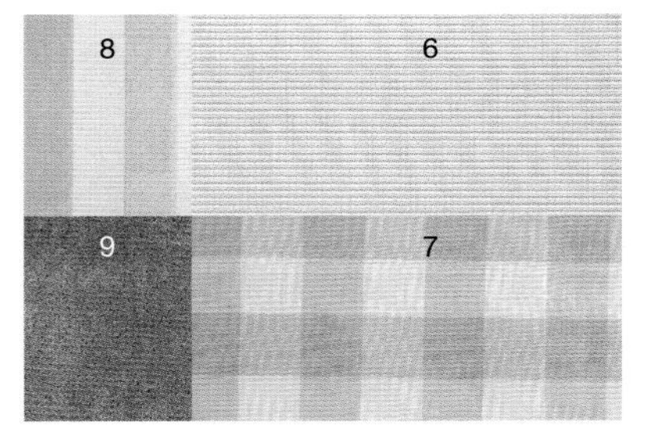

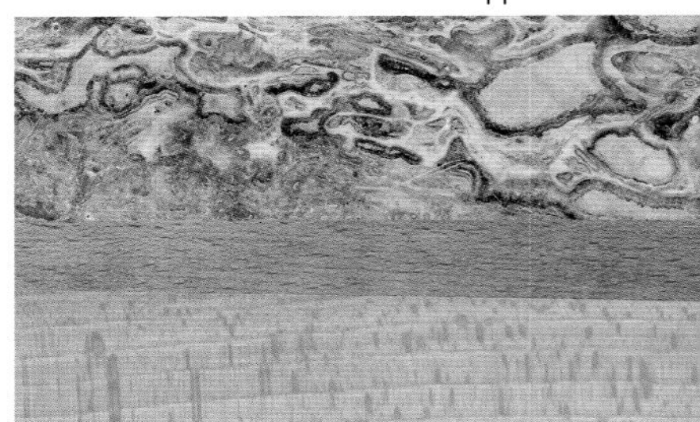

织物

用印有可爱的花卉图案的棉麻面料(5)制作落地窗帘，用漂亮的浅蓝色螺纹棉纶混纺面料(6)和格纹丝绸面料(7)制作的靠垫来装点卧榻，用颜色协调时髦的条纹织物(8)包裹小沙发，再以灰褐色的丝织天鹅绒靠垫(9)进行搭配。

地面

仿石材效果的瓷砖(10)或者漂亮的贝尔尼尼石灰石(11)都可为此类主题增添丰富的地面材质质感；若喜欢用实木进行地面铺装，蜂蜜色的榉木地板(12)是很好的选择。>>

10

丝绸叶片

精美的丝绸为都市起居空间增添了丰饶华丽的调子。

由古铜色和冰蓝色的华美丝绸构成的迷人主题，适合精致的都市起居空间，垂地的窗帘进一步加强了这种豪华的感觉。

调色板

成熟稳重的冰蓝色(1)和饱满的古铜色(2)营造了富有魅力的协调气氛。柔和的蜂蜜色(3)与冰蓝色相结合，为室内装潢增添了和谐的气息。将墙面和木制品涂刷成暖白色(4)来保持精致感。

13

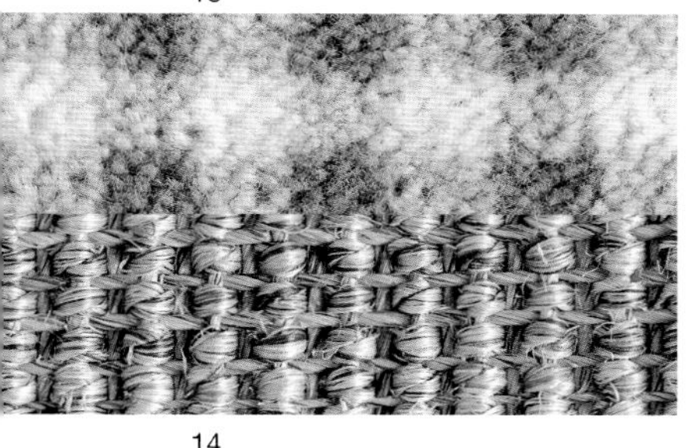

14

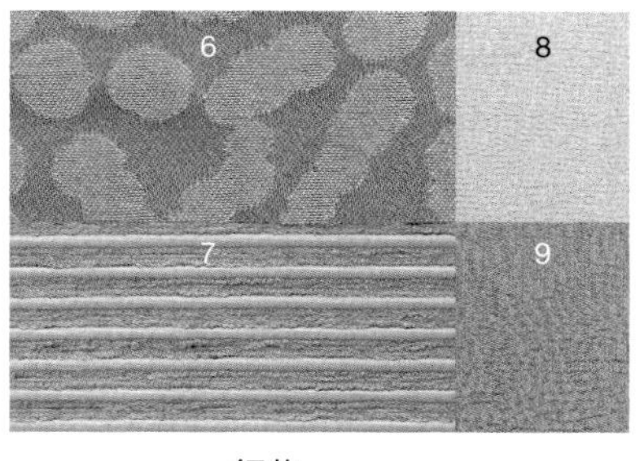

>> 浓密的格纹厚绒羊毛地毯(13)让人有赤足踩踏的冲动，剑麻编织地毯(14)美观大方。

织物

印有精致古铜色叶片图案的冰蓝色丝绸(5)端庄雅致，用作窗帘使室内材质饱满丰富。用色调协调、图案独特的平纹织物(6)包裹座椅，用冰蓝色和蜂蜜色相间的棱纹绳绒面料(7)装饰的沙发看起来非常时髦。漂亮的冰蓝色和古铜色丝绸靠垫(8，9)为整体风格增加了光彩。

冷色调

靛蓝色风格

靛蓝色和暖灰褐色构成了古典别致的风格。

灰褐色是深蓝色的绝佳陪衬，因为它为冷色调提供了温暖的基调。这种搭配既美观又轻松，适用于男性卧室。采用冷色调可以有效地避免印花窗帘看上去过于阴柔而不符合整体设计的阳刚感。

调色板

饱满的皇家蓝色、午夜蓝色(1)和土耳其蓝色(2)构建了强烈的蓝色调主题，暖灰褐色(3)的加入则平衡了这些冷色调。骨白色(4)的墙面和白色的木制品为上述色彩提供了精美的背景。

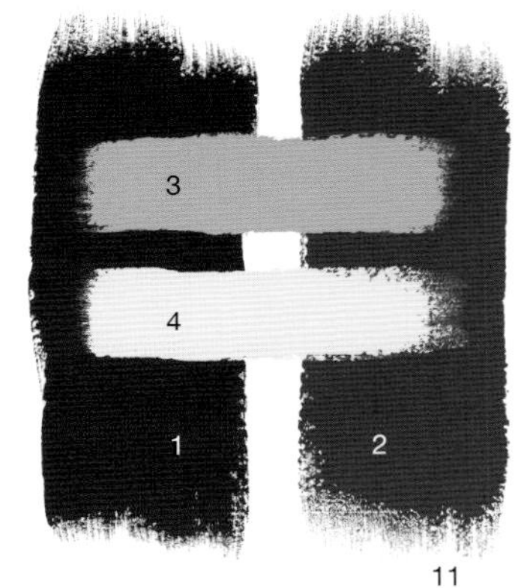

5 8 6 9 7

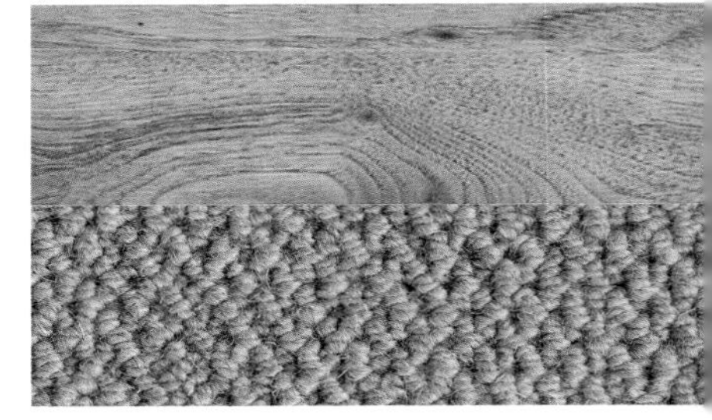

12

织物

窗帘选用带有印度花卉图案的精细亚麻面料(5)。条纹图案的亚麻被罩(6)看上去简洁低调，深蓝色和灰褐色交织的棱纹绳绒面料(7)包裹的座椅特别适合呈现这种风格。用午夜蓝色的丝绸面料(8)装饰靠垫，暖灰褐色的棉麻交织面料(9)装饰卧床。

地面

美观质朴的橡木地板(10)是这类冷色调设计主题的绝佳选择，另外一种较为实际的选择就是水洗柚木效果的人造复合地板(11)，而时髦的圈绒羊毛地毯(12)也是非常受欢迎的地面铺装选择。>>

10

蓝色果实

梦幻般的蓝色水果图案的织物为卧室营造了香甜鲜美的氛围。

织物上布满有如来自魔幻世界的水果和花卉图案，为迷人的卧室主题营造了活泼有趣的背景，漂亮的冷色系使整个气氛清新甜美。

调色板

轻快的天蓝色(1)和饱满的土耳其蓝色(2)构建了整个冷色基调，蜂蜜色(3)增添了吸引人的活跃色彩，墙面和木制品上的暖白色(4)为整个外向开朗的设计风格铺陈柔和的背景色。

13

14

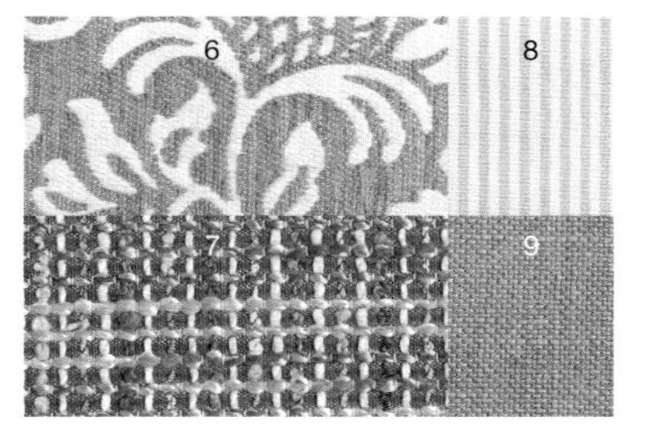

>> 选用米色和浅棕色相间的平织条纹地毯(13)营造中性色基调，乡土气息浓郁的椰皮纤维地毯(14)则可提供更为丰富的材质变化。

织物

硕大的水果花卉图案错落分布在精致的棉麻混纺窗帘(5)上，与同样带有庞大花朵图案的绒织面料床罩(6)相互辉映，用土耳其蓝色、蜂蜜色、暖白色相间的织物(7)装饰扶手椅，靠垫面料则选取天蓝色与暖白色相间的条纹棉布(8)和蜂蜜色的棉麻制品(9)。

暖色调

闪光的金子

色调精妙、闪烁着微光的丝绸营造了迷人的居室空间。

这是一个平和自信的设计主题，严谨的金色和黄绿色是非常经典可靠的色彩，这个精美的主题非常适用于较为正式的起居室或餐厅。

调色板

柔和的玉米穗色(1)和温暖的蜂蜜色(2)为这个闪光的主题奠定了金色的基调，含蓄的芽绿色(3)为室内增添了精致优雅的感觉，而深卡其色(4)则在其中加入了稳定的基调。

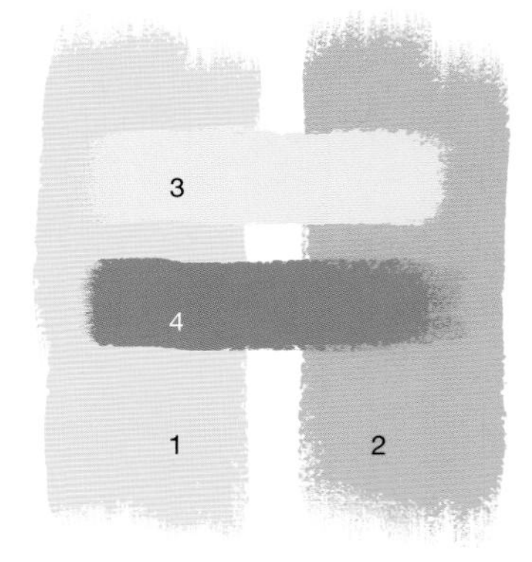

11

5

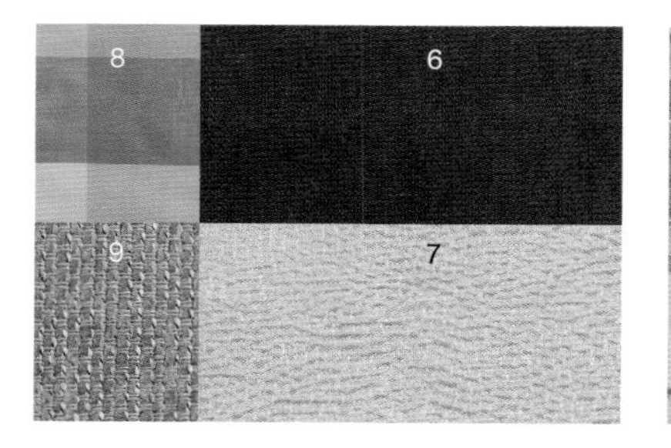

12

织物

用芽绿色丝绸(5)制作颇具奢华感的窗帘。用令人惊艳的深卡其色真丝马海毛织物(6)包裹沙发，上面散放的装饰靠垫面料选取了具有光泽感的芽绿色肌理丝绸(7)和绿色、金色、乳白色交织格纹丝绸(8)。蜂蜜色混纺面料(9)的扶手椅带有淡淡的金色光泽。

地面

美观的枫木地板(10)是这类具有丝绸光泽感的设计类型的理想基底。但若想呈现更炫目的效果，精细打磨的维罗纳石灰石(11)则是最佳选择。如果还想更加与众不同，那么就选取天然石灰石马赛克(12) 来进行铺装吧。>>

10

节日的旋转木马

糖果的色彩和图案构建了一个针对成年人的充满趣味的主题。

这个欢欣活跃的设计主题特别适合营造风格轻快的成人起居室，那些轻盈活泼的条纹、格子、圆点图案，仿佛饱蘸了水果糖与棉花糖的鲜美色调，无不散发着恰到好处的甜美气息。

调色板

蜂蜜色(1)和卡其色(2)构建了这个方案的基调，鲜艳的青柠檬色(3)担当重点色，同时康乃馨粉红色(4)为室内增加了恰到好处的甜美感。用凝脂白色涂刷墙面和木制品，为之铺陈温暖柔美的背景。

13

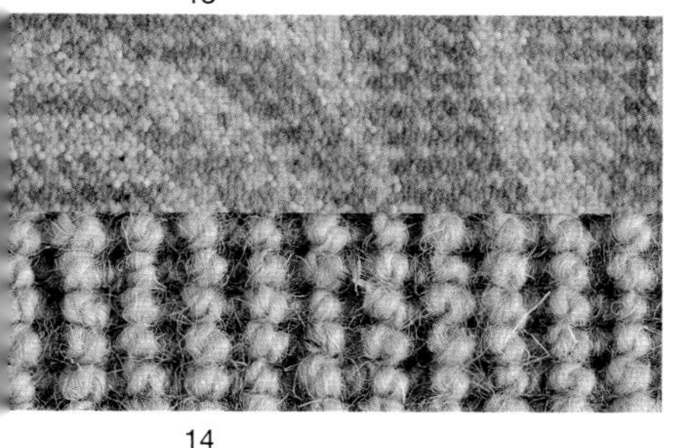

14

>>奢华的洛可可式花纹羊毛地毯(13)为室内增加了华丽的感受，圈绒羊毛地毯(14)则展现出另一种较为精致、独具魅力的风格。

织物

印有跃动圆点图案的华丽丝织品(5)是制作窗帘的绝佳选择。扶手椅上时髦的条纹图案棉织物(6)带来欢快的感受。包裹沙发的卡其色棉麻面料(7)为蜂蜜色肌理丝绸(8)和果汁色调的格纹丝绸(9)制作而成的靠垫充当了柔和的背景。

暖色调

英式花园

充满花朵的卧室主题似乎带来英式花园处处皆在的盎然生机。

织物上绽放出由百合、雏菊、罂粟、矢车菊构成的绚丽的生活图景，变幻出有如英式花园的美好梦境，这个令人愉快的设计主题适用于友善迷人的客房——客人们可能因此而不舍离开。

调色板

墙面和木制品选用宁静的浅褐色(1)以营造温润的中性色基调，海蓝色(2)的座椅会使人感觉平和冷静。金黄的蜜糖色(3)为居室注入阳光般的感受，唇膏红色(4)是外向活跃的重点色。

11

5

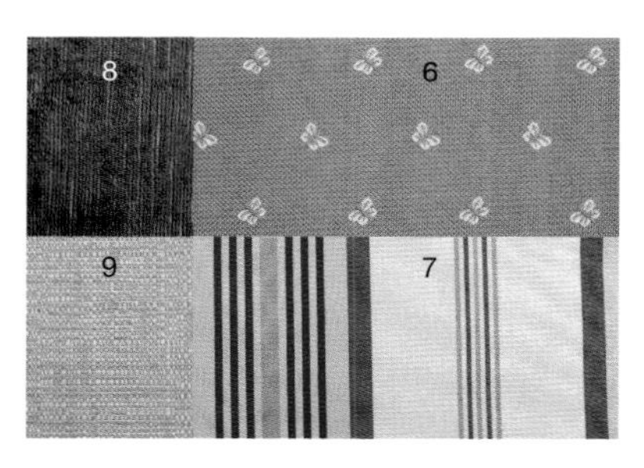

12

织物

花朵图案的精细亚麻(5)窗帘非常漂亮，用清新的白色亚麻面料装饰卧床，用蝴蝶图案的织锦缎(6)和条纹图案的棉织品(7)制作靠垫，用华美的海蓝色天鹅绒(8)制作卧床的脚凳来防备寒冷的夜晚，用蜜糖色的棉织品(9)包裹装饰座椅。

地面

实木地板一直是流行之选，机制榉木条拼地板(10)特别适合这个精美的花朵主题。当然，如果你更喜欢石材地面，奶咖色的石灰石地板(11)就是很好的选择。>>

10

忍冬花朵

忍冬的卷曲攀蔓引发了这个安适娴静的主题。

春天鲜活的绿色调和丰富的黄色调塑造了这个既适合主卧也适合客卧的精美设计主题。夹带着强烈的传统感受，这个主题提供了一个休闲舒适、远离都市喧嚣的世外桃源。

调色板

窗帘和室内装饰物上的古金色(1)和蕨菜绿色(2)是主要色调，装饰在床上的康乃馨粉红色(3)具有浓浓的女性气息，和黄油糖果色(4)共同构成了经典的忍冬花色调。

13

14

5

>> 为求营造乡村风格的舒适感，可以选择条纹编织剑麻地毯(12)，暖色调的簇绒羊毛地毯(13)让人产生赤足行走的冲动，带有精细图案的双色羊毛地毯(14)应和了室内那些漂亮的花卉装饰图案。

织物

布满忍冬花和丝蔓图案的亚麻面料(5)用来制作甜美的落地窗帘。印有黄油糖果色叶片图案的康乃馨粉红色绗缝床罩(6)与格纹棉布靠垫(7)及印有樱草图案的黄油糖果色棉织品靠垫(8)相映成趣，座椅上的蕨菜绿色织物(9)为整个设计加入令人愉悦的中性色调。

明艳色调

牡丹花树

挂满金色花朵的枝条是这个充满夏日气息的主题的灵感来源。

这个热烈芬芳的柠檬黄色主题充满了生机与活力，东方花园中漂亮的牡丹花则是鲜艳悦目的窗帘面料所表现的主题，气氛欢快的餐厅和阳光房特别适宜采用这种明朗开放的设计方案。

调色板

柠檬黄色(1)非常鲜明跳跃，所以要用在家居装饰中冷调的烟灰色(2)上，并在墙面和木制品上涂刷暖白色(3)来与之中和，浅青柠檬色(4)与明艳的黄色非常搭配。

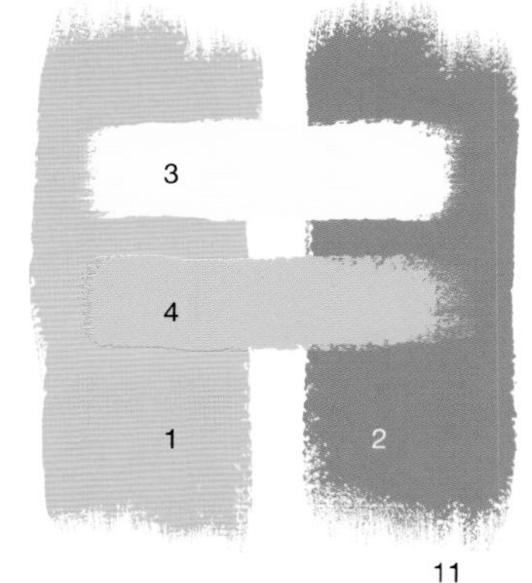

11

5

8 6

9 7

12

织物

窗帘既可以通体使用豪华的印花亚麻织物(5)，也可以将其与百叶窗搭配使用来取得较为内敛的视觉效果。坐垫选取柠檬黄色的亚麻织物(6)，沙发和座椅采用中性的烟灰色面料(7)，装饰靠垫采用暖白色和烟灰色丝织品(8，9)来制作。

地面

美观质朴的橡木地板(10)对于就餐空间来说是非常实用的，暖棕色的油毡地面(11)使这个鲜活的设计主题看上去更为安稳。>>

10

花之舞

优雅的花朵旋转着、舞蹈着，引出了这个充满阳光气息的早餐室主题。

由叶子和金色花朵交织而成的精细图案激发了这个愉快主题的设计灵感，其欢欣清新的气息特别适用于厨房、早餐室或阳光房。

调色板

黄油糖果色(1)和蜂蜜色(2)那饱满的黄色调让人感觉温暖亲近，与诸如奇异果绿色(3)和草绿色(4)这样醒目的黄绿色调搭配非常协调。拥有蜂蜜色墙壁、乳白色木制品的房间即使在阴雨的日子里也会有充满阳光的感觉。

13

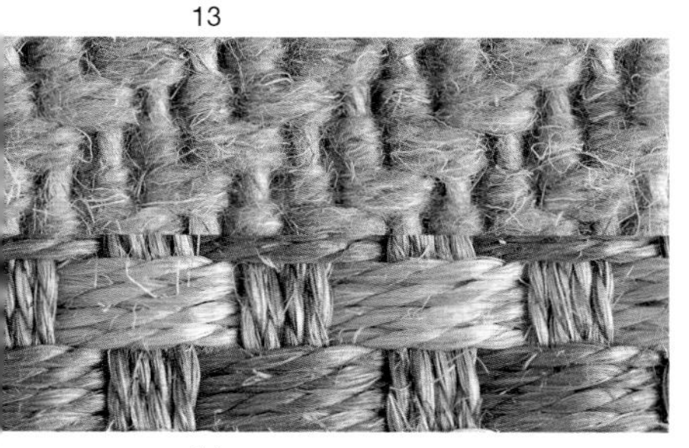

14

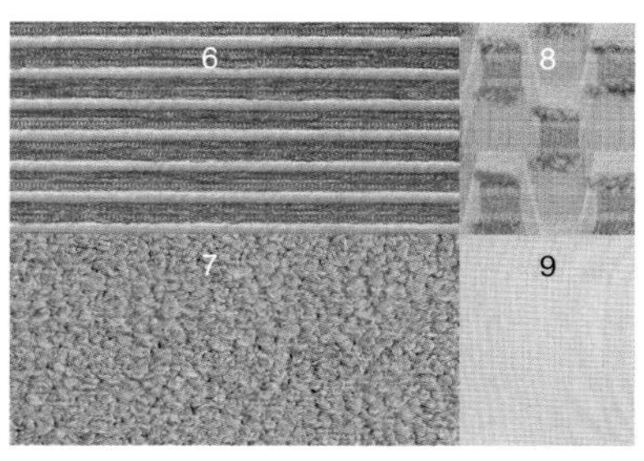

5

>> 浅棕色瓷砖地面(12)既美观又耐磨。如果喜欢更为柔软的脚感，强韧的人字纹羊毛地毯(13)或者浅褐色、乳白色和绿色交织的剑麻地毯(14)都是不错的选择。

织物

由印有黄色卷曲花朵纹样的棉麻织物(5)制作的窗帘洋溢着夏日气息，蜂蜜色的棱纹绒织物(6)坐垫带来舒适感。沙发选用奇异果绿色的绳绒面料(7)，上面再放置一些绿、金两色交织的混纺面料(8)和蜂蜜色丝绸(9)制作的靠垫来进行装饰。

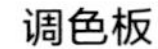

明艳色调

荷兰聚会

这个充满春意的设计主题，让人感觉犹如轻盈穿梭在舞动的郁金香花丛中。

鲜艳的郁金香图案跳跃舞蹈着，营造了这个令人产生春天般愉快感受的起居室主题，粉色与绿色的经典色彩组合特别适用于塑造带有一点与众不同风格的温馨家庭主题。

调色板

为居室增添了轻快色彩的沙漠玫瑰红色(1)与稳重的矿物红色(2)搭配，和浅青柠檬色(3)相互调和补充。用白色涂刷木制品，浅柠檬黄色(4)涂刷墙壁，以此营造出清新迷人的感受。

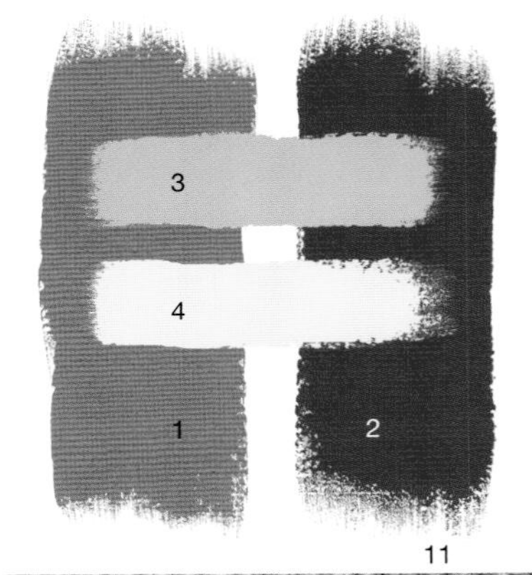

11

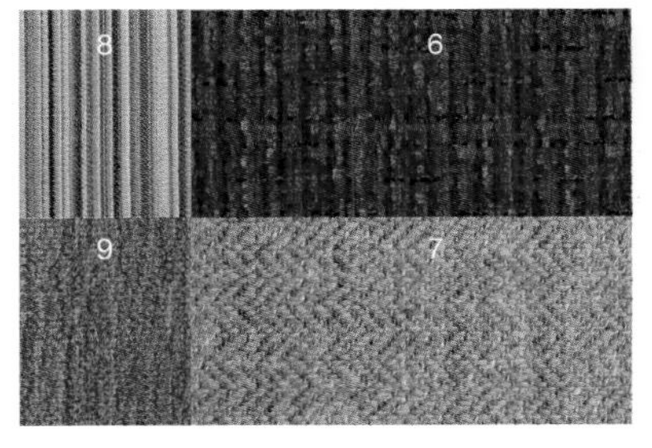

12

织物

浅青柠檬色棉麻织物上装点着艳丽的郁金香图案(5)，是制作窗帘的绝佳选择。矿物红色的棉质绳绒织物(6)适合作为沙发的面料，用青柠檬色的羊毛人字呢(7)包裹扶手椅，竖条棱纹面料(8)和沙漠玫瑰色绳绒面料(9)则用以装饰靠垫。

地面

此设计主题中采用的花朵图案装饰效果强烈，宜与带有同样图案的地毯协调搭配，暖棕色条纹平织地毯(10)就可与室内花朵图案的织物相互平衡。而暖棕色圈绒羊毛地毯(11)也是另一种美观大方的选择。>>

红色铁线莲

铁线莲攀缘而上的姿态和热烈怒放的花朵激发了这个生动的卧室主题。

浓郁的宝石红色和柔和的绿色构成了这个生机勃勃的卧室主题，注意要选择低调的深红色以使整个风格不会过于浓烈。整个设计在保持简单配色的同时，可以通过使用丰富多变的材质活跃空间气氛。

调色板

宝石红色(1)作为醒目的重点色可通过柔和的绿色系来进行调和，诸如草绿色(2)和浅柠檬色(3)。凝脂白色(4)的墙壁和木制品与窗帘的底色一致，使空间感觉轻盈明亮。

13

14

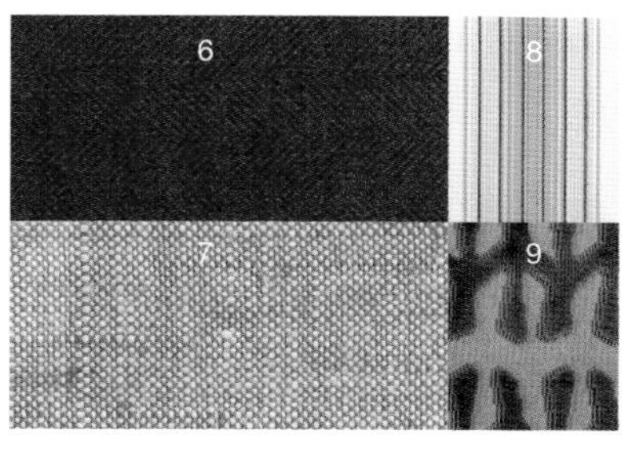

5

>> 强韧的椰棕地毯(12)特别适合为郊野别墅营造纯朴的乡村质感，橡木地板(13)带来简洁经典的感觉，质感丰富细腻的抛光石灰石地面(14)则为居室增添华贵感。

织物

印有起伏的铁线莲花蔓图案的棉织(5)窗帘会给人强烈的视觉印象。由宝石红色的人字呢羊毛面料(6)和草绿色亚麻面料(7)制作的靠垫续写了这个迷人的色彩故事。床罩上精致时髦的条纹棉织物(8)、座椅和贵妃椅上的草绿色割绒织物(9)也非常吸引人的眼球。

中棕色地面

你可以在居室的任何地方放心地使用中棕色地面。

在光线充足的客厅里，颇具质感的棕色地毯奠定了踏实稳定的色彩基础。

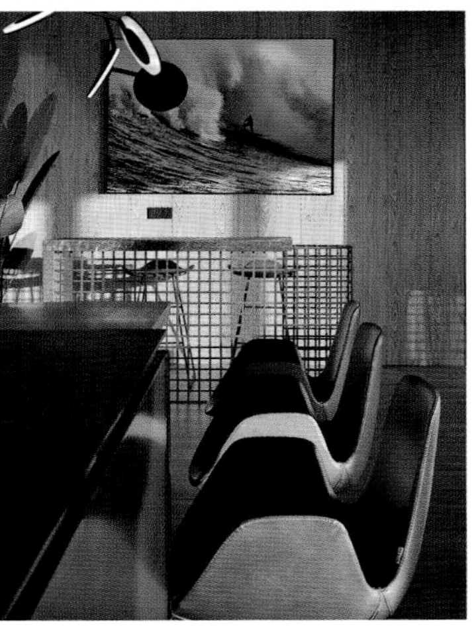

图片设计师：杨一方

从上到下：漂亮的橡木拼花地板为风格时尚的起居室增添了出人意料又非常成功的一笔。深色橡木宽木板地面为现代风格的小餐厅营造了温馨亲和的绝佳气氛。

中性色调

灰褐色的伦敦

这种时髦的设计风格包含丰富的触觉感受，适用于精致的都市生活。

材质是这个中性的设计风格得以成功的关键，选用触感独特的天然织物，如亚麻、羊毛、丝绸和纯棉，并配合同色系的图案纹样来营造视觉趣味。

调色板

在墙面和窗帘上均使用温暖的浅褐色(1)来构建一个安静平和的色彩基础。室内装饰上的浅黄褐色(2)为居室增添了柔美的中性色调，温暖的可可棕色(3)则使其更为庄重稳定。与此同时，烟灰色(4)成为朴素柔和的重点装饰色。

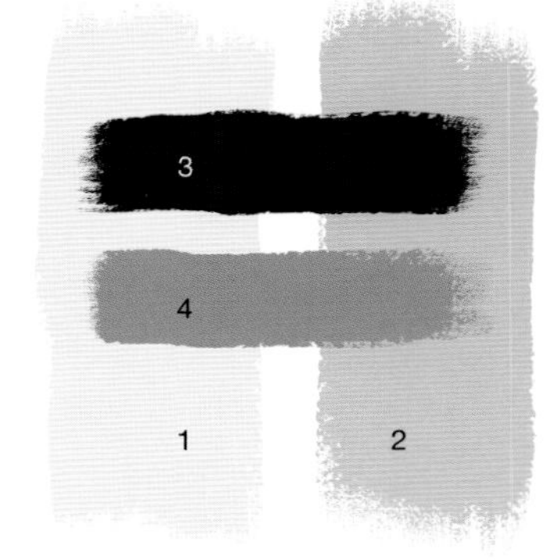

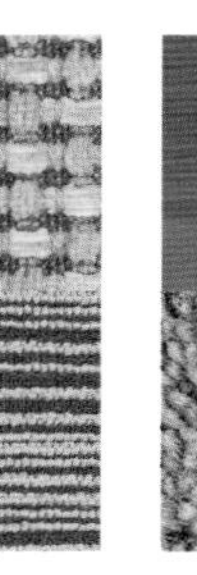

织物

窗帘所采用的精致的浅褐色棉麻面料印有同色系花朵图案(5)，散发着国际化的简约气息。座椅上织篮纹的绳绒面料(6)让人感觉舒适放松，用条纹图案的棉织物(7)包裹沙发，散放的靠垫则采用柔软的浅卡其色仿麂皮面料(8)和浅卡其色与烟灰色相间的格子面料(9)进行装饰。

地面

奢华感觉的抛光石灰石地面(10)为设计带来大都市的精致感受，胡桃木地板(11)同样非常吸引人的目光。而质感微妙的长毛绒羊毛割绒地毯(12)提供了极端舒适、近乎奢侈的足底感受。>>

萨维尔街

伦敦的萨维尔街以传统的男士定制服装而闻名，高级定制西服中的细条纹与格子呢激发了这个讲求单一色系视觉感受的设计主题。

低调的中性色、精致的织物暗示着高级定制西服的灵感来源，这个大方气派的主题适合在书房和男性卧室中使用。

调色板

深咖啡色(1)奠定了这个商务感觉的风格基调，灰褐色(2)和浅黄褐色(3)秉承了这个主题单一色系的感觉。用浅褐色(4)或者灰褐色粉刷墙面，用浅褐色涂刷木制品来延续整个设计严谨有致的风格。

13

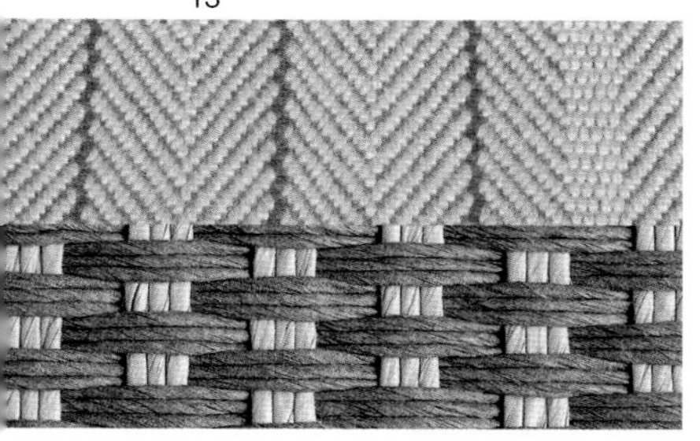

14

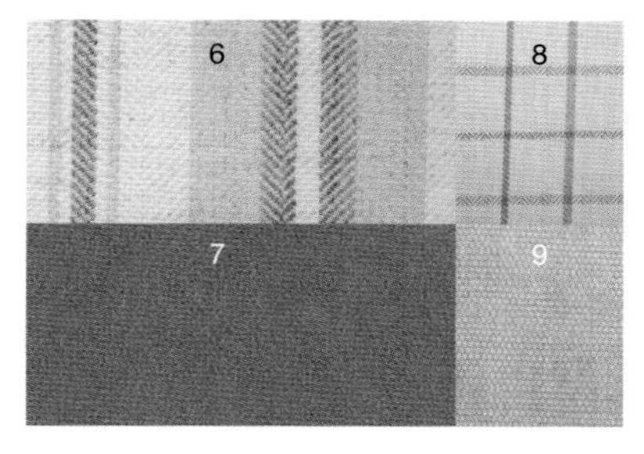

5

>> 条纹平织地毯(13)是精致又简洁的选择，别致独特的纸绳编织地毯(14)则带来格外引人注目的现代风视觉效果。

织物

用富有光泽的深咖啡色与灰褐色相间的细条纹棉麻织物(5)制作窗帘，营造考究利落的主题氛围。用条纹羊毛织物(6)和灰褐色仿麂皮面料(7)制作靠垫，用拉绒人字纹棉织物(8)包裹座椅，用浅卡其色的绳绒织物(9)赋予沙发中性色基调。

冷色调

天与地

暖暖的棕色调与冷冷的蓝色调打造了沉稳热忱的设计主题。

浓郁的棕糖色是营造一个完美的家庭观影室的最佳色调，清爽的蓝色作为重点色，犹如为室内注入清新的空气般将人从昏昏欲睡的感觉中拉出来。

调色板

棕糖色(1)带有泥土般纯朴的气息和被包裹般的安全感，可使用在窗帘和装饰物上。冷色调的钴蓝色(2)和明艳的希腊蓝色(3)点缀其间，增加了清爽气息。骨白色(4)的墙壁和木制品使空间保持清新轻盈的氛围。

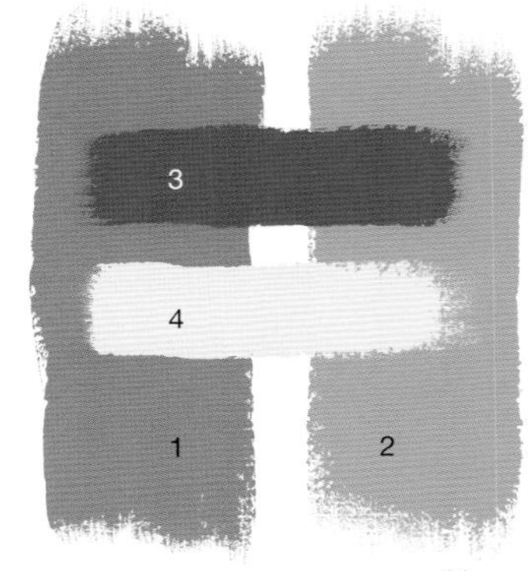

11

5

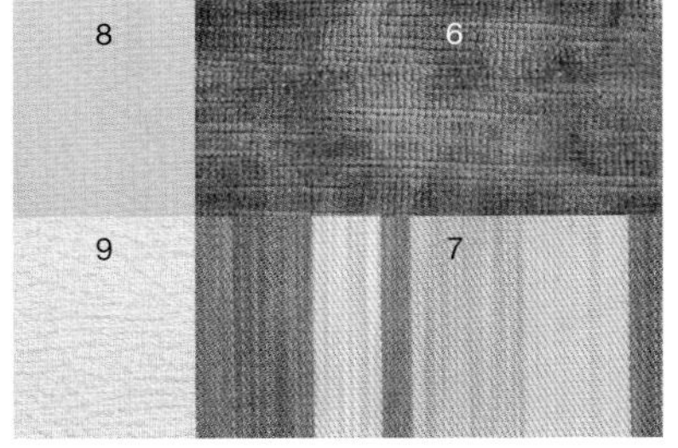

12

织物

具有光泽感的暖棕色棉纤混纺罗缎(5)窗帘吸引了人的视线，沙发上做旧效果的棕糖色天鹅绒面料(6)独具魅力，座椅装饰物采用希腊蓝色条纹棉织物(7)，为室内增添清爽的重点色。靠垫则选取钴蓝色和骨白色的丝绸面料(8，9)来装饰。

地面

浓密的威尔顿机织羊毛地毯(10)是耐用美观的足下之选，毛麻交织的地毯(11)呈现出更为丰富的质感，强韧的纸质绳编地毯(12)则牢固耐磨。>>

10

狩猎小屋

粗犷的面料、纯朴的大地色调让人想起轻雾缭绕的荒野中温暖的狩猎小屋。

窗外冰冷的雨丝敲打着玻璃，室内的人们尽可以脱掉马靴，坐在温暖的炉火边让劳累了一天的身体得到放松。无论身处寒风凛冽的郊野荒原还是繁华都市中的高楼大厦，这一设计主题都会为你的居室带来温暖的感受。

调色板

军校蓝色(1)和镍灰色(2)取自暴风雪来临前的天空，可作为这个独特的中性色主题设计中冷色调的重点色。室内装饰采用富有亲和力的太妃糖色(3)，墙面和木制品涂刷成牡蛎白色(4)以使整个设计带给人轻松明快的感觉。

13

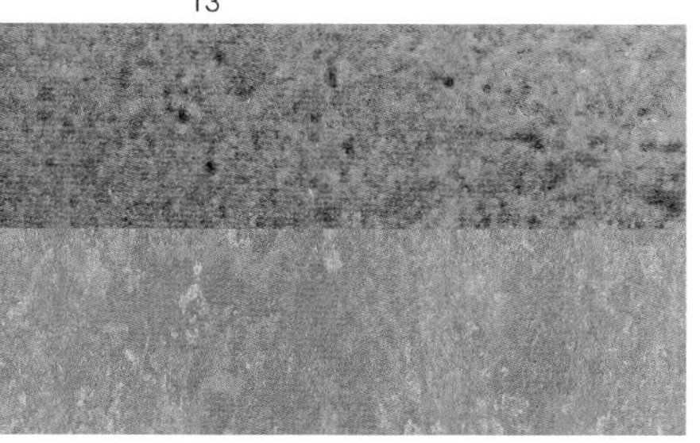

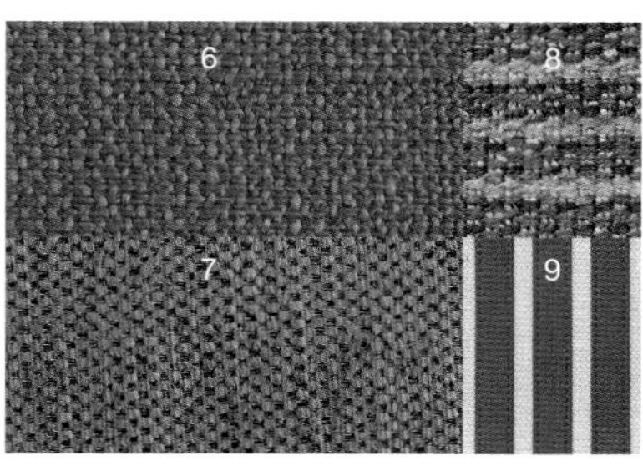

5

14

>> 釉面黏土砖(13)别具纯朴风味，棕色调的油毡地面(14)是一个既温暖又实用的选择。

织物

牡蛎白色的格纹亚麻面料(5)是窗帘的绝佳选择。沙发采用质感粗犷且结实的太妃糖色亚麻面料(6)，军校蓝色(7)和条纹绒织物(8)制作的靠垫为居室增添柔和的感觉，用极其醒目的皮棉拼接条纹面料(9)装饰扶手椅。

暖色调

东洋罂粟

那些刺激诱人的罂粟图案激发出古老东方的神秘异国情调。

这是个富足华丽且不加掩饰的主题，极富光泽感的丝绸和明亮的色调共同营造出一种放纵迷人的独特气氛。这个诱人的方案在打造成熟风格的起居空间上可谓独具一格。

调色板

蜜糖金色(1)是浓郁饱满的围护色彩，雅致的棕红色(2)则可作为中性色使用在室内装饰物上，醒目的橘红色(3)和明艳的罂粟红色(4)是整个空间的重点装饰色，娇嫩得令人垂涎。

11

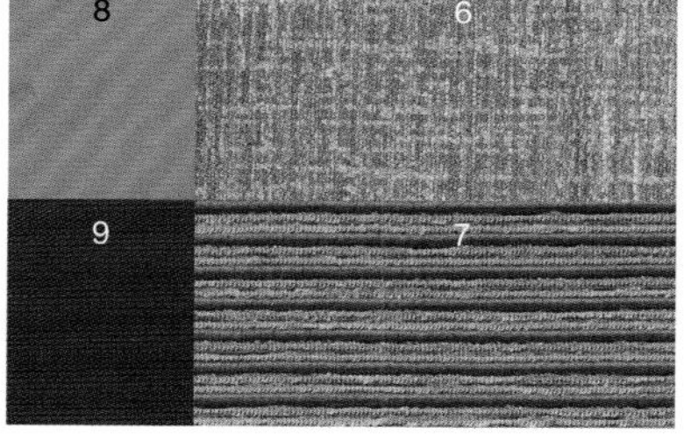

12

织物

蜜糖金色的真丝窗帘上饰有艳丽的罂粟图案(5)。真丝饰边的棉绒织物(6)和棕红色的棱纹绒织物(7)在家居装饰上延续着这个金灿灿的主题。靠垫上鲜艳的橘红色和深棕色的人造丝织物(8，9)则是一种华贵大方的点缀。

地面

光洁的棕色大理石(10)是绝佳的地面材料，精密抛光人造石英石(11)地面也很美观。若想寻求与众不同的丰厚质感，则可选择天然卵石黏结的树脂地面(12)。>>

10

书页上的鹅毛笔

这个由棕色和蜂蜜色组建的书房令使用者才思泉涌。

你的创造性将会在这个令人兴奋的由温暖的黄色调装点的书房中得到开发，高悬的罗马式窗帘印有羽毛和书页图案，让人感觉聪颖灵动。

调色板

芳醇的蜂蜜色(1)和玉米穗黄色(2)促进思维涌动，浓郁的太妃糖色(3)作为室内装饰物的色彩既百搭又美观，牡蛎白色(4)的墙面则提供了一个冷静中性的基调。

13

14

6 8 5

7 9

>> 厚实的堆绒羊毛地毯(13)让人忍不住产生赤足行走的欲望，具有光泽感的剑麻编织地毯(14)也是很不错的选择。

织物

在印有羽毛和书页图案的麻制罗马帘(6)外，蜂蜜色调的格纹亚麻织物(5)对窗口进行了更深层次的美化。选择牢固的太妃糖色棉织物(7)装饰工作座椅，用质朴的太妃糖色与牡蛎白色相间的绒织品(8)包裹小沙发，沙发上散放一些蜂蜜色仿鹿皮面料(9)的靠垫来活跃空间感受。

明艳色调

迷人的印花

光面印花棉布营造出夏日的气息。

用散发着迷人魅力的印花棉布制作卧室的窗帘，或者作为一个生机勃勃的起居室设计主题的基础。光面印花棉布通常与条纹或格纹图案的织物配合使用。如果要营造更为现代的效果，则可与拥有朴实质感的织物相搭配，如绳绒织物、仿麂皮面料和真丝。

调色板

将浅黄色(1)作为活跃的基础色。家居装饰品选用中性色调的海蓝色(2)和灰褐色(3)。草绿色(4)作为重点色，与窗帘上鲜艳的绿色交相呼应。用白色涂刷墙面和木制品。

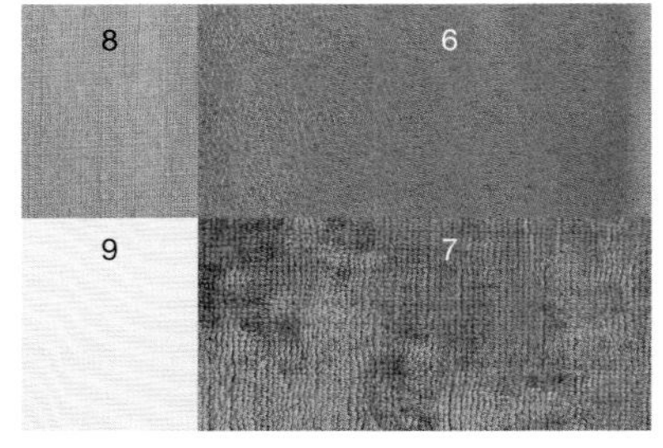

11

12

织物

鲜活生动的黄色印花棉布窗帘(5)激发了整个主题的配色灵感。海蓝色仿麂皮面料(6)的扶手椅和灰褐色绳绒面料(7)的沙发是极具吸引力的居室装饰之选。在草绿色和象牙白色真丝面料(8，9)制作的靠垫的映衬下，印花面料的光泽显得更为鲜亮。

地面

抛光石灰石(10)地面质感独特丰富，具有现代感，将石材切割成尽量大的尺寸会大大增强视觉冲击力。如果要寻求养护简单的地面材料，仿柚木的人造复合地板(11)是不错的选择。>>

10

约瑟芬的玫瑰

玫瑰花与缎带描绘出浪漫主题。

灵感源自拿破仑爱妻约瑟芬皇后的玫瑰园，其清新的春日色彩和亚麻织物共同构建了这个优雅设计主题的基础。使用低调的室内装饰面料来保证主题的现代感，而这些织物的色彩应该取自居室中生机盎然的印花窗帘。

调色板

令人兴奋的海蓝色(1)、薰衣草紫色(2)和浅青柠檬色(3)构成和谐的色彩组合，适合平衡家居装饰物和靠垫织物的色彩。作为重点色的黄油糖果色(4)为居室注入阳光的明媚感。浅黄色的墙壁营造明亮轻快的氛围。

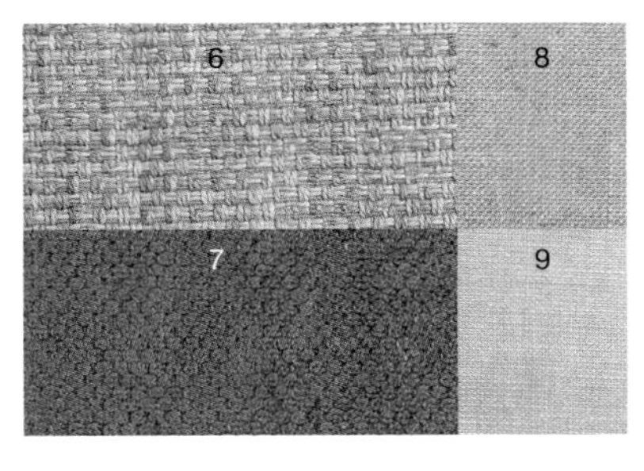

>> 温暖的灰褐色威尔顿簇绒羊毛地毯(12)美观又耐磨。若希望获得更为轻松的观感，可选择羊毛平织地毯(13，14)。

织物

印有华丽的法国玫瑰图案的窗帘(5)是整个设计中最大的亮点。海蓝色、黄油糖果色和乳白色交织的棉布(6)，是沙发面料的雅致之选。薰衣草紫色的绒织物(7)和浅青柠檬色的亚麻布(8)用来制作靠垫。黄油糖果色的麻制(9)扶手椅让人感觉亲切又舒适。

深棕色地面

用极具视觉冲击力的深棕色地面为你的设计增添戏剧性效果。

黑胡桃木地板平衡了这个极度鲜艳的配色方案。

从左至右：用深棕色的羊毛平织通道地毯装饰楼梯，美观且实用。在仿胡桃木的人工复合地板上铺设色彩图案鲜艳突出的化纤块毯，使这个时髦的现代居室更加迷人。

中性色调

灰褐色巴洛克

丰盛的程式化花朵图案与灰褐色调结合，带来更具现代感的巴洛克风格。

中性色并不一定代表沉静，极其夺目的窗帘织物也可以是在一个中性色调的主题中纵情发挥的结果。这个魅力洋溢、现代且优雅的设计主题适用于塑造具有壮观盛大氛围的都市起居空间。

调色板

暖色调的灰褐色(1)和沙色(2)奠定了整体的色彩基调。装饰品上的黑巧克力色(3)是不容忽视的重点色彩。用法国香草色(4)涂刷墙面和木制品，为这个时髦的主题带来精致感。

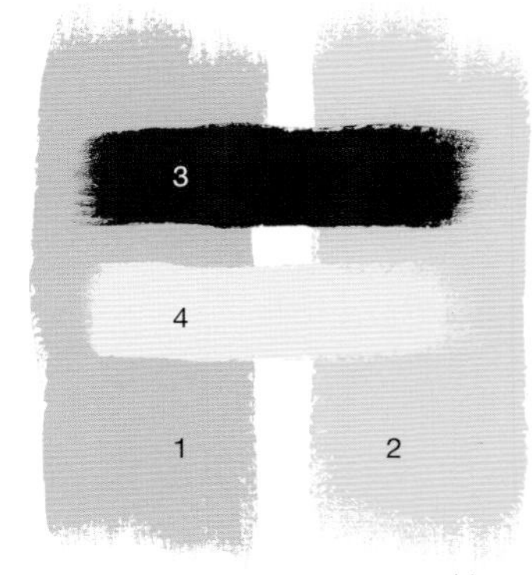

11

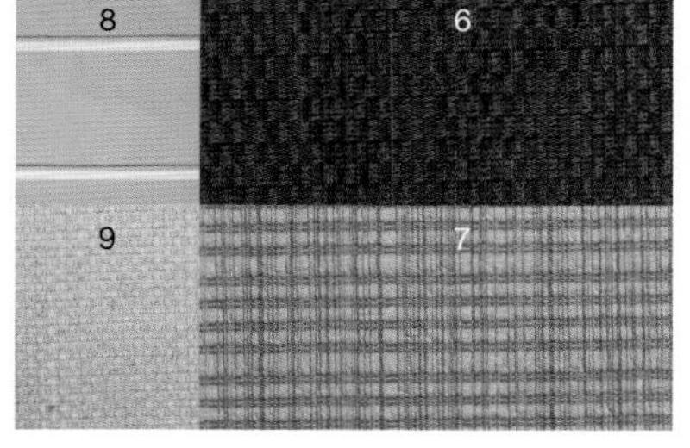

12

织物

巴洛克风格花卉图案的华丽窗帘(5)是本设计的重点，扶手椅上的黑巧克力色绳绒织物(6)和沙发所用的灰褐色丝棉混纺材质(7)都是受其触发并与之协调的。靠垫选用条纹图案的人造丝面料(8)来平抑窗帘的热烈喧哗，而富有光泽的浅沙色麻纤混纺面料(9)可与之配合达到最佳效果。

地面

黑巧克力色亚光漆橡木地板(10)带给人宏大堂皇的感受。深棕色皮革地板(11)非常漂亮，而且会随着磨损而呈现越发迷人的效果。仿皮革效果的瓷砖(12)美观逼真。>>

沙漠之花

温暖的灰褐色和平静的乳白色共同塑造了这个精致的花卉主题。

选用深色地面并不意味着必须采用深色的家居装饰，亮白色和乳白色为这个主题中的沙褐色提供了明亮的色彩基础。这个赏心悦目的设计主题在主卧和客卧的设计中都非常适用。

调色板

暖白色(1)的墙面和亮白色(2)的木制品塑造了这个白色系的色彩基础。暖色调的浅黄褐色(3)和沙色(4)从花卉图案织物上提取出来，被使用到家居装饰品和靠垫上。

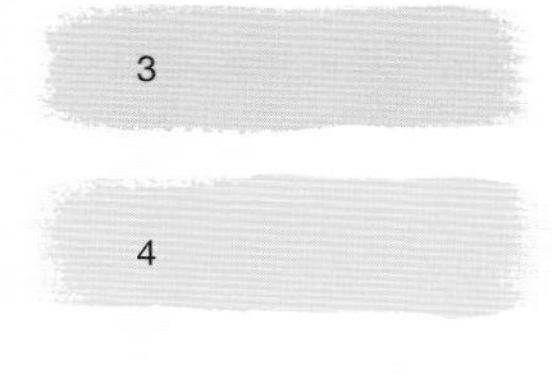

1 2

13

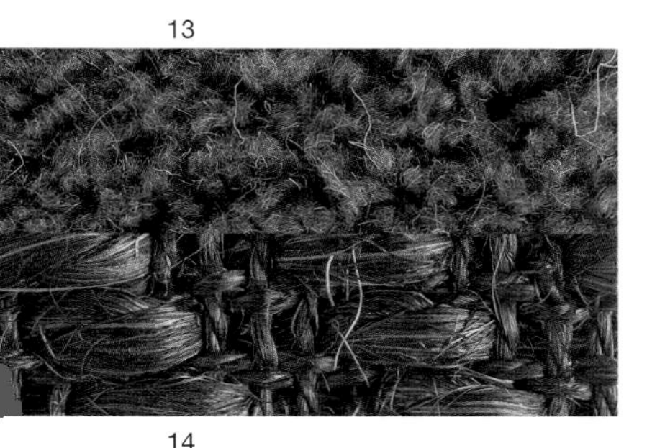

14

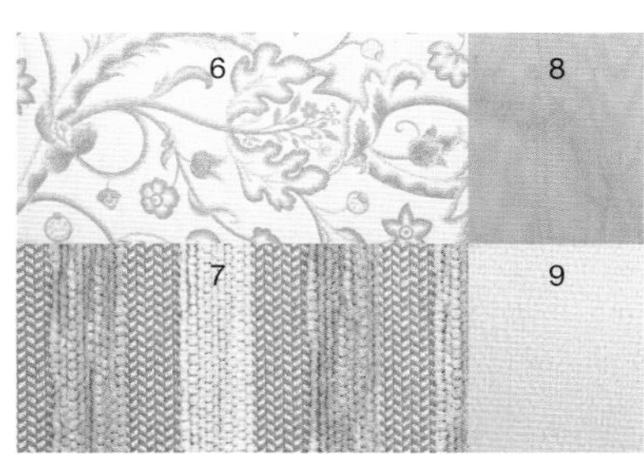

5

>> 奢华的厚绒羊毛地毯(13)质感丰厚，浓郁的黑巧克力色剑麻地毯(14)既实用又富有现代感。

织物

花朵刺绣会带来家的温馨感，它既可以用在白色棉麻织物(5)窗帘上，也可以用在华贵且丰厚的乳白色棉质(6)床罩上。用条纹图案的绳绒织物(7)包裹小沙发或者贵妃椅，在上面散放一些靠垫活跃空间和色彩，靠垫选取沙色丝绸面料(8)和暖白色棉绒织物(9)。

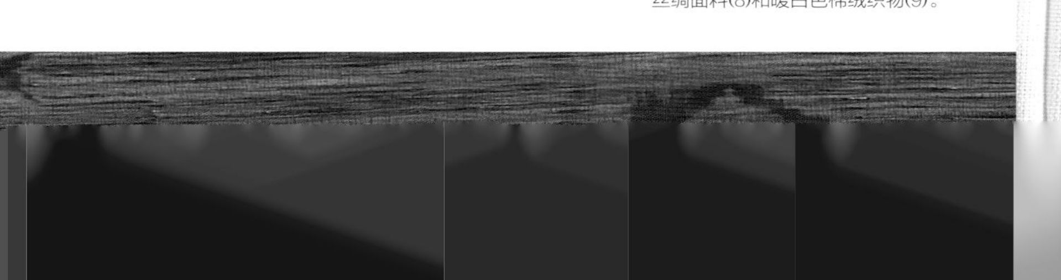

中性色调

开普敦

饱满的棕色和灰褐色共同营造了非洲城市的气氛。

选用大胆现代的图案结合非洲的色彩和都市风格作为设计的起点，通过精心选择的色调和富于质感的织物来构建完整的方案。这个牢固强韧的主题，适用于家庭活动室的设计。

调色板

墙面上的浅黄褐色(1)和木制品上的法国香草色(2)创造了宜人的色彩基础。家居装饰采用浓郁的黑巧克力色(3)，美观大方。金色调的棕糖色(4)作为重点色彩为室内注入浓浓暖意。

11

5

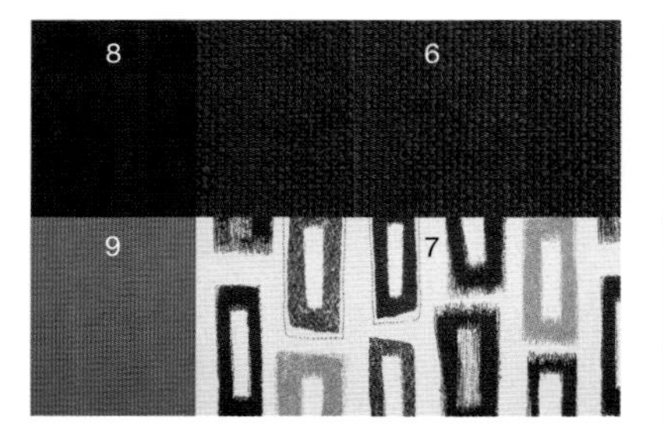

12

织物

用黄褐色亚麻织物(5)简单装饰窗户。用黑巧克力色的亚麻织物(6)包裹沙发营造良好的视觉效果，座椅上印有长方形环状图案的拉绒棉面料触感柔软(7)，为居室增添了活力。通过深棕色天鹅绒(8)和棕糖色罗缎棉(9)的靠垫将室内各部分自然地联系在一起。

地面

色彩层次丰富的棕色调石材地面(10)气派堂皇，且牢固耐磨。黑巧克力色橡木地板(11)也是一种不错的选择，或可选择仿黑胡桃木的人造复合地板(12)来应对家庭活动室高强度的使用要求。>>

10

走出非洲

饱满的色彩和兽皮图案的织物引发了人们对于非洲探险之旅的想象。

影片《走出非洲》（*Out of Africa*）中女主角凯伦·布利森在非洲的家是这个设计主题的灵感来源，这个非洲之家的设计特别适合营造风格迷人的书房或者家庭活动室，暖棕色调和仿兽皮材质一起构建了一个诱惑迷人的世外桃源。

调色板

棕糖色(1)唤起人们对非洲草原的向往，可可棕色(2)和灰褐色(3)丰富了色彩的层次。浅麦色(4)作为重点色为这个主题增添了勃勃生机。用暖白色涂刷墙面和木制品来完善这个精妙的非洲主题。

13

14

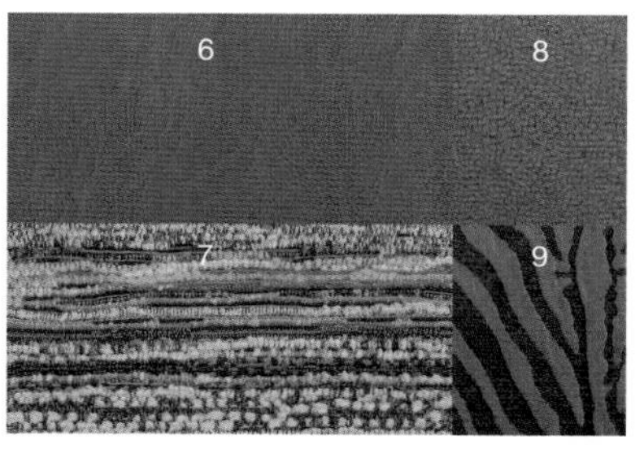

5

>> 螺纹剑麻地毯(13)坚韧实用，特别适合书房和家庭活动室，线绒羊毛绒地毯(14)则提供了更为温暖舒适的脚感。

织物

用触感柔软的棕糖色仿麂皮面料(5)装饰窗户。在扶手椅上覆盖人造皮革(6)来延续这个动物主题。沙发上，浅麦色、棕糖色、可可棕色相间的绳绒织物(7)增加了材质的魅力。最后用仿皮革质感的真丝(8)和灰褐色的斑马纹织物(9)制作靠垫。

冷色调

林荫之地

斑驳的树影和清晨的露珠引发了这个宁静的主题。

室内设计的最初灵感可能来自身边的任意事物，林荫中蕴含的细腻色调和静谧色彩塑造了卧室中的平和气氛，窗帘上那朦胧成荫的叶片和草坪上的花朵奠定了这个设计主题轻缓安稳的基调。

调色板

把泛出些许米色调的骨白色(1)运用在墙面和窗帘上作为所有色彩的基底。深咖啡豆色(2)和浮石灰色(3)营造了安静舒缓的气氛。作为重点色出现的瓷蓝色(4)不仅使窗帘上的花朵图案跃然灵动，也为整个主题增添了柔美精致的感觉。

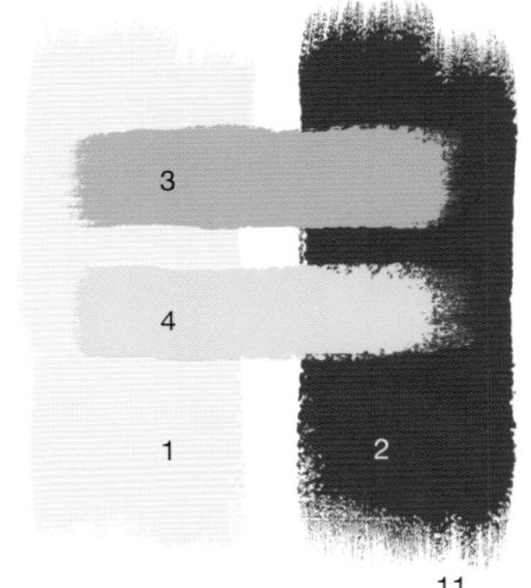

5 8 6 9 7

11

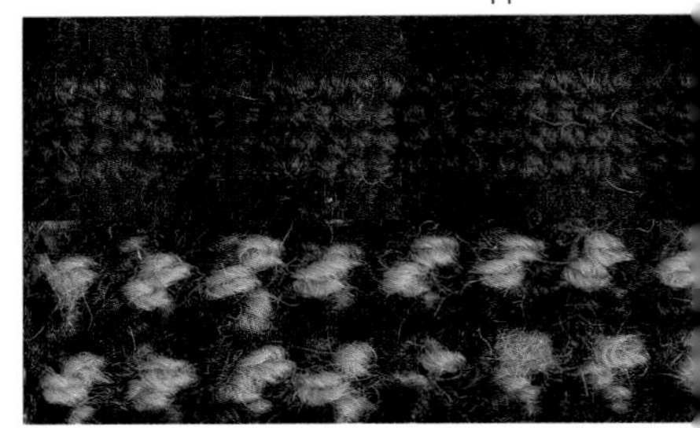

12

织物

用印花棉织物(5)制作落地窗帘。将柔软的深棕色绒织床罩(6)搭在床脚上，上面再点缀几个由骨白色棉纤混纺面料(7)和浅蓝色真丝面料(8)制作的靠垫。用瓷蓝色的机织棉布(9)装饰床边的座椅。

地面

欲寻求富于质感的地面铺装，不妨考虑皮革地板(10)。巧克力色方格图案的单色系圈绒威尔顿机织地毯(11)或者巧克力色与骨白色相间的斑纹羊毛地毯(12)则呈现了更为细致精妙的足下图案。>>

棕色栏柱

曲线优美的栏杆可勾绘出别致典雅的图形背景。

对于那些没有壁炉这类视觉焦点的房间，不妨运用大胆强烈的印刷图案来增添趣味性。在家庭活动室的设计中，窗帘和靠垫上热情外放的图案可以为主题注入新的活力。需要注意的是，要克制地使用色彩以避免这些风格强烈的图案看上去过于夸张刺激。

调色板

浅灰褐色(1)是这个主题中至关重要的中性色，该色的墙面配合暖白色(2)木制品可以与室内装饰物的色彩相互调和。深咖啡豆棕色(3)强化了图形元素的视觉冲击力。用雾蓝色(4)作为重点色，可以调柔过于刺激的印象。

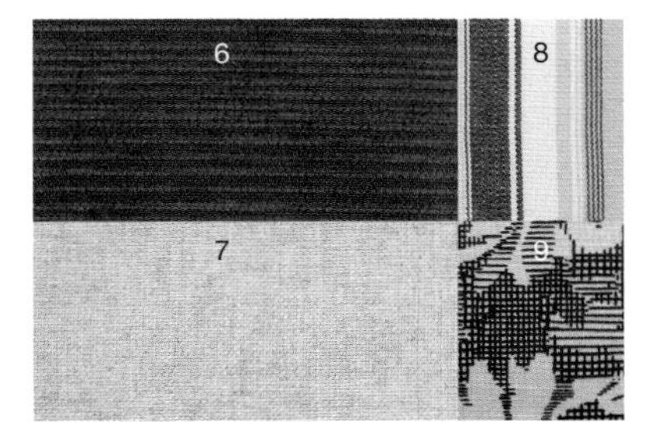

织物

用印有古典栏柱图案、极具视觉冲击力的亚麻织物(5)制作具有奇幻效果的窗帘。沙发所用的深棕色绳绒织物(6)结实耐用。雾蓝色棉麻混纺(7)座椅为室内增添了柔和的气息。条纹图案(8)和印花图案(9)的靠垫丰富了空间的层次和细节。

>> 剑麻地毯现在已经有了更多色彩和编织方式的选择，用巧克力棕色的粗纹剑麻地毯(13)进行地面铺装，可营造悠闲随意的感受。实木地板依然是地面材质的流行之选，乌木色漆艺榉木地板(14)也不例外。

冷色调

忍冬藤蔓

露珠蓝色激发了这个凉爽的阳光房的设计主题。

使用蓝绿色调可以让玻璃阳光房感觉更为清新凉爽。花卉图案的罗马式窗帘使室内外在视觉上有机相连，厚实的棉和亚麻面料适合这个自然的主题，也经得住日常的磨损。

调色板

浅浅的海水泡沫色(1)和高山湖蓝色(2)一起渲染了清新的氛围。作为重点色的玫瑰红色(3)为室内注入鲜活的生机。中性的太妃糖色(4)是室内装饰的绝佳用色，与深棕色的地面色调搭配和谐。

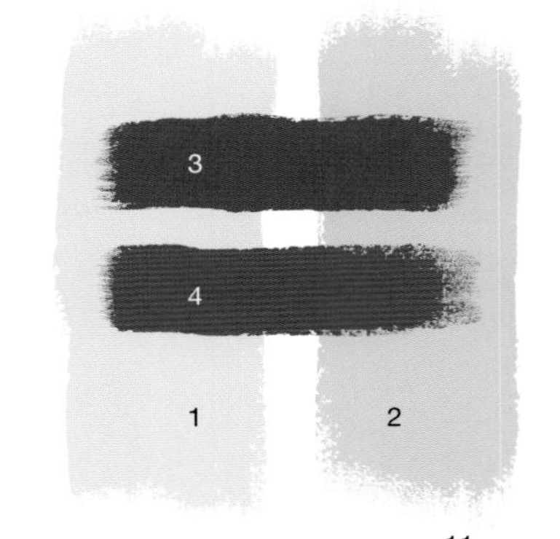

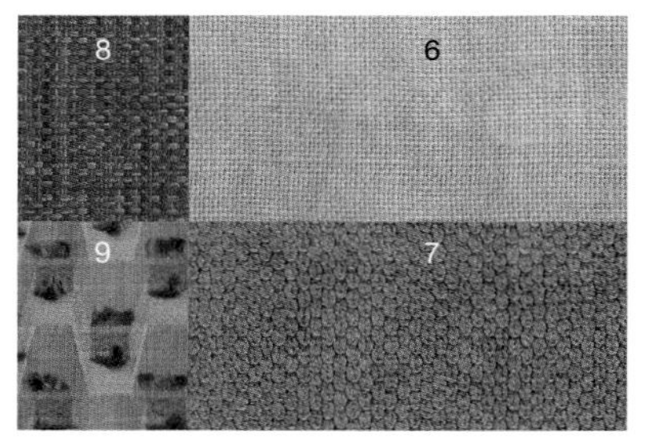

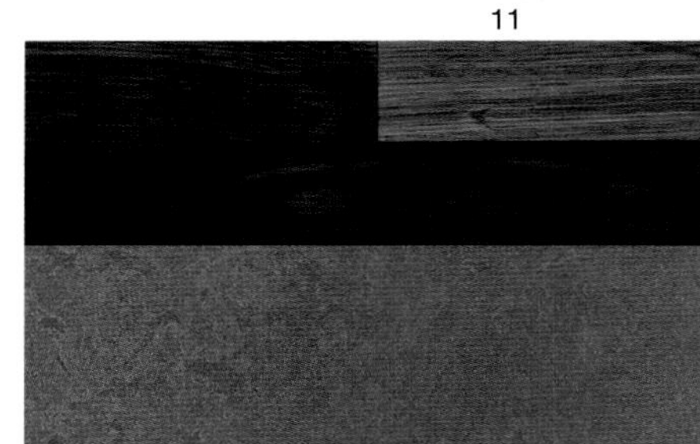

织物

漂亮的忍冬图案麻织窗帘(5)可美化阳光房的玻璃窗而无须遮挡光线。餐椅选用高山湖蓝色的亚麻面料(6)，太妃糖色绳绒面料(7)的沙发亲切宜人。用玫瑰红色的棉纤混纺面料(8)和蓝绿色机织棉布(9)来制作靠垫。

地面

抛光棕色大理石地面(10)是绝佳的选择，深色橡木地板(11)也令人印象深刻。若寻求更为实用的方案，可以选择有弹性的油毡地面(12)。>>

中国女郎

带有中国韵味的洛可可植物图案激发了这个雅致细腻的女性卧室主题。

麻质印花织物优美雅致，上面的水彩花卉图案和中式纹样致敬了18世纪欧洲流行的中国艺术风格，其清新复古的图案和色彩为这个优雅传统的设计营造出平和安逸的气氛。

调色板

沙色(1)的墙面和暖白色(2)的木制品共同营造了一个静谧的世界。冰蓝色(3)使主题感觉更为清新精致，浓郁的卡其色(4)令这个浅淡的水彩色调的设计看上去更为扎实稳定。

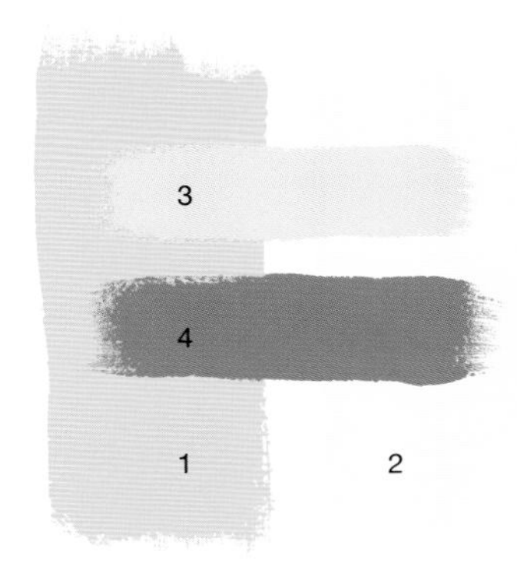

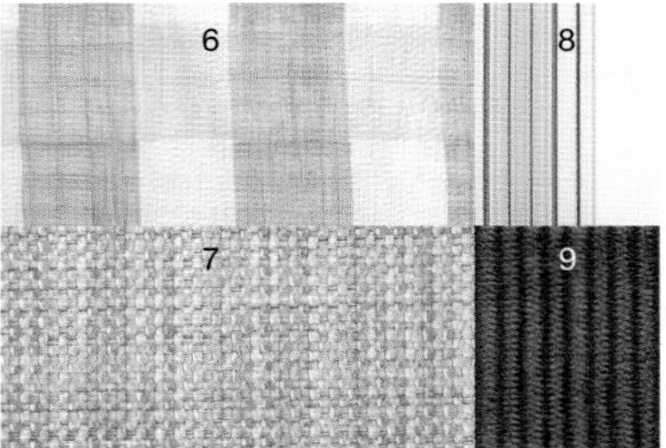

>> 带有青铜色金属光泽的粗织剑麻地毯(13)丰富了室内材料的质感。威尔顿机织羊毛地毯(14)提供了更为舒适温暖的脚感。

织物

用印花亚麻织物(5)制作美轮美奂的落地窗帘和床上的幔帐。用印有均匀格纹的面料(6)和冰蓝色、沙色、卡其色相间的棉纤混纺织物(7)来制作靠垫，将其散放在床榻之上丰富空间色彩与层次。选取时髦的条纹面料(8)制作绗缝床罩，用厚实的卡其色灯芯绒(9)包裹床侧座椅。

暖色调

画中雏菊

明艳的雏菊激发了温暖的主题，适用于充满欢乐气氛的阳光房。

印有超大图案的织物非常引人瞩目，是充满欢快氛围的家庭活动室、厨房、阳光房的绝佳选择。

调色板

用安静的浅褐色(1)涂刷墙面和木制品，作为这个鲜活主题的中性色基础。灰褐色(2)和可可棕色(3)稳定了整体色调。焦赭色(4)点缀在窗帘、室内装饰和靠垫上，为室内注入强烈的色调。

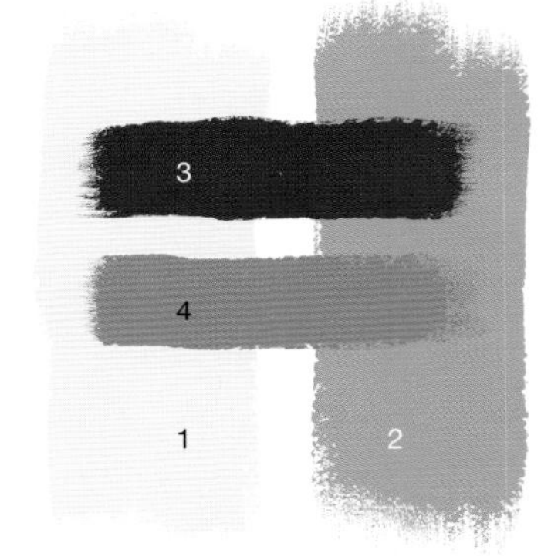

5

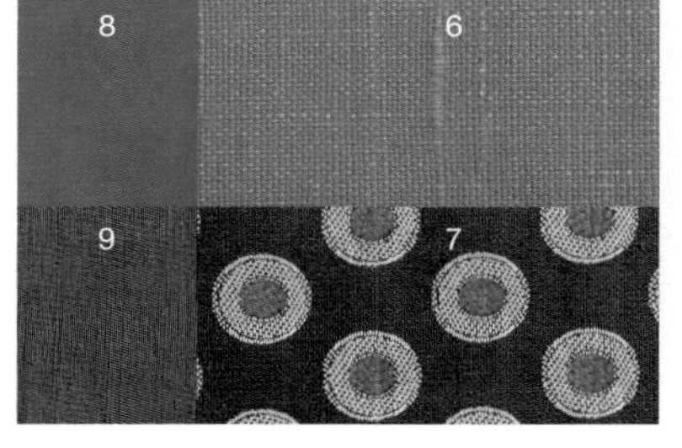

11

12

织物

印有超大雏菊图案的窗帘(5)带来活力充沛的感觉。座椅上包裹着的漂亮的焦赭色棉质面料(6)散发出难以抵挡的魅力，圆点图案的棉质(7)沙发强化了这个设计的重点。由富于质感的焦赭色天鹅绒(8)和具有光泽感的灰褐色棉纤混纺面料(9)制作的靠垫，将空间各部分联系在了一起。

地面

经典优雅的可可棕色高光大理石地面(10)时尚有型，棕色调的抛光人造石英石地面(11)也是不错的选择。纹理细密的皮革地板(12)也适用于此风格的居室，而且随着使用时间的增加还会泛出温暖的古铜色光泽。>>

戏剧性的装饰

这个振奋人心的设计主题适用于娱乐室的装饰设计，可营造出备受好评的戏剧化感受。

黑色、灰褐色和鲜艳的橙色共同营造出了纯粹的异域风情，其灵感来自20世纪20年代流行的夸张图案和奢华材质，这个主题特别适合具备娱乐功能的家庭活动室使用。

调色板

墙面上的暖灰褐色(1)营造了精致的中性色调，为与之配合，选取灰白色涂刷顶棚和木制品。黑色(2)增添了成熟的戏剧感。巧克力色(3)为室内增添了另一种浓郁的中性色。辛辣的焦赭色(4)创造出极具煽动性的欢乐气氛。

13

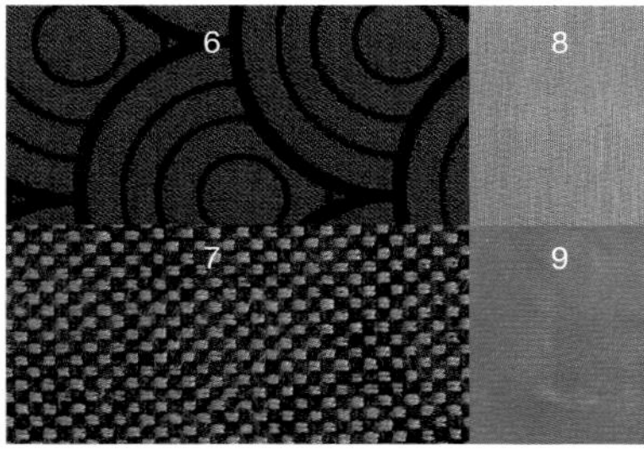

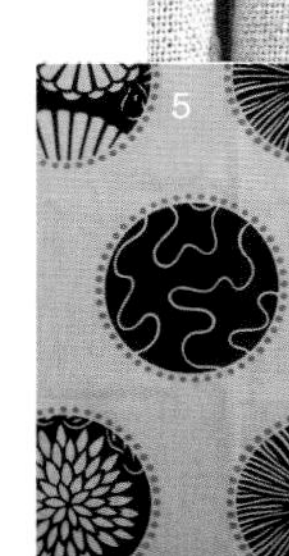

14

>> 色调浓郁的棕色实木地板(13)美观大方，仿鸡翅木效果的复合地板(14)经济实用，是阳光房和家庭活动室的实用之选。

织物

附有黑色天鹅绒圆形图案的天然亚麻窗帘(5)独具魅力。用带有装饰艺术风格的扇形纹样的黑色棉纤混纺面料(6)包裹座椅，沙发选用巧克力色和暖灰褐色相间的绳绒织物(7)装饰，靠垫则选用有光泽感的灰褐色棉涤混纺面料(8)和焦赭色丝绸面料(9)。

暖色调

极致时髦

20世纪60年代的图案和70年代的色彩相互碰撞，构建了时髦有型的复古氛围。

20世纪60年代的几何图案带来一种轻松的感觉，非常适合用在客厅。想要达到更加现代的效果，可以将图案放在室内装饰和靠垫面料上，窗帘则保持简单朴素的感觉。

调色板

火红色(1)是20世纪70年代的流行色之一，为本方案注入了活力，而其他部分则须采用中性色方可与之平衡。用浅褐色(2)涂刷墙面和木制品来保持室内光线反射的质量，以满足亮度需求。温暖的灰褐色(3)和可可棕色(4)是家居装饰完美的基础色。

11

5

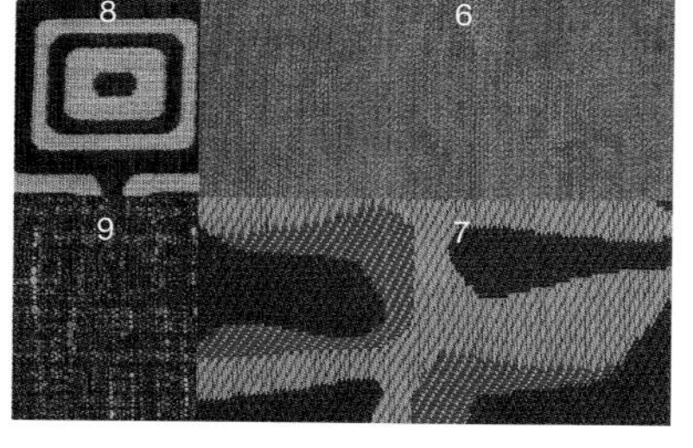

12

织物

用火红色的醋纤窗帘和绒织沙发靠垫(5，6)将室内的热情点燃。时髦有型的棉纤混纺织物(7)座椅装饰气息浓郁，令人过目难忘。沙发靠垫上易引起视觉错觉的迷幻图案(8)应和了20世纪60年代的设计主题，机织绳绒面料(9)的沙发牢固耐用。

地面

黑色橡木地板(10)营造出了美观大方的视觉感受，可可棕色的簇绒羊毛地毯(11)特别适用于家庭活动室和起居室。如果喜欢几何图形，不妨考虑一下条纹圈绒羊毛地毯(12)。>>

10

上海丝绸

感性的丝绸营造出一个适合都市生活的成熟精美主题。

适合现代城市生活的丝绸最好搭配当代的色彩，如灰褐色和蜂蜜色。中性的色调营造出雅致低调的魅力，微妙的光泽展现绝佳的品位。在实际使用中，丝绸可以与其他不同材质相搭配，也可在其中加入重点色来增添活力、丰富层次。

调色板

温暖的蜂蜜色(1)和大地色系的灰褐色(2)营造了一个低调的配色方案，这种处理手法巧妙地突显了丝绸的华丽质感。鲜艳的橘红色(3)为其中注入令人兴奋的色彩，柔和的草绿色(4)则增添了清新的气息。

14

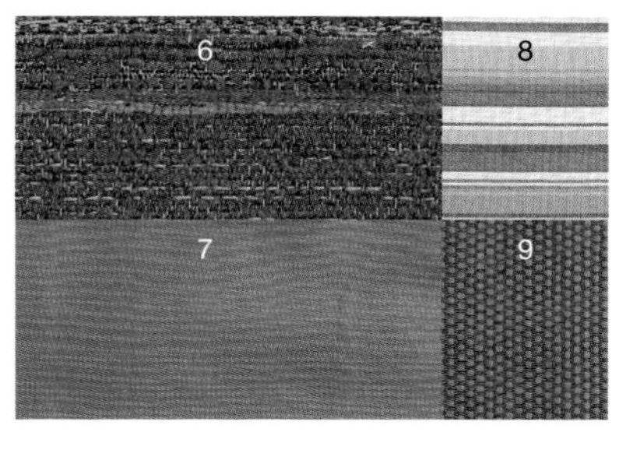

5

织物

印有迷人花朵图案的华美丝绸窗帘(5)创造了一个令人惊艳的背景。绳绒编织面料(6)的沙发色调浓郁饱和，橘红色丝绸(7)和条纹真丝混纺面料(8)制作的沙发靠垫展现出好客的姿态。扶手椅采用的中性色棉织面料(9)使整个空间色彩更为平静和谐。

>> 可可棕色的斜纹编织剑麻地毯(13)为空间增添了动感。仿皮革质感的瓷砖地面(14)坚固耐磨，是家庭活动室的可选方案。

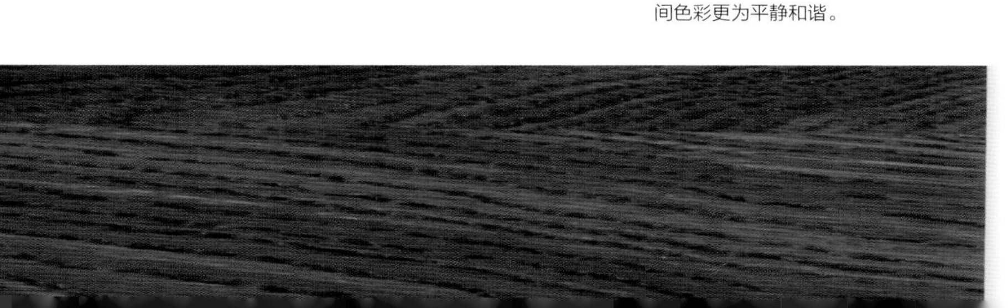

明艳色调

堂吉诃德

毕加索式的主题基调让人想起西班牙的广袤平原和风车。

华丽的暖色调和引人联想的图案，让我们仿佛亲临风车旋转的西班牙，这种极具家庭气氛的设计主题和牢固耐用的面料特别适合装饰家庭活动室或轻松随意的起居室，并使之焕发勃勃生机。

调色板

窗帘上鲜艳的火红色(1)为整体色彩风格提供了一个大胆明确的起点。用小麦色(2)涂刷墙面营造出柔美的色彩背景，在家居装饰上使用中性色系的蜂蜜色(3)。作为重点色的紫菀色(4)是整个主题的基调，并因其自身的冷色调而对整个色彩体系起到平衡作用。

11

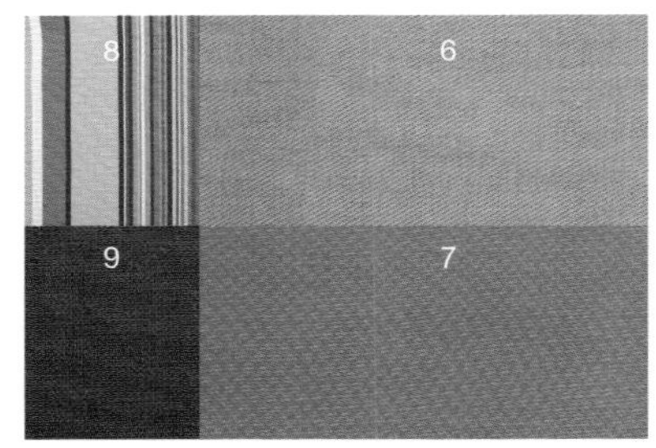

12

织物

醒目的火红色亚麻窗帘上附有手绘枝丫图案的紫菀色植绒(5)。蜂蜜色的拉绒棉质面料(6)沙发为室内增添了平和安静的感觉，火红色丝绸面料(7)和明快的条纹面料(8)制作的靠垫点缀其上。用印有精美卷曲纹样的紫菀色机织棉布(9)包裹座椅。

地面

脚感舒适的弹性油毡地面(10)美观实用，适用于家庭活动室和气氛轻松的起居室。而经过精细打磨的高光橡胶地板(11)也具有类似的舒适感受和独特的视觉效果。>>

10

四月斋前的狂欢

这个主题的灵感来源于奥尔良的传统节日，丰富的色彩为阳光充足的起居室带来节日气氛。

热情的色彩营造了激情洋溢、难以抗拒的室内设计主题。醒目的柑橘色调特别适用于温暖的气候环境，它们是明亮阳光最好的补充。若想在一个阳光充沛的地方构建一个轻松愉快的客厅，就考虑一下这个方案吧。

调色板

亮白色的墙面为节日气息浓厚的青柠檬色(1)、紫罗兰色(2)、黄油糖果色(3)和焦赭色(4)提供了清爽干净的色彩背景。在白色的墙面和深棕色的地面之间，均衡地使用上述鲜艳的强调色彩，为空间注入鲜活的生机。

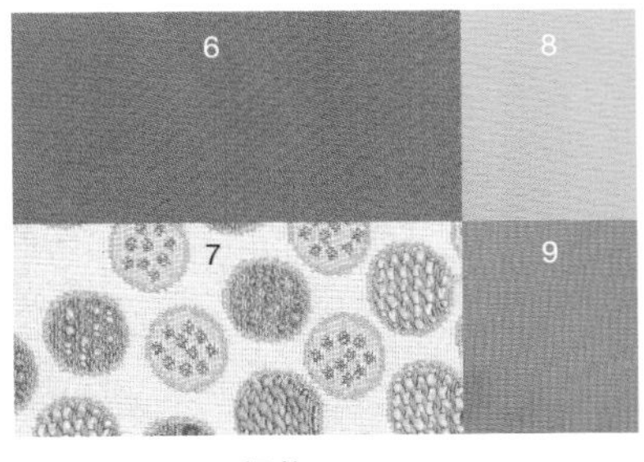

>> 仿黑胡桃木的人工复合地板(12)易于打理维护。浓郁的巧克力色石灰石地面(13)奢华美观。织篮式剑麻编织地毯(14)带来质朴的气息。

织物

通向内庭园的玻璃推拉门上装饰的柑橘色调的条纹窗帘(5)轻薄透明，十分优雅。座椅上浓郁的紫罗兰色拉绒棉质面料(6)为居室增添了一丝冷色调。沙发面料选用充满谐趣的提花织物(7)，用黄油糖果色的拉绒棉织品(8)和焦赭色的塔夫绸(9)制作糖果色调的沙发靠垫。

明艳色调

墨西哥玫瑰

这组明媚又和谐的暖色组合营造出浓浓的墨西哥风情。

这个设计主题特别适合自然光照不充足的房间，这类房间常由于光线昏暗而使人感觉阴冷，使用本主题对起居室进行装饰设计则可以营造出温暖亲切的气氛。色彩精妙的同色系印花图案和简洁明了的单色面料相映成趣。

调色板

蜂蜜色(1)墙面和亮白色木制品将阳光带进了房间。窗帘选取暖色调，如橙色(2)和罂粟红色(3)。在地面和装饰面料上使用如可可棕色(4)这样颜色较深的中性色，为整个设计构建扎实的色彩基础。

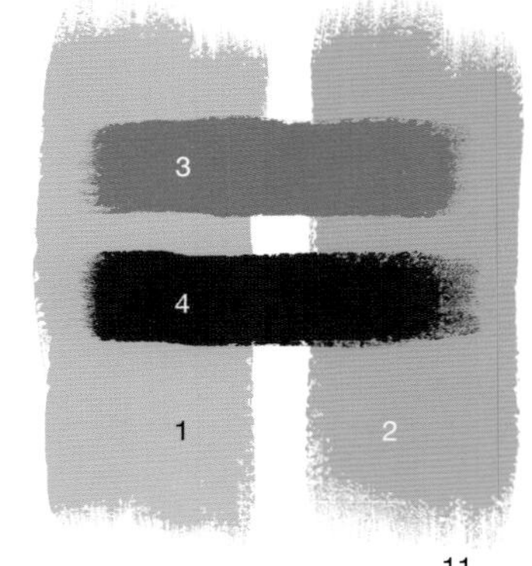

11

5

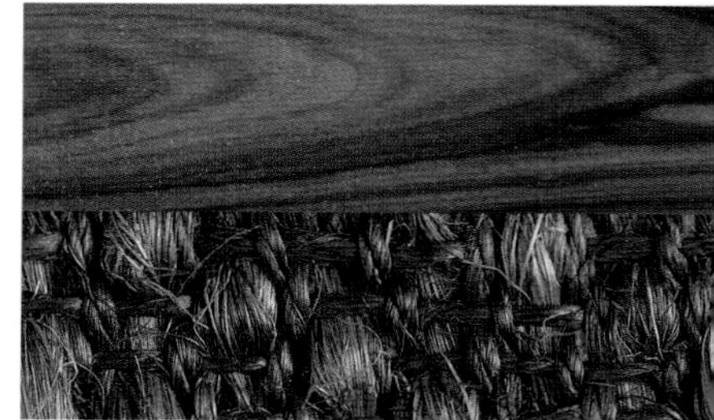

12

织物

窗帘上起伏的印花图案(5)与罂粟红色亚麻座椅面料上的卷曲纹样(6)相辉映。沙发上选用饰有菱形图案的浓郁的可可棕色绒织面料(7)，非常别致。用蜂蜜色的丝绸(8)和可可棕色的仿塔夫绸(9)制作靠垫。

地面

在起居室使用漂亮的黑胡桃木地面(10)会营造出绝佳的视觉感受，仿花梨木的人造复合地板(11)也能达到类似的效果。剑麻编织地毯(12)与室内的印花装饰面料非常搭配，为居室增添了家的温暖感觉。>>

10

圣诞节仙人掌

鲜艳的红与绿激发了这个设计主题。

红与绿这对互补色不仅可用于圣诞树的装饰布置，使用这两种色彩并满布热带花卉图案的装饰面料还非常适用于欢乐喜庆的家庭活动室。

调色板

用热情洋溢的罂粟红色(1)作为活跃鲜明的重点色。稳重朴素的卡其色(2)调和了过于喧闹的色彩，而地面与装饰面料上采用的黑巧克力色(3)则为室内注入了浓厚的中性色调。用骨白色(4)涂刷墙面和木制品以构建平静安稳的背景色。

13

14

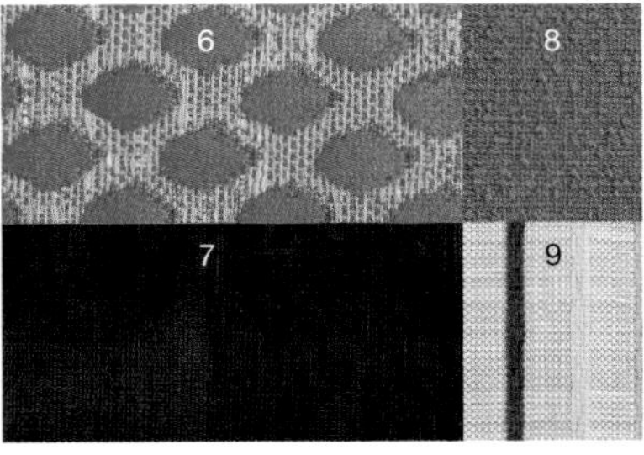

5

>> 如果你喜欢使用地毯，厚实的簇绒地毯(13)或者典雅的棱纹地毯(14)各具特色，都是不错的选择。

织物

鲜艳的印花亚麻窗帘(5)是整个设计主题色彩的灵感来源。印有罂粟红色的椭圆形图案的天鹅绒(6)靠垫放置于黑巧克力色绒织面料(7)的沙发上。素雅的卡其色圈绒面料的座椅(8)和条纹图案的棉涤混纺面料的靠垫(9)调和了罂粟红色的浓烈明艳。

灰色和黑色地面

灰色适配于任何色彩，而黑色与白色的组合更是永恒的经典。

黑色羊毛块毯上点缀着雅致的浅色小圆点图案，与这个起居室设计主题中的深色调搭配得非常协调。

从左上方顺时针方向：传统图案的地毯铺设在超现代风格的居室内，营造出醒目时尚的效果。用仿石板效果的人造复合地板进行斜向铺装，有助于扩大这个狭窄浴室的空间感受。深灰色与乳白色相间的现代风格的地毯为这个低调的卧室主题增添了趣味。

中性色调

花影

色彩朦胧幽暗的花朵激发了这个基于中性色调的银色主题。

在低调克制的中性色搭配中，织物面料的选择可以大胆一些。花朵、条纹、圆点、纯色和格子尽可放心使用，只需注意把所有颜色都统一在一个中性的色调里。若使用鸽灰色和灰褐色的搭配，那么你所选取的灰色应该带有黄色的底色。

调色板

同属于温暖的中性色调的鸽灰色(1)与浅黄褐色(2)搭配起来非常美观。暖白色(3)的墙面和木制品使空间感觉更为轻快明亮。窗帘带有的黑色(4)是整个设计中强有力的重点色。

11

12

织物

印有程式化花朵图案的植绒窗帘(5)构建出一个图形感极强的背景。印花面料靠垫(6)能够为这个花卉设计主题增添更多亮点，宜与条纹真丝靠垫(7)搭配使用。浅黄褐色和鸽灰色交织棉质面料沙发(8)看上去非常时髦，座椅选用带有圆形图案的绒织面料(9)装饰。

地面

暖白色软木地面(10)是既实用又舒适的选择，特别适用于家庭活动室的地面铺装。若欲兼具石材的视觉效果与简单的护理要求，仿石材效果的瓷砖(11)是个不错的选择。>>

林中池塘

透过斑驳林荫不经意瞥见的水畔蕨类，激发了这个柔美的设计主题。

柔和的灰褐色和安静的灰色共同构建了宁静平和的起居室主题，通过选择一些清爽、柔软、富有光泽、考究的面料来增添视觉和材质上的吸引力。

调色板

暖色调的灰褐色(1)和浅黄褐色(2)奠定了柔和的中性色基调。浅黄褐色的墙面和暖白色的木制品搭建了充满现代感的空间架构，作为重点色的黑色(3)和棕黑色则为室内增添了厚重感和力度。鸽灰色(4)与主题中的灰褐色搭配极为协调。

13

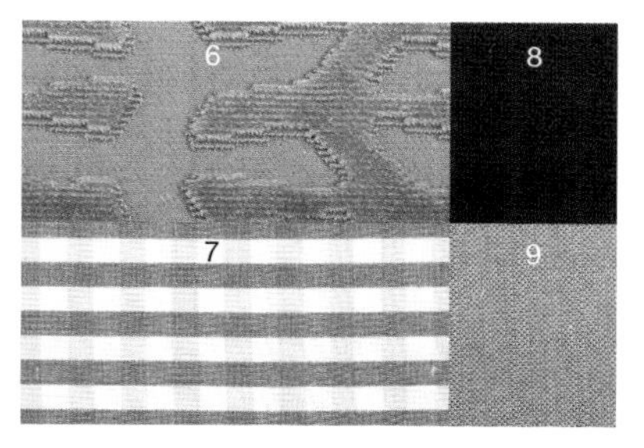

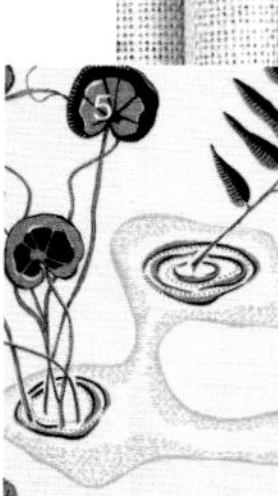

14

>> 黑色抛光花岗岩(12)可以营造奢华的地面效果。细密的圈绒羊毛地毯(13)适合在起居室和卧房的地面铺装中采用，毛麻平织地毯(14)则更为牢固耐用。

织物

印有蕨类和水生植物图案的亚麻窗帘(5)带来精巧迷人的复古感。割绒面料(6)的装饰座椅强化了这个蕨类植物的主题。由鸽灰色和暖白色相间的格纹丝绸面料(7)和棕黑色的天鹅绒面料(8)制作的靠垫将灰褐色的沙发(9)装点得格外时尚美观。

中性色调

哈瓦那情怀

清爽的亚麻布和烟灰色调都会让人联想起旧时的哈瓦那。

硕大的花朵图案会让作为中心装饰物的沙发看上去非常漂亮，但由于它过于醒目，应选择纯色或者细条纹面料的窗帘来搭配。烟草与烟雾的色调营造了成熟轻松的中性环境。

调色板

暖灰色调是室内设计师的秘密武器，像是镍灰色(1)和深灰色(2)这样的色彩就非常容易搭配。用棕糖色(3)作为重点色为室内增添温暖的亮色，与此同时，浅褐色(4)的墙面和木制品使空间感觉轻快明亮。

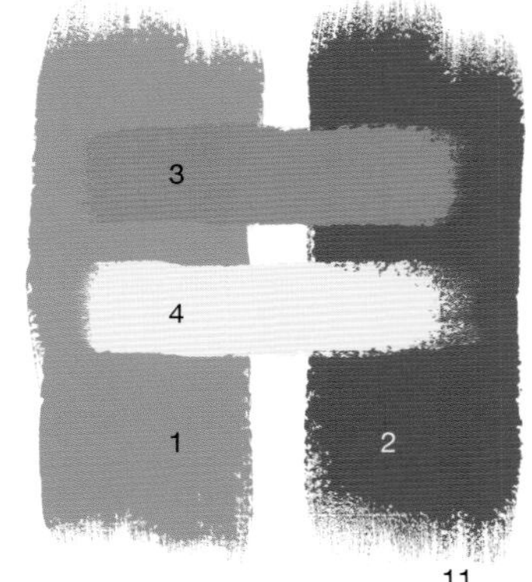

11

8 6 9 7

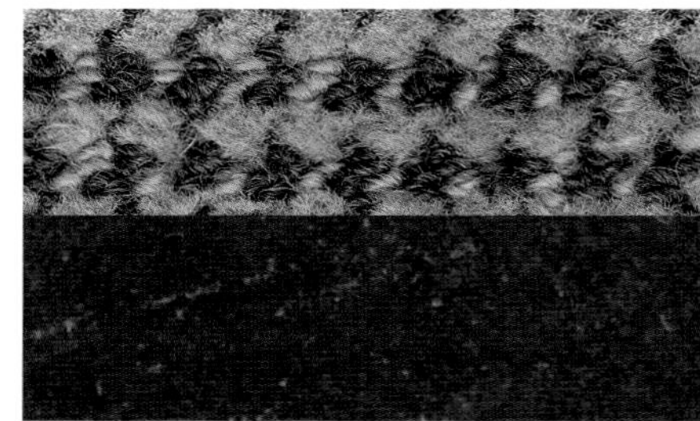

12

织物

深灰色细条纹的亚麻窗帘(5)是明智之选。沙发清爽的亚麻面料上饰有大朵的烟雾色牡丹图案(6)。靠垫所选取的格纹丝绸(7)和暖棕色褶皱棉纤混纺面料(8)与棕糖色调的菱形纹样座椅装饰面料(9)相互联系、彼此衬托。

地面

质感丰厚的镍灰色圈绒地毯(10)对于卧室和起居室来说是舒适又耐用的地面材料选择。烟雾色和浅褐色相间的双色羊毛地毯(11)大方时尚，镍灰色软木地板(12)则特别适合用在家庭活动室中。>>

银色叶片

精美的叶片被银灰色的色调包裹亲吻，构建了这个柔美的设计主题。

对于寻求恬静轻松感受的房间来说，灰色调与棕色调的搭配堪称经典。这个成熟沉稳的色彩主题适合用来设计成年人消磨时光的空间，例如客厅就可运用这样柔和的色调来营造轻松闲适的氛围。

调色板

银色调的浮石灰色(1)为这个安静平和的主题奠定了色彩基调。墙面上令人愉快的奶黄色(2)泛出金色光泽，用棕糖色(3)和黑巧克力色(4)为室内增添温暖宜人的气息。

13

14

>> 灰褐色的石灰石地面(13)美观大方，适用于起居室、餐厅和门厅。仿钢板纹样的人造复合地板(14)具有钢铁硬朗醒目的视觉效果，但脚感更为舒适。

织物

印有暗灰色树叶与花朵图案的乳白色亚麻窗帘(5)引人瞩目。座椅上灰色的提花织物(6)延续着这个植物主题，沙发则选用素色的机织棉绒面料(7)。颜色浓郁的棕糖色天鹅绒(8)和仿鹿皮面料(9)靠垫为整体设计增添了浓墨重彩的一笔。

冷色调

豆豆糖

滚动的豆豆糖激发了这个令人垂涎的家庭活动室主题。

对于有小孩的家庭，设计居室时宜选用牢固耐用的棉质面料，这个可爱迷人、充满童趣的糖豆设计主题就非常适合，它可以被用在家庭活动室的窗帘或者游戏室的装饰面料上，甚至可作为活泼有趣的床上用品运用在孩子的卧室中。

调色板

撷取糖果图案面料中的灰烬色(1)和草绿色(2)用于室内装饰品。高山湖蓝色(3)使整体气氛平和，深酒红色(4)则是这个设计中令人精神一振的重点色。

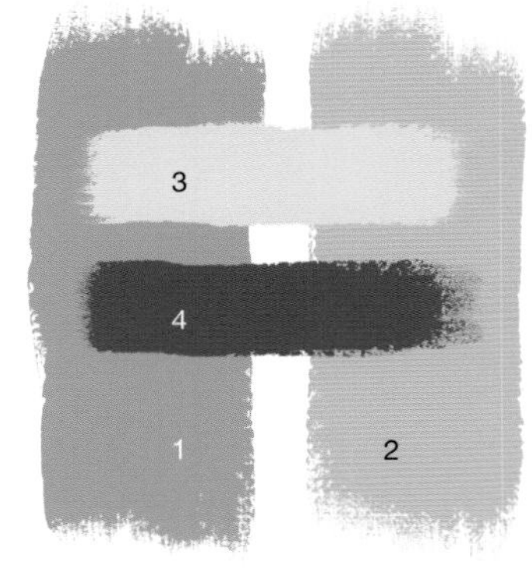

5 8 6 9 7

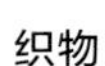

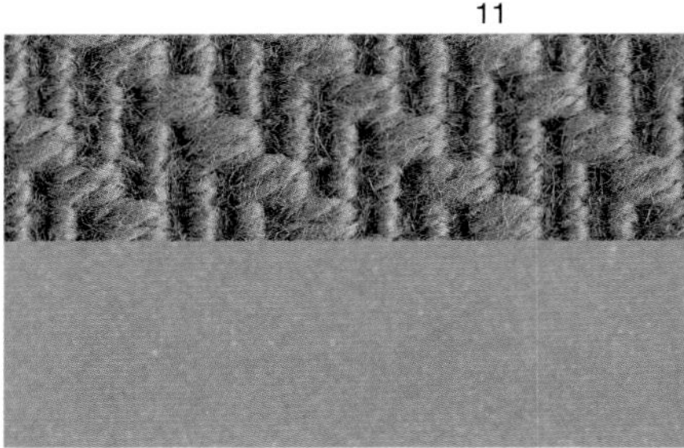

织物

窗户上印有豆豆糖图案的棉质窗帘(5)营造了活泼欢乐的气氛。选择灰烬色的斜纹厚绒布(6)制作的沙发套耐用又易打理，座椅的装饰面料则选用草绿色的绳绒织物(7)。靠垫上色彩和谐的印花面料(8)和鲜艳的酒红色灯芯绒(9)与窗帘构成了微妙的平衡感。

地面

配有超软垫层的人造复合地板(10)特别适合有小孩的居室使用。斜纹机织羊毛地毯(11)美观大方、引人注目。仿石灰石效果的瓷砖(12)适合铺设在人流活动密集的场所。>>

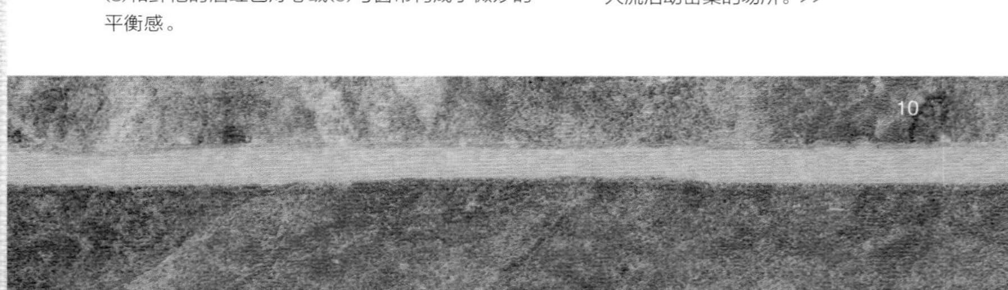

蓝色林荫

令人神清气爽的蓝色调与灰色调为起居空间营造了现代典雅的气氛。

繁盛的花朵为低调的起居室主题增添了活力。正如古典艺术品往往在现代艺术风格的包围中更能彰显独特的魅力，在时尚流行的设计主题中，生动鲜活的印花织物、材质做工极为考究的亚麻织物和素色的丝绸都是颇受欢迎的材质选择。

调色板

蓝色调是这个设计的色彩主线，海洋蓝绿色(1)、加勒比海蓝色(2)和鸭蛋青色(3)营造了这个色彩变化微妙的设计主题。深炭灰色(4)是中性色家居装饰品的理想之选，墙面和木制品则选用凝脂白色。

13

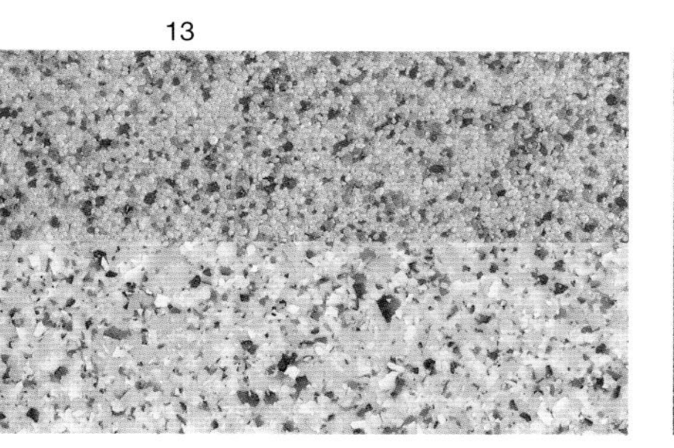

14

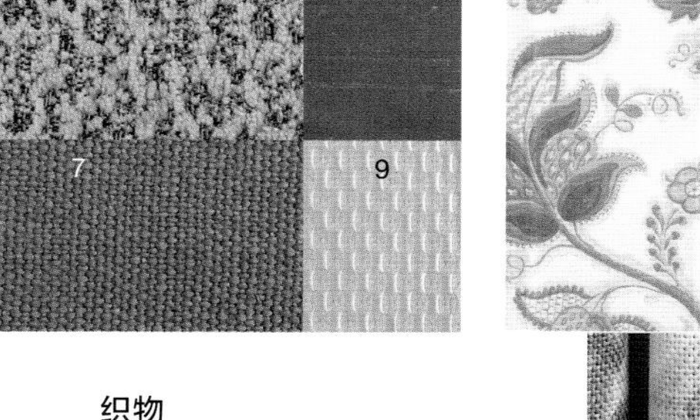

>> 想要寻求与众不同的效果，可选用浇注树脂地面；这个带有红色斑点的树脂地面(13)与之前出现的“豆豆糖”设计主题特别搭配，而夹带有灰烬色、灰褐色和乳白色斑点的树脂地面(14)则是“蓝色林荫”设计主题的最佳选择。

织物

印有幻魅花卉图案棉麻织物(5)的装饰窗帘从天花板垂落到地面。沙发上深炭灰色的绒织面料(6)柔软舒适，选取深炭灰色的亚麻面料(7)装饰扶手椅。加勒比海蓝色的丝绸(8)和鸭蛋青色的棉纤混纺面料(9)，用来制作颇具奢华感的靠垫。

冷色调

环环相扣

丰繁的圆环和螺旋图案带来这个热闹喧哗、充满能量的设计主题。

充满动感的几何图案布满了这个外向活跃风格的起居室的装饰面料，构成极具男性气质的现代风格家居设计主题。

调色板

鸽灰色(1)、蓝灰色(2)和雾灰色(3)组成了单一色调的色彩主题，适配尖端新锐的现代居室风格。用雾灰色涂刷墙面、纯白色涂刷木制品来构建雅致的色彩基底，卡其色(4)为室内注入温暖的重点色。

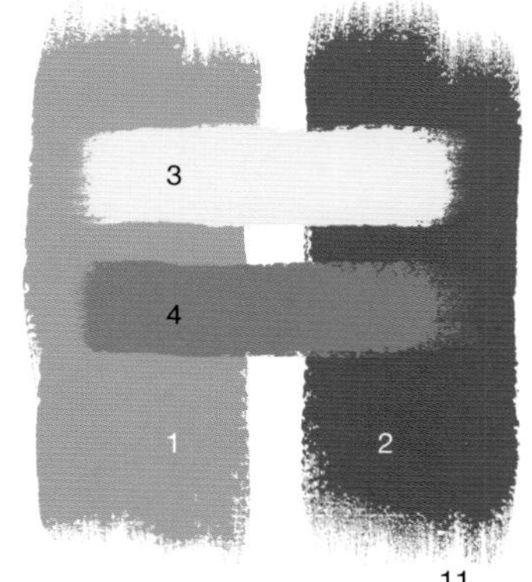

11

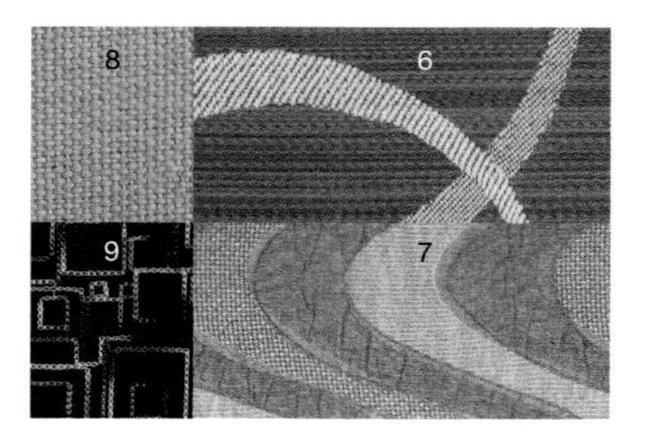

5

12

织物

印有圆环和螺旋图案的轻薄亚麻纱质窗帘(5)是最理想的选择。座椅上卡其色的羊毛和马海毛交织面料(6)以及靠垫上雾灰色的涤纶面料(7)都延续并强化着这个以螺旋为主题的设计。鸽灰色的亚麻面料(8)沙发搭配刺绣着电脑芯片图案的炭灰色涤纶面料(9)靠垫，为室内增添趣味性。

地面

抛光石板地面(10)用在传统风格和现代风格的居室中都非常漂亮。在时尚风格的起居室采用仿石灰石效果的瓷砖地面(11)是明智的选择。>>

10

海滨沙滩

暖沙色、玫瑰花和绣球花让人联想起海边花园的景象。

大地色调的灰褐色和海滨蓝色描绘的繁茂花朵图案营造出平静精致的氛围。此设计主题适应能力很强，无论是在传统风格还是现代风格的居室内都能起到很好的美化作用。

调色板

树皮褐色(1)和浅黄褐色(2)组成的精妙色调构成了这个起居室主题的基础色。安静平和的浅褐色(3)适用于墙面和木制品，作为重点色的水鸭蓝色(4)为室内增添了一抹清凉的色彩。

13

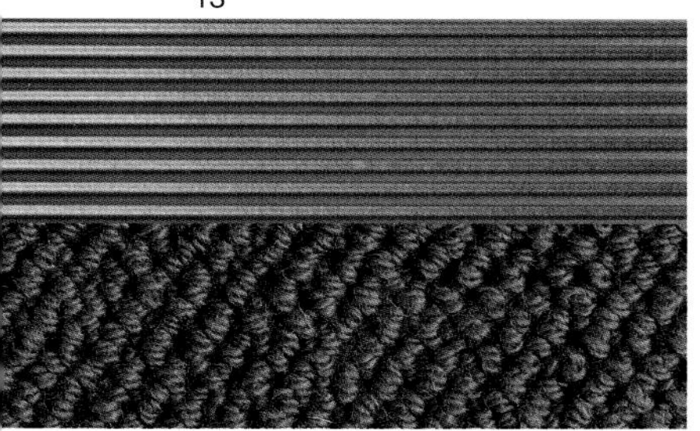

14

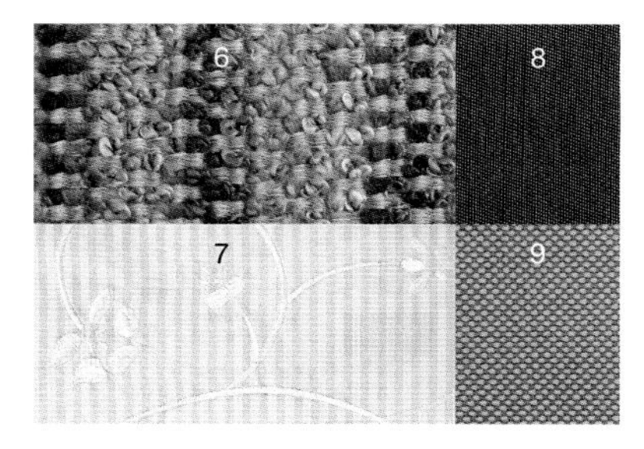

5

>> 易于打理的油毡地面(12)与仿棱纹钢板效果的人造复合地板(13)，都可为厨房和家庭活动室增添温暖的足下感受。质感独特的圈绒羊毛地毯(14)牢固耐用，适用于卧室和起居空间。

织物

灰褐色调给了印花棉布窗帘(5)极具现代感的新面貌。树皮褐色、浅黄褐色和水鸭蓝色相间的绳绒织物(6)质感丰厚，特别适合作为沙发装饰面料。用带有精美刺绣的真丝塔夫绸(7)和富有光泽感的树皮褐色棉纤混纺面料(8)来制作靠垫，座椅装饰织物则选用柔和的树皮褐色与浅褐色交织的面料(9)。

暖色调

黑色魔法

黑、白、红的色彩组合带来张扬大胆的魅力和戏剧效果。

黑色流行的回归是无法回避的事实，对于正式有力的室内设计主题，黑色在其中注入了毫不妥协的戏剧性风格。如果将黑色与白色、红色搭配，会营造出更加无与伦比的视觉冲击力。

调色板

黑色(1)是这个大胆主题的起点，用象牙白色(2)涂刷墙面和木制品来调和过于冲突的感觉。深灰色(3)为室内增添了微妙的色彩层次，玫瑰红色(4)给主题带来温暖的氛围。

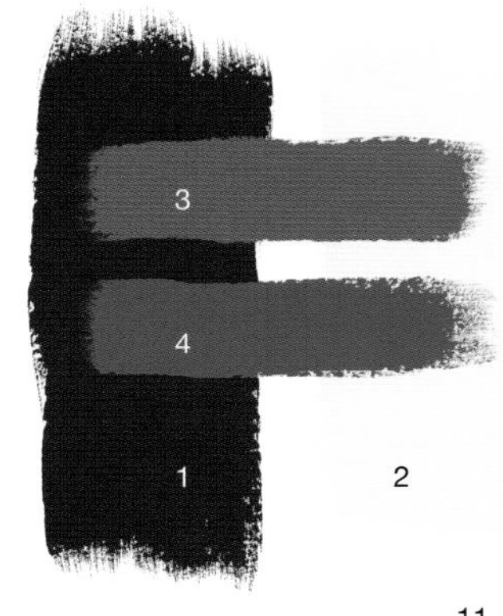

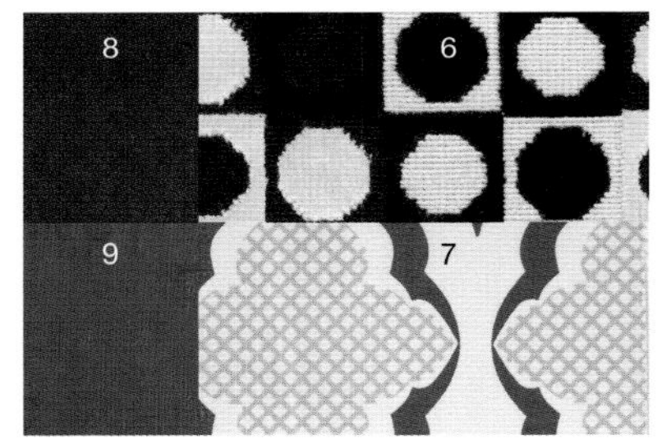

11

12

织物

饰有白色螺旋图案丝缎贴花的黑色毛毡窗帘(5)为整个空间搭建了图形感极强的背景。沙发选用圆形图案割绒面料(6)，座椅选用红色、白色和灰褐色相间的印花亚麻面料(7)。由深灰色的马海毛织物(8)和玫瑰红色做旧效果的天鹅绒面料(9)制作的靠垫丰富了室内材料的质感。

地面

条纹平织地毯(10)与热情奔放的窗帘面料展现出令人愉快的对比效果。灰褐色的抛光石灰石地面(11)特别适合现代风格的室内设计。深灰色和棕色相间的大理石地面(12)异常漂亮，为起居空间营造奢华的感受。>>

10

午夜玫瑰

月光照射下的玫瑰花朵激发了这个精致优雅的客卧设计主题。

花卉图案并不一定要色彩鲜艳，印有程式化花卉图案的窗帘面料之所以带有时尚现代的感觉，是因为它采用的灰色与黑色发挥了重要作用，而装饰面料上温暖的酒红色成为这个主题鲜亮的重点色。

调色板

浮石灰色(1)和板岩灰色(2)等暖灰色调为这个极具冲击力的主题添加了平静沉稳的感觉。窗帘上黑色(3)的玫瑰图案非常时尚，强化了视觉效果。酒红色(4)的靠垫散放在室内，呼应着窗帘上温暖的红色调。

13

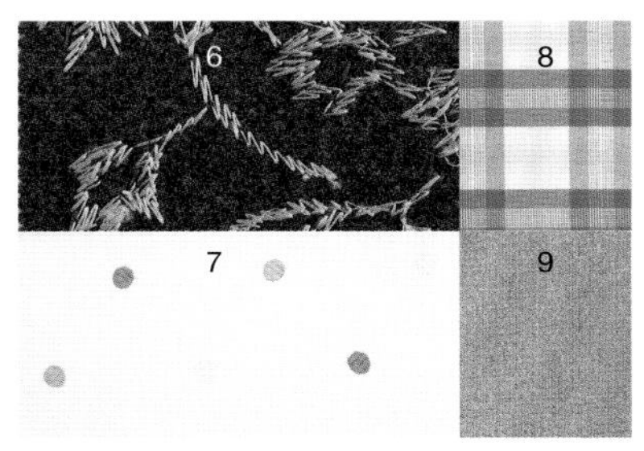

14

>>牢固耐用的软木地板(13)可用于家庭活动室的地面铺装。大气美观的圈绒羊毛地毯(14)与古典和现代风格搭配都很协调，适用于卧房和起居室。

织物

由典雅的印花面料(5)制作的窗帘是男女皆宜的选择。床边座椅所使用的灰色刺绣毛毡面料(6)延续了这个花朵的主题。被罩采用绣有圆点图案的细亚麻织物(7)来制作，装饰床榻的靠垫则选取格纹棉布(8)和灰色调的丝绸(9)作为面料。

暖色调

建筑细节

抽象概括的图形纹样散发出时尚独特的建筑感。

在风格时尚的室内设计中，选用大型的图形纹样会带来跃动的活力，更可避免设计主题流于俗套。如果同时使用几种图案，切记使其保持类似的尺寸和风格，采用柔和的色调有助于协调好这些活力四射的图案。

调色板

低调的色彩可以使过于强烈的图案显得柔和，带有一些绿色调的暖灰褐色(1)和象牙白色(2)构建了此主题的基本色彩。鸽灰色(3)和树皮褐色(4)作为重点色为室内增添了更多意趣，墙面和木制品采用象牙白色。

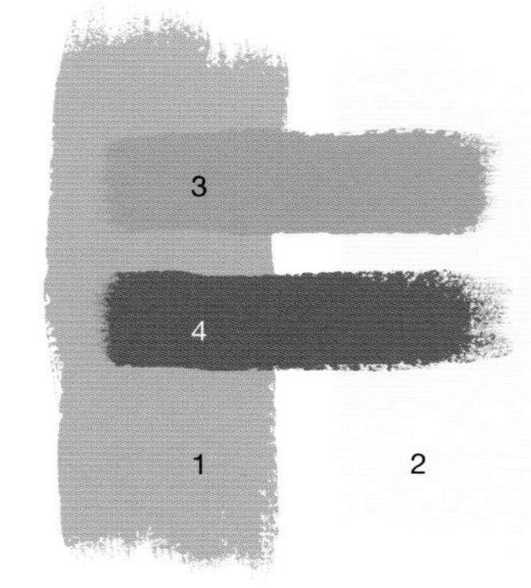

11

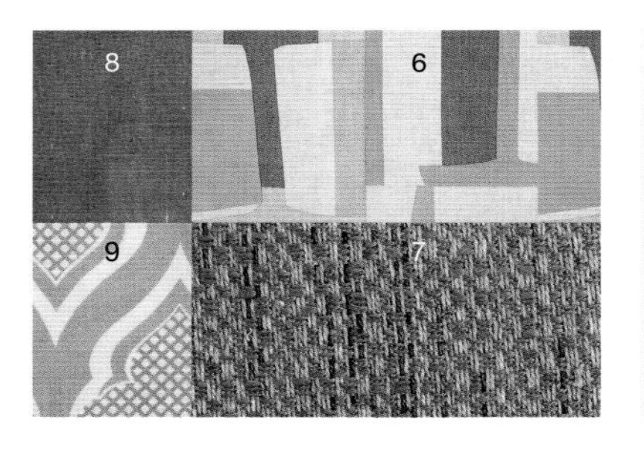

12

织物

印有曲线优美的栏柱图案的面料(5)，用以制作这个设计主题中的装饰窗帘。座椅选用具有20世纪60年代风格特色的印花面料(6)，通过沙发上柔和的暖灰褐色棉质面料(7)与之平衡。用鸽灰色丝绸(8)和印花亚麻织物(9)制作的靠垫丰富了材质的层次，增添了视觉的趣味。

地面

方形格栅图案的金属灰色人造复合地板(10)为现代风格的居室带来绝佳的视觉感受。另一种非常时尚的做法是采用浇注树脂地面(11)来营造光洁无缝的地面效果。>>

草莓园

这个充满趣味的主题灵感源自梦幻的花朵。

牡蛎白色、绿色和红色卡通风格的花朵图案带来了这个轻松的设计主题，适用于诸如阳光房、厨房、家庭活动室等任何这类家庭成员聚集活动的空间，营造出欢快愉悦的氛围。

调色板

酒红色(1)和蕨菜绿色(2)构成了这组互为补色的基础色调。墙面上的牡蛎白色(3)给室内带来浓郁的暖色调，木制品上的象牙白色(4)则增添了清新的气息，并与装饰面料上白色的花朵形成了视觉上的连贯性。

13

14

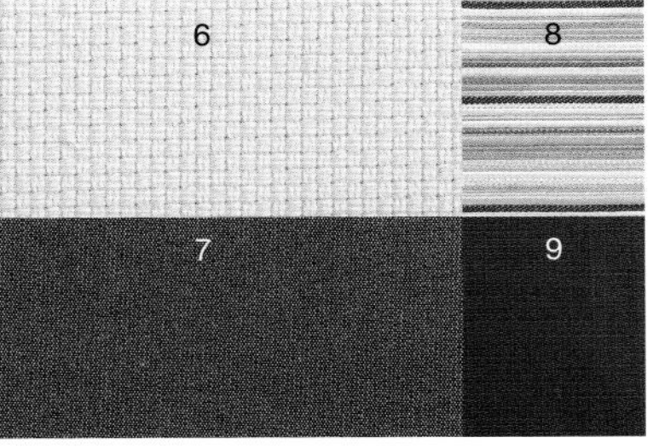

5

>> 采用视觉和触感都极为类似板岩的瓷砖(12)进行室内铺装也不错。簇绒羊毛地毯(13)营造了美观舒适的中性色基调，银色调的剑麻编织地毯(14)则在自然材质的基础上增添了极强的现代感。

织物

给人欢快感觉的印花棉布窗帘(5)视觉效果卓绝。沙发所采用的牡蛎白色棉织面料(6)使空间看起来更为开阔，靠垫则选取蕨菜绿色的仿塔夫绸(7)和酒红色、蕨菜绿色、牡蛎白色相间的棱纹棉面料(8)来制作。使用强韧的酒红色棉麻面料(9)来装饰座椅。

明艳色调

青柠檬色旋涡

青柠檬色的卷曲图案为现代起居室主题增添了热情的气息。

酸爽多汁的青柠檬色会让人立刻兴奋起来，由于它的效果特别显著，所以只能将它作为重点色点缀于风格大胆的现代居室设计中。可在其中一面空白墙上涂刷高山湖蓝色来制造更进一步的时尚感受，但注意其他的墙面要使用低调的灰白色来与之平衡。

调色板

诸如浮石灰色(1)和树皮褐色(2)这样的中性色调非常适合作为基础色，来配合那些以青柠檬色(3)这样特别鲜艳的色彩作为重点色的设计主题。高山湖蓝色(4)在其间搭建了冷色调的色彩连接。

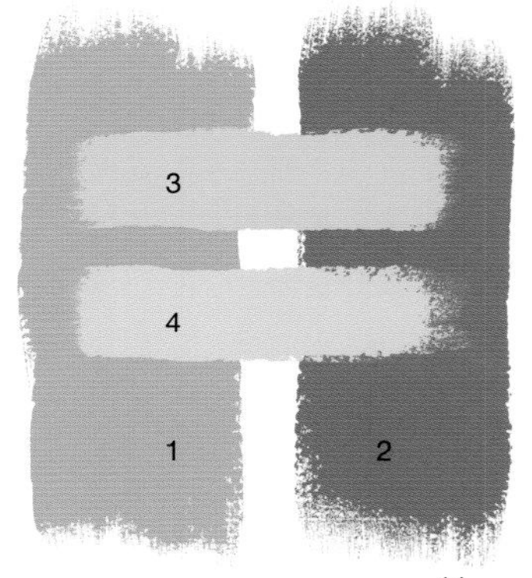

11

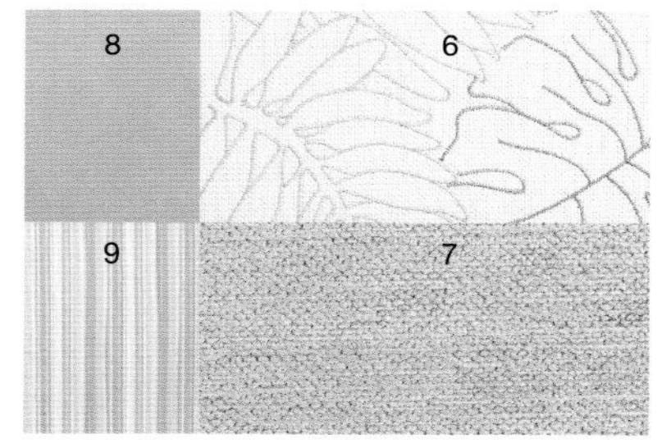

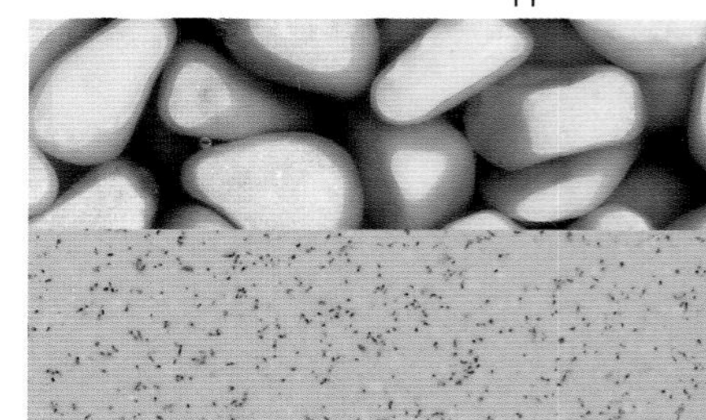

12

织物

印有螺旋和圆环图案的亚麻窗帘(5)轻薄透明，构建了现代时尚的氛围。座椅上带有卡通叶片图案的平纹棉布(6)和沙发上浮石灰色的绳绒面料(7)相互平衡，此外还可以散放一些青柠檬色仿麂皮面料(8)和细条纹图案棉涤混纺面料(9)制作的靠垫来丰富空间层次。

地面

圆圈图案的仿金属质感人造复合地板(10)非常适配这个布满环形和螺旋图案的现代风设计主题。嵌入石块的浮石灰色树脂效果的瓷砖地面(11)十分抓人眼球。>>

10

翻滚过山车

纷繁复杂、环环相扣的图案营造了充满活力的气氛。

自20世纪70年代以来的很长时间里，面料都没有如此丰富有趣过了。装饰面料上密布着随意自由的图案，带给人开朗明快的全新心情。

调色板

中性色调的鸽灰色(1)和冷色调的冰蓝色(2)缓和了装饰面料图案的喧闹复杂。用浓郁的蓝绿色调的孔雀蓝色(3)作为室内充满迷人魅力的重点色，刺激的青柠檬色(4)则为主题带来勃勃生机。

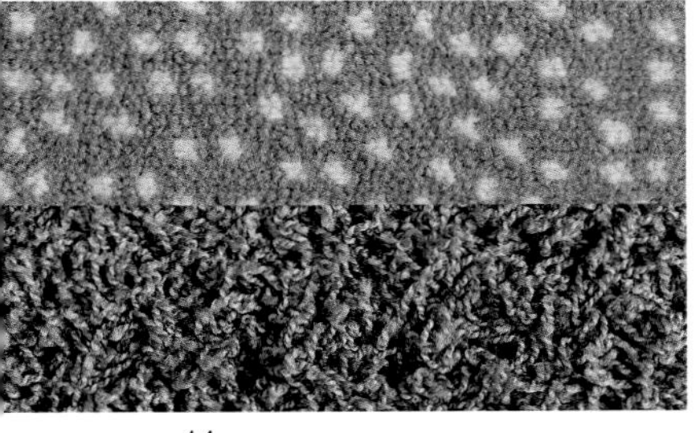

6 8 5 7 9

\>> 浇注树脂地面(12)具有完整无缝的铺装效果，是极好的选择。当今的室内设计中，地毯再度盛行，斑点图案的威尔顿机织羊毛地毯(13)或者蓬松的簇绒地毯(14)都会营造出非常尖端时尚的视觉效果。

织物

印有圆环图案的亚麻窗帘(5)轻薄透明，与现代风格的窗户异常搭配。座椅和靠垫上的青柠檬色动感环形图案绒织面料(6)，被沙发上的鸽灰色羊毛装饰面料(7)所调和。沙发上多放置一些由冰蓝色和孔雀蓝色亚麻织物(8，9)制作的靠垫来平衡整个设计主题。

明艳色调

圣达菲

温暖的灰褐色和浓艳的橙色让人联想到沙漠日落的景象。

橙色为充满现代感的中性色主题注入醒目跳跃的鲜明色彩，在严谨沉稳的成人起居室中采用，可营造出充满温暖与活力的空间感受。

调色板

沙漠色系的浅黄褐色(1)和古铜色(2)因为主题中热情洋溢的橘红色(3)的加入而更具时尚感。选择黑色(4)的地面色彩来增添戏剧感，浅黄褐色的墙面和灰白色的木制品一起构建了精致严谨的背景。

11

5 8 6 9 7

12

织物

绣有精致橘红色条纹图案的浅黄褐色亚麻面料(5)自然清新，适用于窗幔的制作。座椅上橙色的仿鹿皮面料(6)和沙发上的条纹图案棉绒交织面料(7)丰富了装饰材料的质感。使用条纹图案的丝绸(8)和浅黄褐色、黑色、灰白色相间的涤纶面料(9)制作靠垫，为设计增添魅力。

地面

黑色的抛光石材地面(10)使现代风格的客厅充满戏剧感。仿石材效果的地砖(11)易于打理，适合用于家庭活动室。采用黑色的皮革(12)进行地面铺装，效果极为奢华时尚。>>

柑橘的香味

家庭活动室中鲜艳夺目的橙色令人感到无比兴奋。

精神饱满的橙色非常适合在气氛活跃的家庭活动室中使用，它作为重点强调色为室内注入了芬芳鲜美的明艳色彩。

调色板

橘红色(1)是这个充满活力的设计主题的中心和重点，通过浅黄褐色(2)的墙面和深灰色(3)的沙发来制衡。清新的高山湖蓝色(4)与橙色互为补色，为室内增添了些许冷色调。

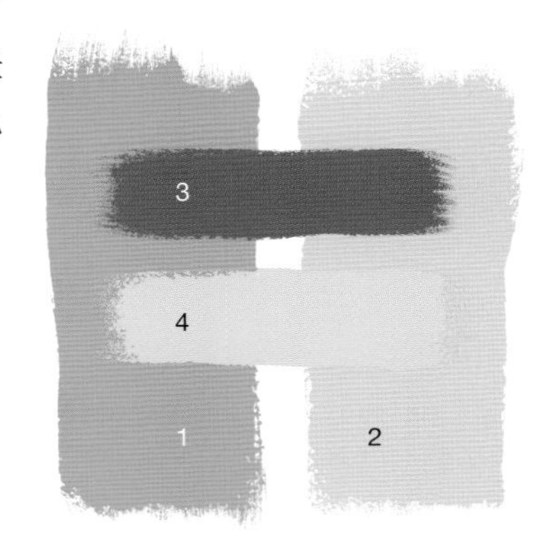

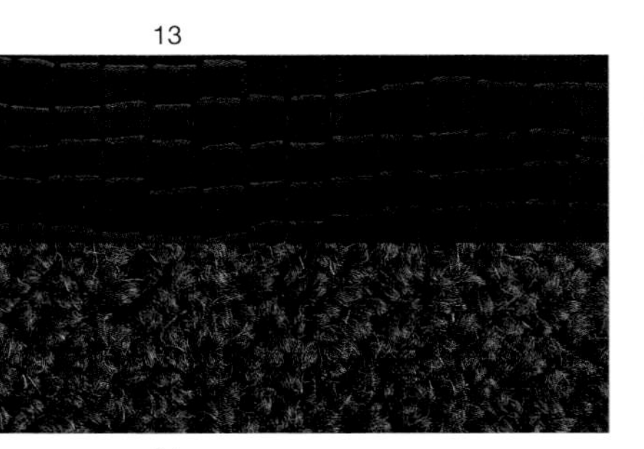

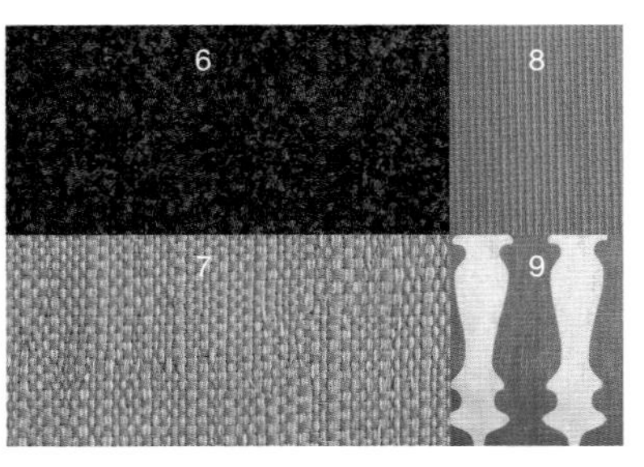

>> 鳄鱼皮纹样的油毡地面(13)带来震撼的视觉效果，牢固且耐用。圈绒羊毛地毯(14)选用浓郁的黑色，同样具有极强的吸引力。

织物

用时髦的条纹图案亚麻织物(5)制作窗帘。大沙发上的深灰色羊毛面料(6)是整个设计的色彩基础，散放的靠垫采用高山湖蓝色的棉涤混纺面料(7)和橘红色的细棱纹绒织面料(8)制作，在色彩上与窗帘面料相呼应。用图案活泼的印花亚麻织物(9)装饰扶手椅。

第二部分　色相

色彩鲜艳的地面设计使居室具有先声夺人的魅力，可供选择的铺装材料非常丰富，包括油毡地面、橡胶地面、瓷砖和地毯等。

红色地面

红色的地板可以为任何室内设计方案增添立竿见影的生命力。

地面中心的深棕色方形部分通过周边明亮的红色来围合框定，这样的色彩和设计为中性色调的主题带来了勃勃生机。

红色的地面奠定了房间的主基调，与墙面交相呼应，热情又不失大气。灰色的圆形地毯和深色的家居饰品很好地起到了平衡色彩的作用。绿色的植被为空间注入了生机，极富造型感的吊灯则是整个空间的点睛之笔。

中性色调

草莓奶油果泥

鲜美诱人的草莓红色为这个中性的设计主题增添了绚丽的重点色。

红色可为任何居室增添生机与活力，欢快明艳的红色衬托了这个由奶油色和灰褐色组成的中性主题。由于少量的红色就可以发挥极大的威力，所以应采用中性色调的墙面和座椅面料来平衡红色地面的鲜艳浓烈，营造一个适用于起居室的独具魅力的轻松主题。

调色板

用暖白色(1)涂刷墙面和木制品可以保持清新的氛围，若喜欢更为温暖的感觉，则可采用沙色(2)墙面配合暖白色的木制品。色调浓郁的矿物红色(3)和草莓红色(4)增加了视觉冲击力。

5

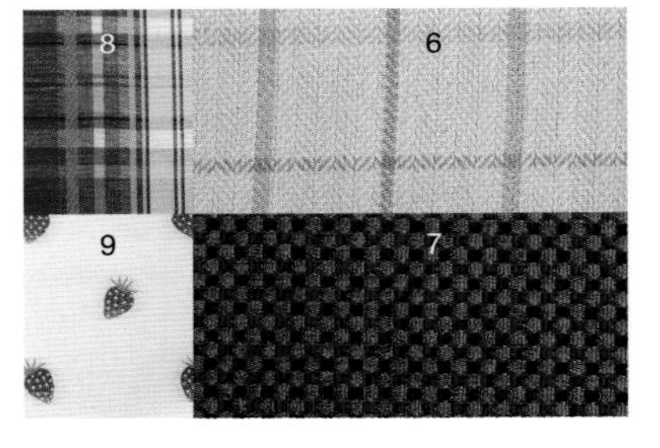

11

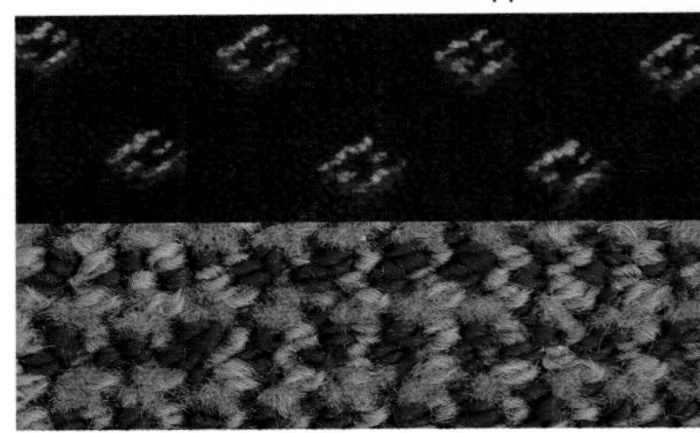

12

织物

暖白色、沙色、红色相间的印花亚麻窗帘(5)是整个主题的点睛之笔。扶手椅上的棉麻交织格纹面料(6)美观大方，沙发则大胆选用富于质感的红色绳绒面料(7)，视觉效果强烈粗放。靠垫面料采用带有精美格纹的粘纤面料(8)和可爱的草莓图案点缀的织物(9)。

地面

红色调条纹图案的羊毛平织地毯(10)色泽浓郁饱满、耐用美观，适于在客厅和家庭活动室中使用。在居室内铺设饰有菱形图案的羊毛地毯(11)或者犬牙花纹的地毯(12)都会使人获得温暖舒适的足下感受。>>

10

艺伎回忆录

精美的日本版画营造出迷人的气氛。

华丽的面料上饰有精美的舞伎图案，在居室中使用可以带来一抹东方情怀。这个颇具冲击力的设计主题很好地平衡了鲜艳的红色条纹地毯，并为冷色系的色彩组合带来跃动的活力。装饰面料中点缀的红色使各部分取得有机的视觉联系。

调色板

墙面上中性的沙色(1)有助于使活泼的窗帘图案与整个房间融合为一体，用灰白色涂刷木制品和天花板来营造清新的氛围。色调安静平和的风暴蓝色(2)带来沉静的感觉，温暖的蜂蜜色(3)和玫瑰红色(4)则为室内增添了丰厚饱满的色泽。

>> 温暖实用的油毡地面(13)是家庭活动室的绝佳选择。浇注混凝土地面(14)尤其适合用于现代风格的居室，可铺设在起居室、回廊、厨房和浴室等处。

织物

全尺寸拖地窗帘带有生动的日式印花图案(5)，成为室内的视觉焦点。大沙发上风暴蓝色与蜂蜜色相间的绒织面料(6)和扶手椅上色泽浓郁的蜂蜜色绳绒面料(7)使室内的气氛更加柔和。格纹丝绸(8)和环纹面料(9)制作的靠垫为主题增添了华丽感。

暖色调

蝴蝶与雏菊

蝴蝶与雏菊让夏日气息扑面而来。

草绿色、金色、淡紫色和红色组成的柔美色调，用时髦复古的雏菊图案装饰的座椅，以及印有舞动的蝴蝶图案显得轻快活泼的窗帘面料，这些元素相互结合营造出一个具有夏日风情的起居室主题。这一主题成功的关键在于装饰面料选用了不太常用的色彩组合。

调色板

鲜艳的矿物红色(1)和甜菜红色(2)构建了这个开朗热情主题的色彩基础。柔和的卡其色(3)增添了大地色的色调，醒目的澄金色(4)则是活跃的重点色。用灰白色涂刷墙面和木制品。

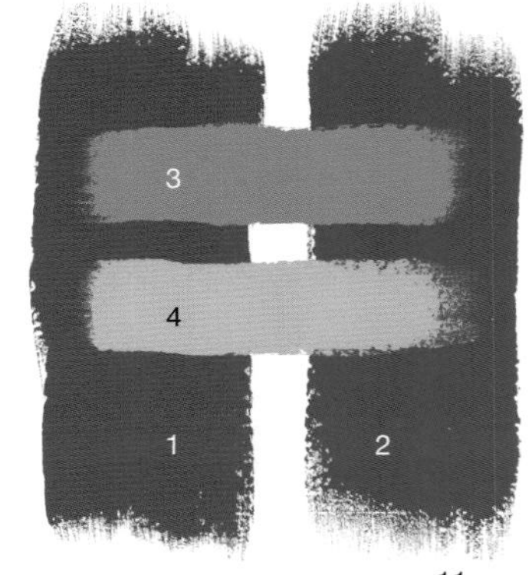

11

5

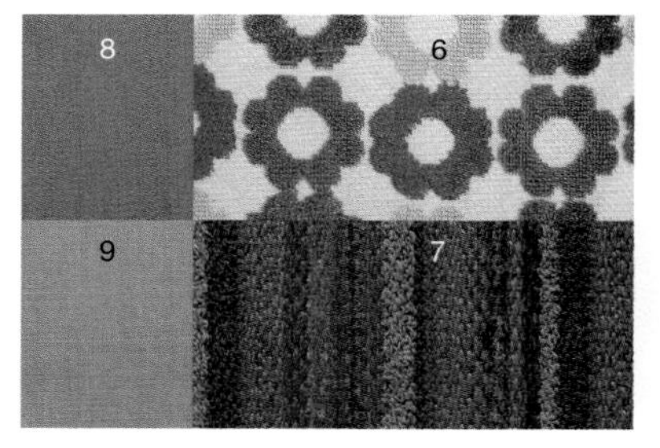

12

织物

印有生动蝴蝶图案的棉麻混纺窗帘(5)令人印象深刻。座椅上复古的雏菊图案绒织面料(6)延续着这个夏日主题。选取强韧的条纹绳绒面料(7)装饰宽大的沙发，装饰靠垫使用卡其色的羊毛色丁面料(8)和澄金色的亚麻面料(9)来制作。

地面

人造石英石地面的可选色彩众多，这个色泽饱满的红色石英石地面(10)美观、耐磨、实用，特别适合铺设在家庭活动室和厨房中。>>

10

瓢虫

可爱的瓢虫图案引发了这个充满童趣的婴儿房设计主题。

想要给传统的粉红色、天蓝色的婴儿房带来一些改变吗？何不考虑采用互为补色的红与绿所构成的欢快有趣的设计主题呢？鲜活的青柠檬色和红色使室内的一切都充满夏日的清新气息。

调色板

用象牙白色(1)涂刷墙面和木制品来构建清爽洁净的背景。艳丽的青柠檬色(2)营造了轻快感，卡其色(3)作为更深一些的色调与之平衡。华美的罂粟红色(4)与卡其色形成对比，令人振奋。

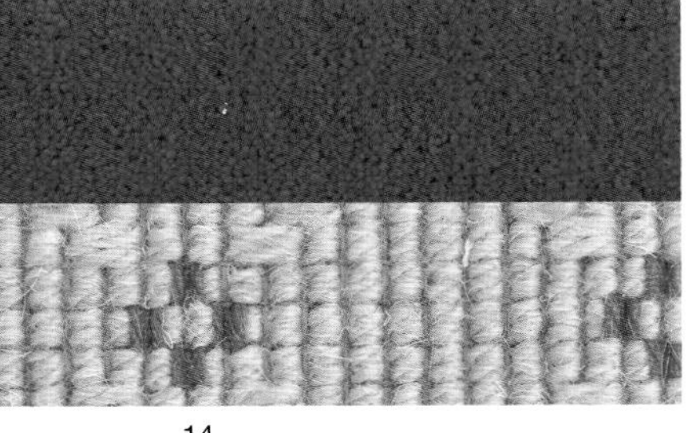

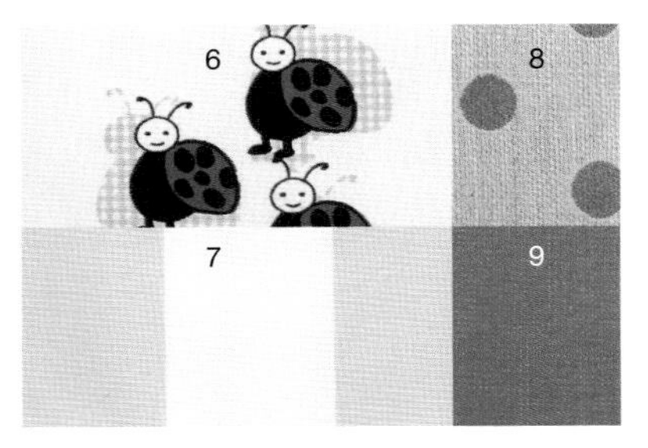

>> 在布置那些使用频率高、磨损强度大的房间时，印有图案的橡胶地面(11)和适应性极强的油毡地面(12)都是很好的选择。若偏好温暖舒适的脚感，可以选择色彩浓郁的红色羊毛簇绒地毯(13)或者选用风格纯朴自然、带有格子图案的羊毛地毯(14)。

织物

印有鲜艳条纹图案的棉质窗帘(5)带来绝佳的视觉效果。床罩的一面使用瓢虫图案的印花棉布(6)，另一面则使用青柠檬色与白色相间的条纹图案棉布(7)，两面可以翻转使用，创造更多选择。床边座椅选用圆圈图案的机织棉质面料(8)，上面放置的靠垫则用红色拉绒棉质面料(9)制作。

中性色调

华贵的玉兰花

这个令人振奋的设计主题的灵感来源于华美的花朵。

大尺寸的图案成为居室内摄人目光的中心焦点，绽放着奢华玉兰花朵图案的棉质面料为典雅时尚的起居空间营造出清新迷人的春日氛围。

调色板

用雅致的粉红色(1)作为清新迷人的重点强调色，以灰褐色(2)的墙面和乳白色的木制品进行衬托。黑巧克力色(3)使整个主题的色彩更加稳定，清爽的绿金色(4)与柔和的粉红色互为补色，搭配协调。

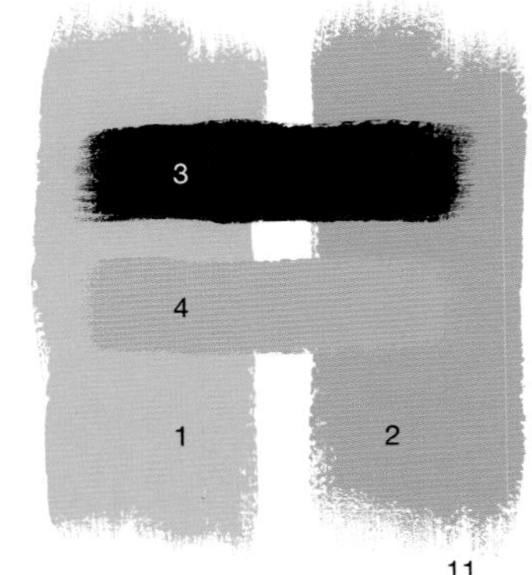

11

5 8 6 9 7

12

织物

用带有大型且大胆图案的面料(5)制作落地窗幔，营造迷人的效果。沙发上奢华的灰褐色天鹅绒面料(6)美观典雅，扶手椅采用绿金色棱纹绒织面料(7)。由黑巧克力色天鹅绒面料(8)和心形图案织物(9)制作的靠垫带来轻盈的触感。

地面

漂亮的粉色调石英石地面(10)呈现出时尚现代的独特效果。高光粉红色大理石地面(11)是门廊和起居室的典雅之选。簇绒羊毛地毯(12)则可带来温暖柔软的足下感受。>>

10

彩绘牡丹

用饱满的粉红色绘制牡丹，营造出奢华的氛围。

粉红色既可以被归入光谱中温暖的一端——如珊瑚色和鲑肉色，也可能更倾向于冷色调——如加入蓝色后所呈现出的品红色和紫红色，而这类粉色牢牢地位于光谱的蓝色端。

调色板

蓝调粉红色是这个主题的主要组成色彩，品红色(1)和紫红色(2)与漂亮的粉红色石英石地面相互辉映。用浅褐色(3)涂刷墙面和木制品来平衡这些浓郁的色彩，柔和清爽的高山湖蓝色(4)则是绝佳的重点色。

13

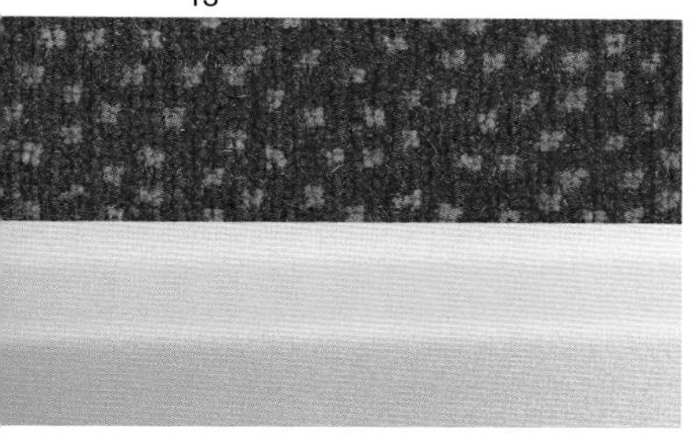

14

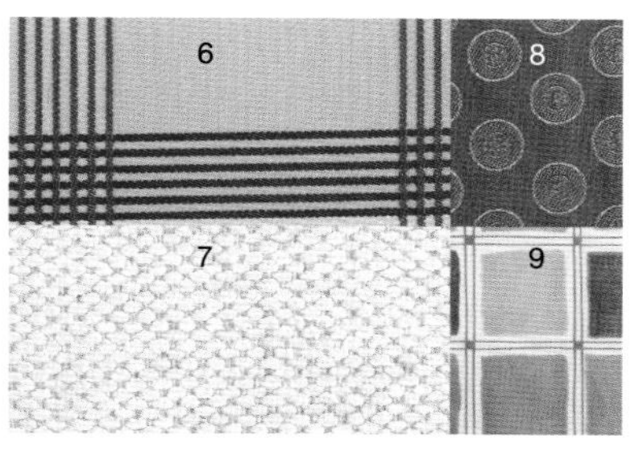

织物

用印有牡丹图案的天然亚麻面料(5)制作的窗幔效果出众，与座椅上大胆的格纹棉质面料(6)相互制衡。选用精美的浅褐色绒织面料(7)使沙发保持中性色调，用带有紫红色圆圈图案的面料(8)与粉色和高山湖蓝色相间的格纹棉布面料(9)装饰的靠垫活跃了整体气氛。

>> 深粉色的高密度天鹅绒地毯带有绿金色斑点图案(13)，同样是舒适的地面铺装材质。当代风格的条纹图案人造复合地板(14)牢固耐用，特别适用于儿童房和游戏室。

暖色调

多汁的水果

扑面而来的柑橘色在这个生机勃勃的设计方案中营造出一种富于感染力的甜美效果。

这个明亮、活泼的色彩设计是为温暖环境下的轻松生活而量身定制的。这种丰富的水果色确保一个休闲起居室的设计一年到头都充满了活泼的夏季氛围。

调色板

暖色调的珊瑚粉色(1)在阳光充足的房间内显得特别漂亮。窗帘可选择的颜色有橘红色(2)、青柠檬色(3)和柠檬黄色(4)。墙面和木制品使用白色或者灰白色来平衡这些无拘无束的颜色。

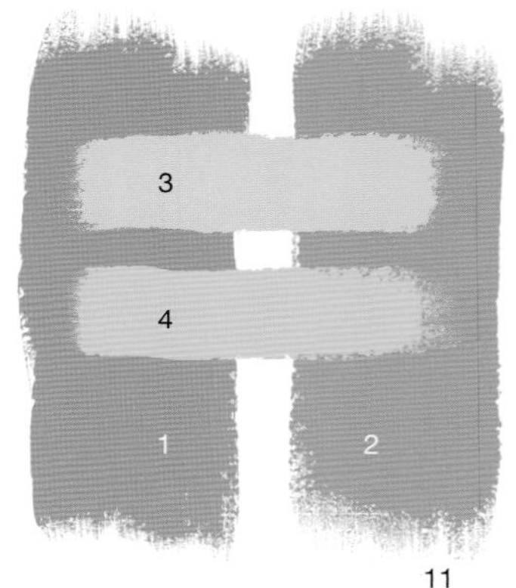

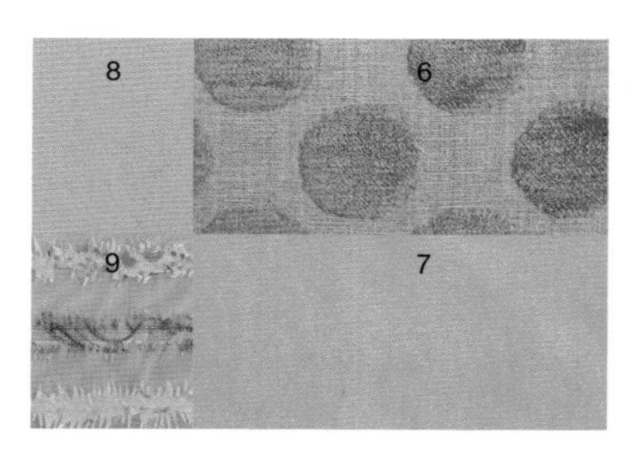

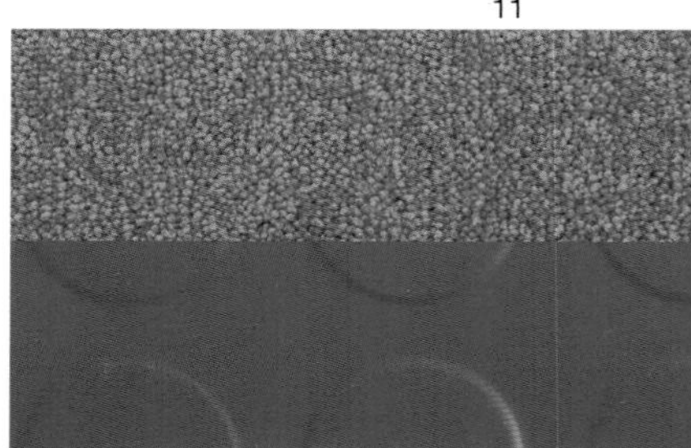

织物

以热情的柑橘色调为底色的印花棉织物(5)，用在窗户上效果最佳，有着不可抗拒的魅力。椅子面料采用点缀以珊瑚粉色圆形植绒图案的灰褐色亚麻织物(6)，沙发可采用柠檬黄色的绒织马海毛面料(7)。靠垫选用青柠檬色毛毡面料(8)与橘红色条纹图案的真丝混纺面料(9)。

地面

浓珊瑚粉色的长毛绒簇绒羊毛地毯(10)是客厅和卧室的豪华之选。优质羊毛尼龙混纺的线绒地毯(11)是另一种吸引人的地面选择。橡胶地板(12)耐磨，脚感温暖且易清洗。>>

10

印度时刻

诱人的印度粉色和橙色激发出这一风味辛辣的设计方案。

红头发的人常常被告知不要穿粉红色的衣服，因为这两种颜色会发生冲突。那么，产生这点冲突又有什么问题呢？我们可以从印度色彩中获得灵感。保持色调的强度相等，使它们的反差效果创造出一种明艳的色彩平衡。

调色板

把令人兴奋的橙色(1)和华丽的紫红色(2)组合在这个主题中，能使起居室看上去极具魅力。深甜菜红色(3)能在室内装饰中控制住整个方案的色调，而酸爽多汁的青柠檬色(4)则提供了颇具刺激性的重点色。

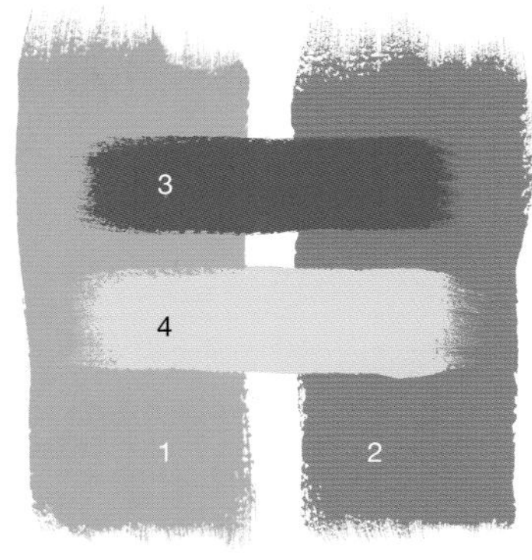

13

14

>> 用醒目的珊瑚粉色费拉达石材马赛克(13)铺设地面是很好的选择，可用在家中的任何地方。地板供应商也不断推出令人兴奋的新产品，将鹅卵石镶嵌在粉色调树脂中的地面材料(14)展现出了惊人的视觉吸引力。

织物

用漂亮的印度印花棉麻混纺面料(5)制作华美的窗帘。沙发选用甜菜红色绳绒面料(6)，扶手椅则选用奢华的条纹天鹅绒面料(7)。将青柠檬色、粉色和甜菜红色相间的条纹布料(8)与橙色醋酸（含65%醋酸的一种面料）真丝面料(9)用在散放的靠垫上，呈现出热情洋溢的效果。

中性色调

可爱的小狗

神气的小狗图案让原本传统的格子花呢色彩设计变得生动而有趣。

当面对这样一组印有可爱小狗图案的高背沙发椅时，有谁能不露出会心的微笑呢？室内装饰不一定要那么严肃。在织物上加入有趣的图形或是选用别具一格的饰物，可以给居室带来无拘无束、悠然自得的氛围。

调色板

墙面选择牡蛎白色(1)这一温暖的中性色，搭配灰白色踢脚板。太妃糖色(2)的室内装饰品营造出温馨的氛围。玫瑰红色(3)和蜂蜜色(4)为这个以中性色为主的设计方案增加了欢快活泼的重点色。

11

5

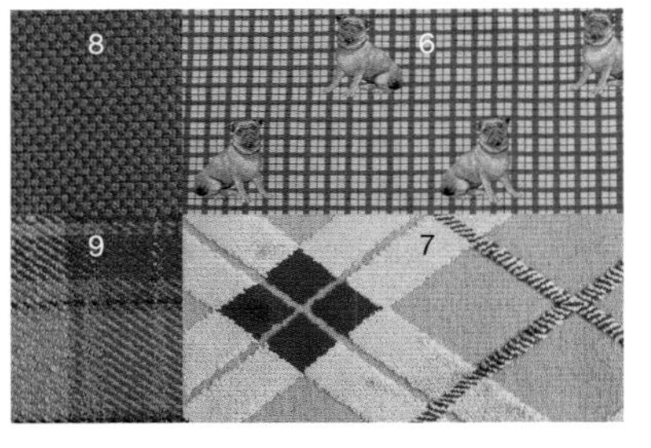

12

织物

色调统一的格子和条纹棉质窗帘(5)与空间中的重点——一对印有可爱小狗和格子图案的纯棉提花织物(6)高背座椅，共同构建了视觉上的联系。用多色菱形花纹图案的割绒面料(7)包裹沙发，靠垫选用太妃糖色的棉布面料(8)和玫瑰红色与蜂蜜色相间的羊毛格子面料(9)装饰。

地面

格子图案的簇绒羊毛地毯(10)为地面增添了个性与暖意。其他可供选择的地面铺装有格子羊毛地毯(11)，以及红色调和自然色相间的织篮纹剑麻地毯(12) 或机织条纹羊毛地毯(13)。>>

10

旧时居家

具有浓郁乡土气息的花卉刺绣图案令人联想到传统的乡间生活。

舒适的地毯、纯棉刺绣面料能保持身心的放松和安逸。这个诱人的色彩设计方案对于好客的乡村风家庭活动室和休闲客厅来说都是很好的选择。

调色板

墙面和木制品漆成牡蛎白色(1)，为这个居家主题营造了自然明亮的基调。冷色调的卡其色(2)和空军蓝色(3)渲染了柔和的氛围。浓郁的玫瑰红色(4)作为重点色与地毯的色调呼应，为居室增添了暖意。

13

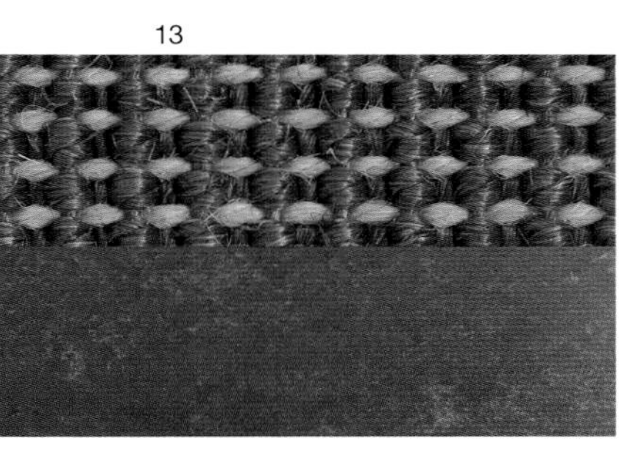

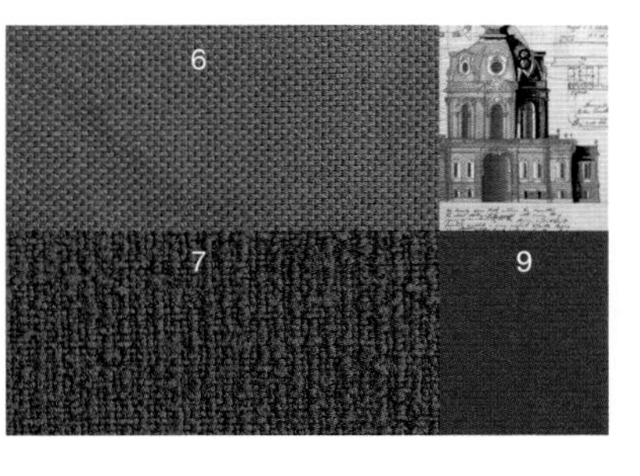

5

14

>>油毡地面(14)是舒适牢固的环保地板之选。

织物

精美的纯棉刺绣窗帘(5)营造出轻松惬意的氛围。从窗帘的花卉图案中提取出清凉的蓝色(6)用于沙发，其上随意放置一些靠垫，靠垫选取卡其色的颗粒感羊毛面料(7)和印有彩色建筑物图案的纯棉布料(8)装饰。扶手椅则配以玫瑰红色的仿麂皮面料(9)。

暖色调

威尼斯嘉年华

奢华的金色和宝石红色的丝绸与天鹅绒激发起人们的威尼斯之梦。

红色、橙色和金色的和谐色调组合创建了一个华丽的设计主题，其灵感来自意大利文艺复兴时期的华丽色彩。用丝绸和天鹅绒这样质感丰裕的织物搭配那些浓郁的颜色，以求在现代风格的起居空间中营造出一种与时俱进的奢华感受。

调色板

深樱桃红色(1)是这个诱人方案设计的起点。火焰红色(2)可使视觉温度升高。墙面和木制品施以凝脂白色(3)形成优雅的背景。浓郁的棕糖色(4)则拓展了色彩的深度。

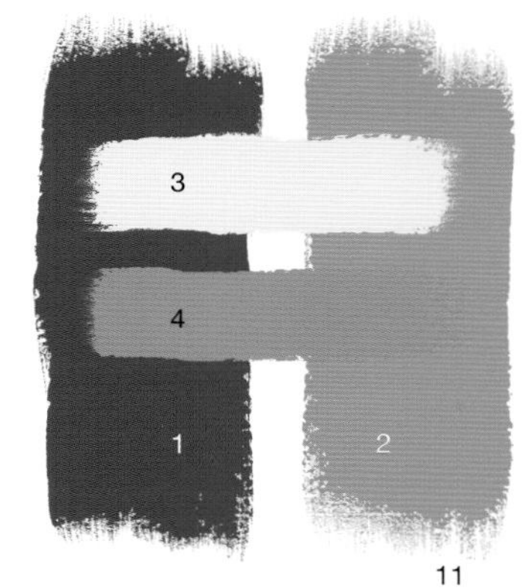

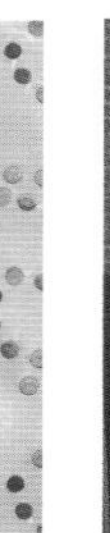
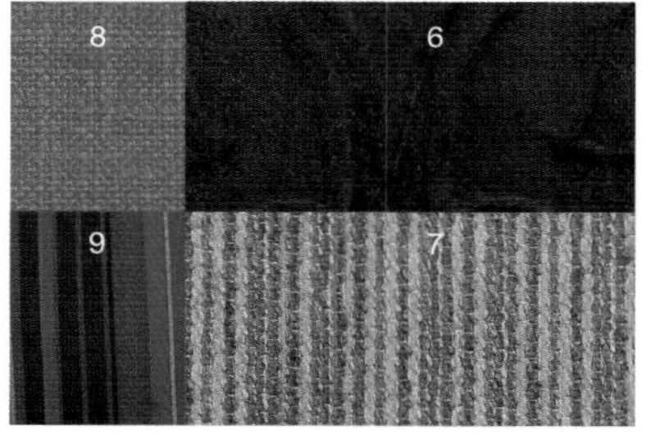

11

12

织物

带有光泽感的螺旋形图案的华丽刺绣丝绸窗帘(5)给窗户增添了魅力。座椅选择深樱桃红色的暗花马海毛面料(6)装饰，棕糖色机织绳绒面料(7)使沙发看起来雅致迷人。靠垫选用火焰红色拉绒棉麻织物(8)和醒目的醋酸真丝面料(9)。

地面

深樱桃红色的簇绒羊毛地毯(10)使整个室内设计主题呈现温暖且具有亲和力的效果。欲获得时髦的现代感，可以选用樱桃红色和蜂蜜色杂糅的绒头地毯(11)。精美的红色高光大理石地面(12)即刻体现出华贵的气质。>>

神奇的灯笼

带有中国灯笼图案的印花织物有种优雅高贵的气质以及吉祥喜庆的意味。

鲜活的蓝色激发了这个专为典雅的当代起居室而设计的女性化主题。暗纹材质绒织面料的室内装饰品既能增加视觉上的趣味性，也不会减少舒适感。要使一个阴冷的起居空间看上去充满暖意，这个配色主题有着卓越的效果。

调色板

沙色(1)的墙面和灰白色的木制品配合，营造了温暖的中性色基调。泳池蓝色(2)和玫瑰红色(3)为重点色，可将温暖的蜂蜜色(4)用在像沙发这样比较大的家具上。

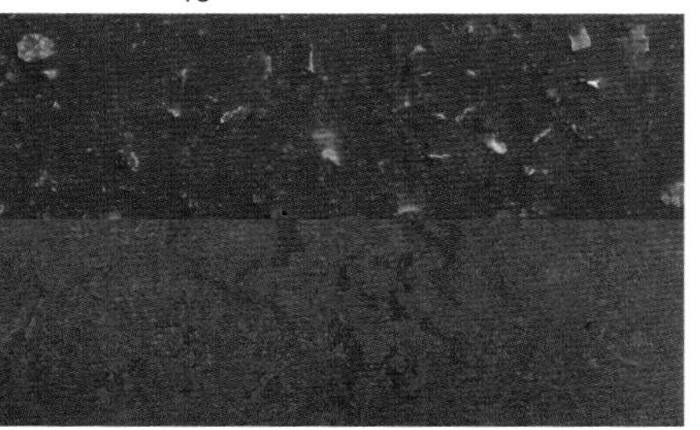

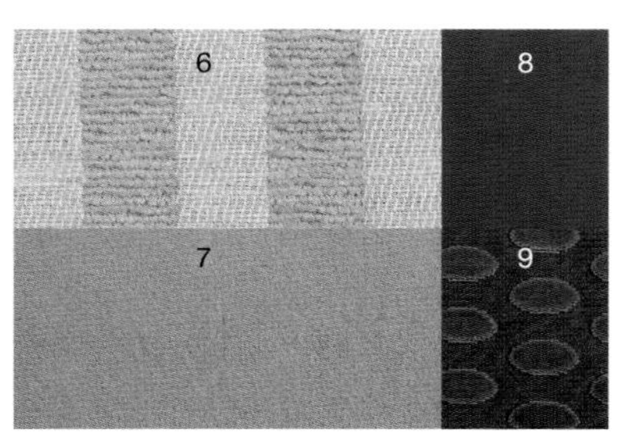

>> 浇注树脂地面(13)提供了一种新型的现代感地板选择。温暖的油毡地面(14)有多种颜色可供挑选，以便适应各种色彩主题。

织物

优雅的印有东方风格的灯笼花形图案的苎麻织物(5)是窗户上精美的装饰。用时髦的条纹绳绒面料(6)包裹沙发，用泳池蓝色的毛毡面料(7)和玫瑰红色的天鹅绒面料(8)装饰靠垫。座椅则选用带有现代风格椭圆形图案的玫瑰红色割绒面料(9)来赋予其特色。

橙色地面

橙色是温暖、欢快和令人振奋的色彩，尤其适合在家庭活动室、厨房和门廊使用。

橙色的绒头地毯为客厅增添了丰富的质感，令人感觉温暖。

从上开始顺时针方向：条纹图案的棕橙色平织羊毛楼梯地毯与浓郁的棕色调橡木楼梯是一组完美搭配。陶土砖效果的人造复合地板提供了新的地面铺装选择。由桃红色、白色、橙色和棕色搭配而成的宽条纹图案油毡地面非常时髦有型，是营造轻松的乡村风格起居空间的实用之选。

中性色调

欢快的橙色

色调柔和的橙色激发了一个优雅的当代设计方案。

提到橙色，我们通常会先想到明艳的柑橘色调。但其实柔和的橙色调属于中性色，且提供了多种色彩组合的可能性，得以创建一个充满吸引力的居室设计方案。

调色板

成熟的蜜桃色(1)激发了这个配色主题。砖红色(2)和酒红色(3)的粉色调增加了微妙的色彩对比。墙面的小麦色(4)呈现了中性色的基调，木制品则使用灰白色。

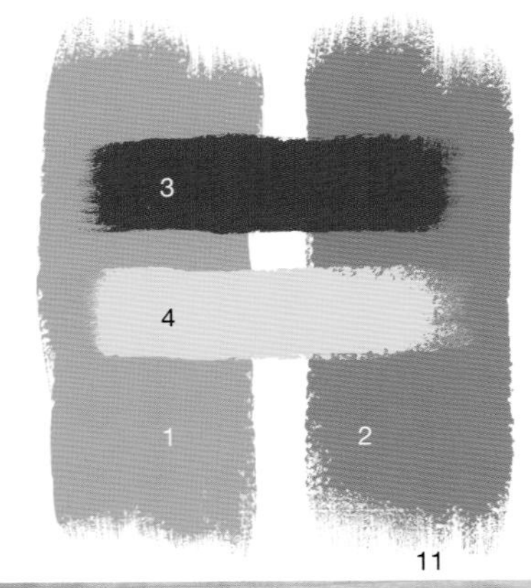

11

8 6 9 7

12

织物

刺绣真丝欧根纱窗帘(5)将窗户装扮得精致迷人。用具有起伏质感图案的提花织物(6)包裹沙发，用机织棉纤混纺条纹面料(7)装饰座椅。靠垫选用印有螺旋纹样的砖粉色面料(8)和砖红色与小麦色交织的面料(9)。

地面

光洁的罗索威洛纳大理石地面(10)用在客厅和门廊，会给人留下深刻的印象。如果你喜欢木地板，那么色调浓郁的樱桃木地板(11)是极具吸引力的选择。中性色与橙色相间的大格子羊毛地毯(12)为地面注入了一种微妙的橙色调。>>

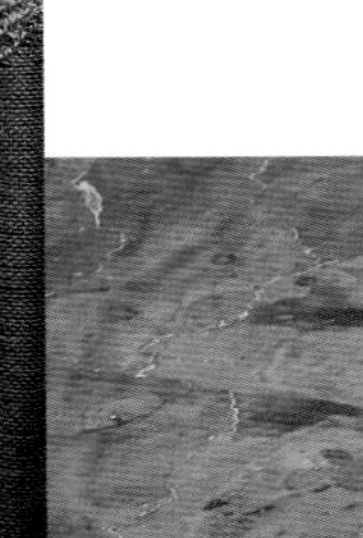

10

龙葵花

冷色系的蓝绿色和大地色调的棕色为浓郁的橙色奠定了安静平和的色彩基调。

经典的橙色充满了活力。为了平衡这种色调，可以选择一种互补色——在这种情况下，应该为同等明艳的蓝色。在这个色彩丰富的家庭活动室中加入深棕色这样的中性色可以增添一些庄重的感觉。

调色板

深黑巧克力色(1)是这个方案牢固的中性色基调。色彩迷人的泳池蓝色(2)和高山湖蓝色(3)，在鲜艳的橘红色(4)地面上加入了冷色调的重点色，给人以清凉感。墙面使用高山湖蓝色，木制品采用灰白色。

13

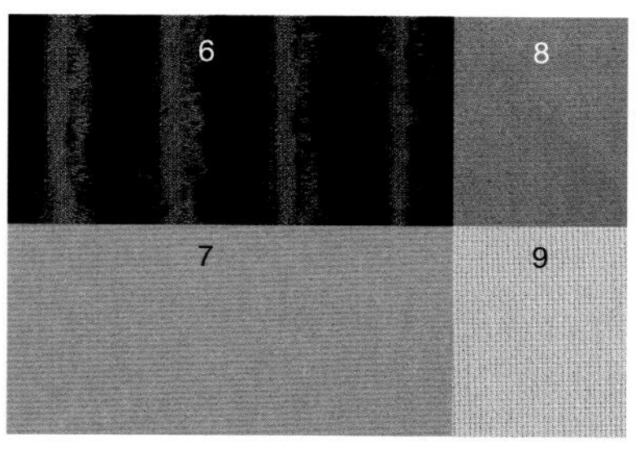

5

14

>> 肌理感橡胶地面(13)是儿童浴室的绝妙之选。色彩斑驳的油毡地面(14)可在家庭活动室中使用，兼具美观与实用。

织物

用带有迷人东方花卉图案的棉麻混纺印花面料(5)装饰窗户。黑巧克力色的暗纹绒织面料(6)用来包裹沙发。靠垫选用橘红色(7)和泳池蓝色(8)的马海毛绒织面料，使沙发显得活力四射。舒适的扶手椅则选择实用的高山湖蓝色全棉面料(9)装饰。

暖色调

棕色的树荫

盛开在优雅棕色基调上的艳丽花朵。

温暖的棕色为明艳的红色和橙色提供了完美的陪衬。浓郁的大地色调给这些热情洋溢的色彩带来了平静和克制的氛围。这是一个非常实用的配色方案，可以在客厅、餐厅和家庭活动室中使用。

调色板

本配色方案由橙色调的铁锈红色(1)和桃红色(2)组成。墙面涂成热情的桃红色，配以灰白色的木制品和天花板。温暖的栗褐色(3)为迷人的丝绸窗帘提供了一个极好的中性色基调。诱人的李子色(4)则是冷色调的重点色。

11

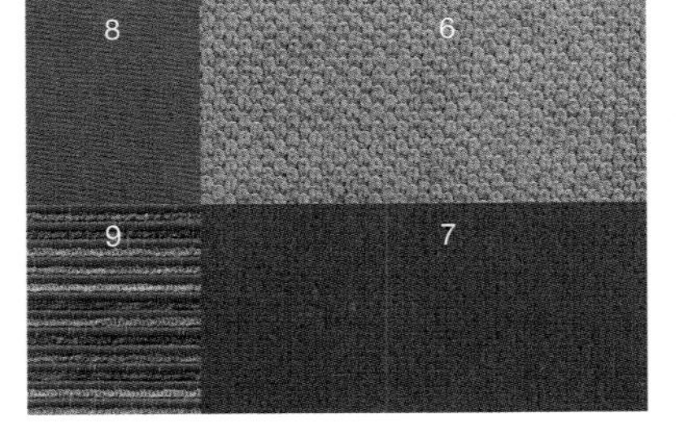

12

织物

面料奢华的丝织物采用了现代花卉图案设计(5)，以此面料制作的拖地窗帘极富魅力。用柔软而富有质感的灰褐色绒织面料(6)包裹沙发，用由铁锈红色天鹅绒(7)和李子色丝绸(8)面料制作的靠垫加以装饰。座椅采用莓子色调的棱纹织物(9)，与窗帘上花朵图案的颜色相呼应。

地面

这种红色的石灰华地面(10)用在雅致的城市公寓的客厅和走廊地面上，会产生令人惊叹的视觉效果。如果想在家庭活动室里呈现现代感，可以选用橙色的长毛绒地毯(11)。>>

10

阿尔伯克基

阿尔伯克基是美国新墨西哥州中部大城。热辣的橙色和温暖的沙色让人们联想到阳光明媚的新墨西哥州。

无论你是住在日照比较充裕的地方还是气候比较寒冷的地方，这个明亮的配色方案将给你的家带来阵阵暖意。中性的沙色室内装饰品可与温暖的红色调和橙色调的色彩相平衡。

调色板

明艳的橙色(1)是令人兴奋的关键色彩，橙色、沙金色(2)和樱桃红色(3)可以组合在一起使用。墙面涂成沙金色来突出这个温暖的沙漠主题，天花板和木制品都采用灰白色。太妃糖色(4)作为中性色，给人平静安定的感觉。

13

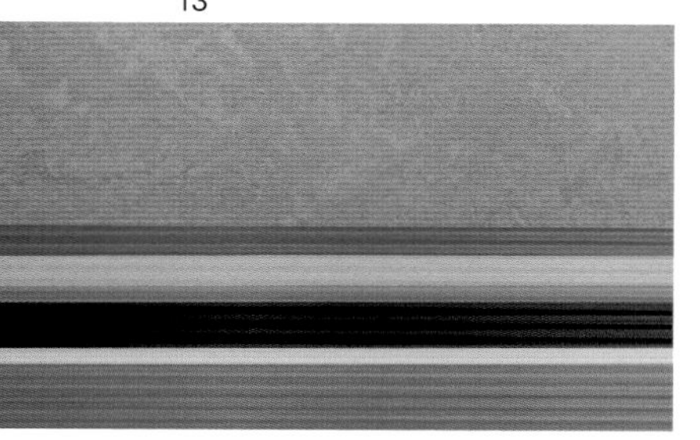

14

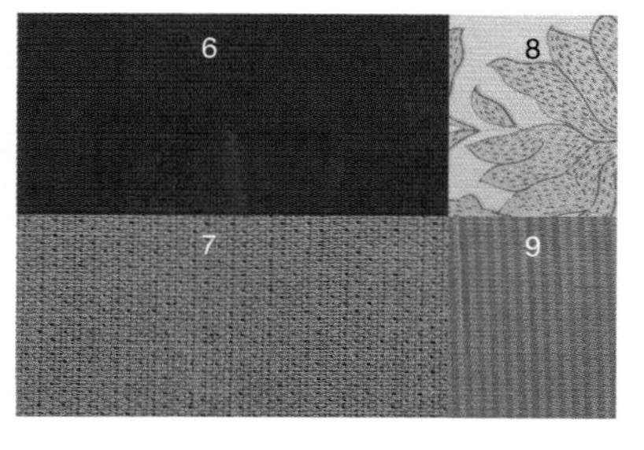

5

>> 在气氛轻松的卧室和客厅中，使用网篮纹剑麻地面(12)效果很好。在儿童游戏室内，可以铺上结实耐磨的油毡地面(13)。而在具有现代感的厨房内，条纹图案的人造复合地板(14)则可营造鲜活生动的氛围。

织物

这款灵感来自印度毛毯的醋酸丝绸窗帘(5)用在窗户上，营造了微妙的美国沙漠气氛。扶手椅用樱桃红色棉绒面料(6)，沙发则用实用温暖的太妃糖色棉麻混纺面料(7)。散放的靠垫可用橙色与沙金色相间的纯棉面料(8)和条纹丝绸面料(9)装饰。

中性色调

盛开的桃花

柔和的色调营造出了一种优雅平静的气氛。

选择粉彩感觉的橙色调，如珊瑚色、桃色和鲑肉色等用在房间内，会使人心情放松舒适。在传统的室内装饰中，它们通常与温暖的绿色调搭配；在现代风格起居室与卧室中的时髦面料上使用这些色调，同样会取得极佳的视觉效果。

调色板

柔和的鲑肉色(1)在这个以中性色为基调的方案中，注入了一些暖意。墙面和木制品都采用浅褐色(2)，卡其色(3)的大沙发提供了平静的中性色调。温暖的古金色(4)是柔和温暖的中性重点色。

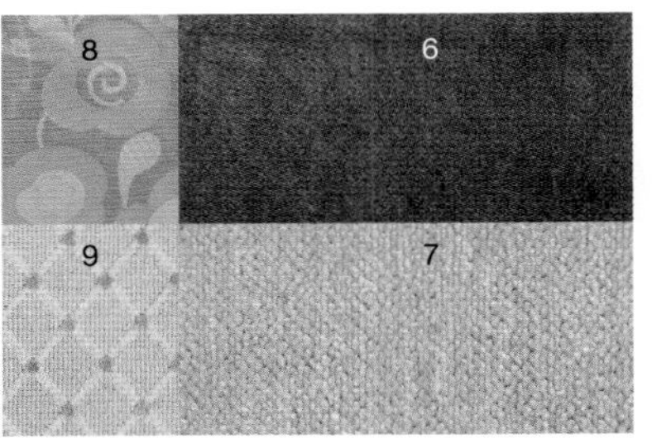

11

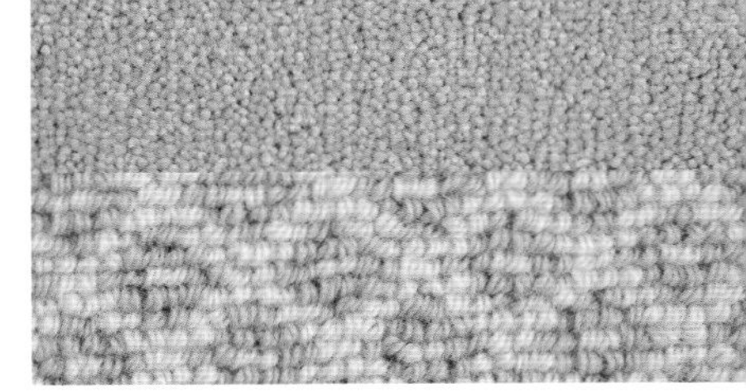

12

织物

精致的浅褐色丝绸上绣有金色的螺旋图案(5)，用作落地窗帘可构建精巧雅致的设计主题。卡其色马海毛面料(6)沙发使整体气氛平和安宁。扶手椅采用鲑肉色绳绒织物(7)装饰，靠垫则选用印有雅致程式化花卉图案的丝绸面料(8)和格子图案的棉纤混纺面料(9)。

地面

时髦的珊瑚色条纹平织羊毛地毯(10)极具现代感。其他传统的地毯选择包括：桃色的羊毛捻绒地毯(11)和格子图案的圈织地毯(12)。>>

10

印度花园

大胆的印度花卉图案给客厅带来了喜庆的气氛。

艳丽的程式化印度花卉图案印花面料给这个居室设计主题带来了巨大的活力。这种面料可以用在起居室和卧室的窗帘、靠垫、床帏和床罩上，以营造欢快愉悦的氛围。

调色板

窗帘和靠垫上柔和的桃色(1)取自色调浓郁的平织地毯。雅致的卡其色(2)和令人振奋的紫藤色(3)给整个室内装饰带来清凉的感觉。点缀在窗帘印花上的唇膏红色(4)增添了视觉冲击力。

13

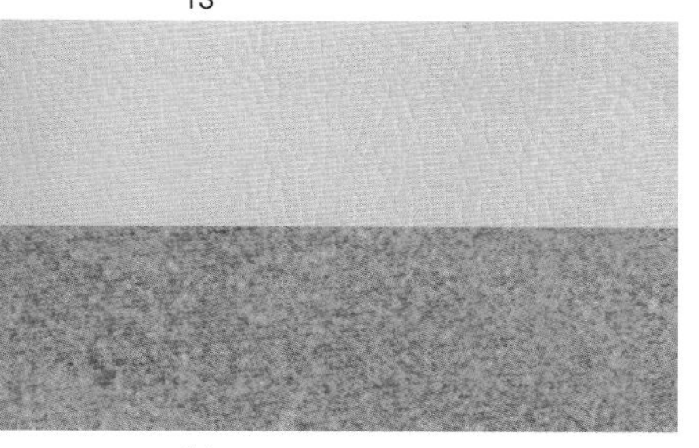

14

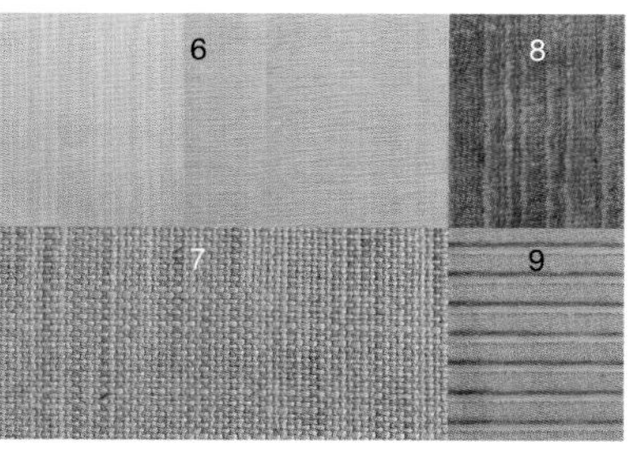

5

>> 如果想要一些不同的效果，可以考虑使用自然色调的皮革地板(13)。仿石材效果的陶土砖(14)是厨房和走廊的魅力之选。

织物

用附有印度花卉图案的亚光印花棉布(5)制全尺寸拖地窗帘。扶手椅采用紫藤色调的加宽条纹棉麻混纺面料(6)，沙发使用卡其绿色机织棉麻面料(7)。靠垫用桃色的绳绒织物(8)和条纹割绒面料(9)装饰，以进一步增添材质的亲和度。

暖色调

春日绿植

春天新鲜的绿色植物能给整个居室营造温暖疗愈的氛围。

绿色在室内设计中是一种用途广泛的颜色。由于可以呈现出冷、暖两种色彩倾向，绿色几乎可以适用于任何居室设计方案。鲜嫩的芦笋色和新叶色给诱人的莓子色调提供了完美的补充。

调色板

乳白色调的珍珠母贝色(1)和葱郁的芽绿色(2)增添了繁盛热情的气氛，而安静的卡其色(3)则提供沉稳的基调。宝石红色(4)是方案中的重点色。墙面和木制品均采用灰白色，如果喜欢更深一些的墙面颜色，也可使用卡其色。

11

5

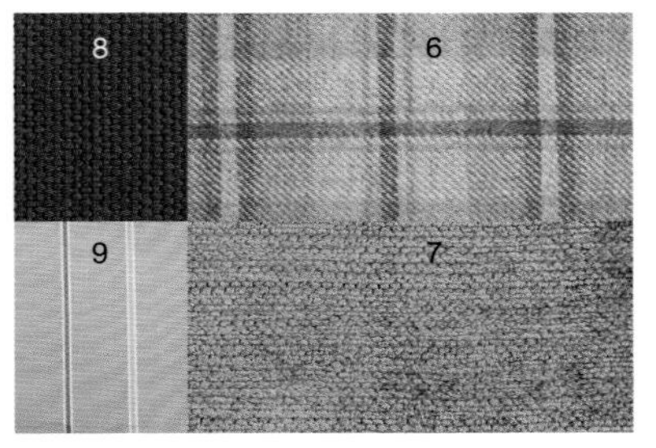

12

织物

这个漂亮的棉麻印花面料(5)用在窗帘上效果非常好。从窗帘中提取颜色，作为沙发上格子图案羊毛面料(6)的色彩的灵感来源。沙发上放置的靠垫选取芽绿色的绳绒织物(7)和宝石红色的亚麻面料(8)制作。用结实的条纹棉布(9)装饰扶手椅。

地面

在家庭活动室和厨房使用富有弹性的自然色油毡地面(10)是牢固耐用的优选方案。斜纹编织剑麻地毯(11)则是柔软自然的地面之选。这款桃色植绒羊毛地毯有着独特的暗纹设计(12)，可以为风格正式的客厅增加质感。

>>

10

柠檬草

清新的柑橘色调营造出了一种仿佛在佛罗里达度假的感觉，为居室注入了鲜活动力。

对诸如青柠檬色、橙色和柠檬色这样的柑橘色调，请大胆使用。这些颜色能立刻为如厨房、游戏室和阳光房这样热情亲和的房间注入欢乐的节日气氛。

调色板

桃色(1)、古金色(2)和柠檬黄色(3)的迷人色彩组合带来了佛罗里达假日休闲、惬意的感觉。墙面和木制品均采用浅褐色(4)，可用柳条色或浅褐色来使家具的颜色更为清淡低调。

13

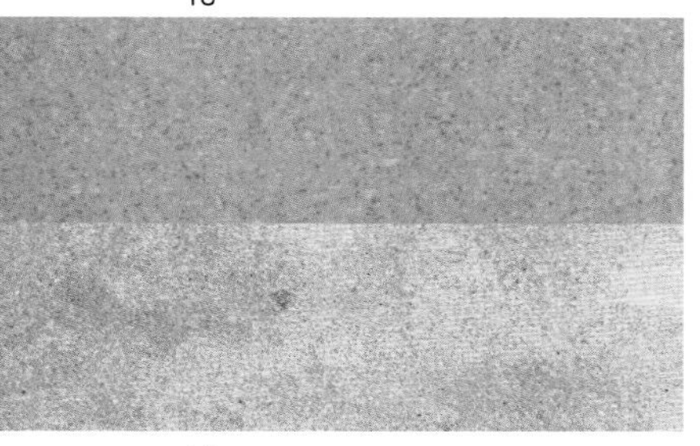

14

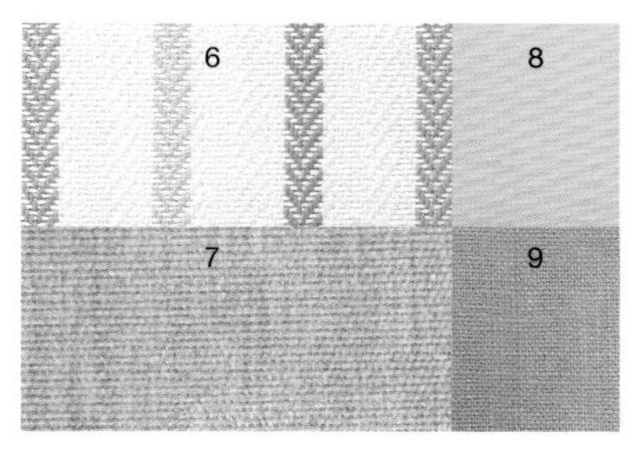

>> 厨房和浴室区域可采用容易打理的仿天然石材效果的瓷砖地面(13)。质朴的再生陶土砖铺地(14)是乡村风格门廊和厨房的理想选择。

织物

醒目的柠檬图案的棉质窗帘(5)具有极佳的视觉效果。用人字纹全棉面料(6)包裹座椅，其色调与窗帘相一致。大沙发采用古金色绳绒织物(7)的面料，靠垫则分别选取明艳的柠檬黄塔夫绸(8)、桃色亚麻面料(9)和窗帘面料来制作。

中性色调

都铎王朝的玫瑰

绒线刺绣的玫瑰散发着淳朴的美感，却又激发了当代的设计。

富有魅力的纯真风格刺绣窗帘营造了这个中性的家庭活动室主题，给居室带来了一种质朴而温暖的感受。乳白色、陶土色、蜂蜜色的搭配使房间显得温暖亲和。

调色板

浓郁的陶土色(1)是这个家庭娱乐室的设计方案的起点。墙面和木制品选用凝脂白色(2)来保持平和的气氛。蜂蜜色(3)和可可棕色(4)作为重点色，为居室增添温暖之感。

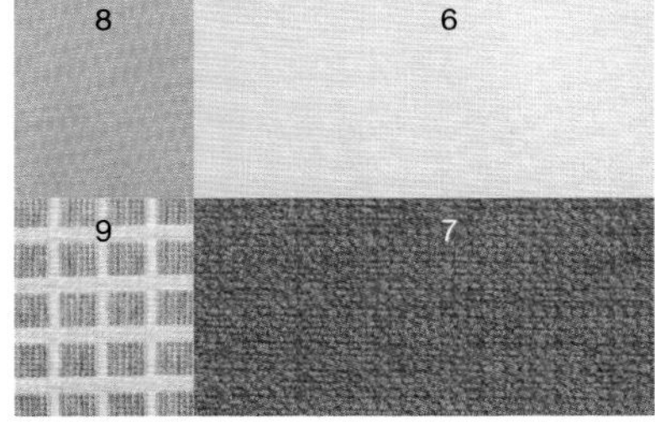

织物

乡村玫瑰图案的精美刺绣棉质面料(5)用作窗帘，效果绝佳。沙发裹上凝脂白色棉麻面料(6)，靠垫选用陶土色绳绒织物(7)和蜂蜜色丝绸面料(8)。扶手椅采用格纹绒织面料(9)装饰。

地面

这款色调浓郁的陶土色羊毛簇绒地毯(10)是舒适耐用的足下之选。现代风格的陶土色捻绒地毯(11)非常时髦有型。>>

10

有趣的印花

色泽明快的雕版印花棉布为居室注入勃勃生机。

让我们寻求一些与众不同的东西吧。为什么不能围绕大地色的雕版印花织物来设计方案呢？它们既简朴又富有魅力，是装饰家庭活动室和儿童卧室的理想选择。

调色板

娇艳的橙色(1)构建了这个充满能量感的设计方案。中性的浮石灰色(2)用于大尺寸沙发，甜美的李子色(3)为室内增加了浪漫的冷色调重点色。墙面和木制品选用浅褐色(4)，以保持房间清新明亮的效果。

13

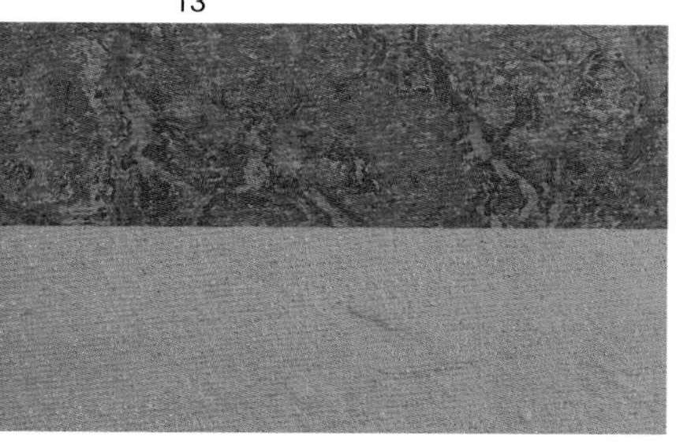

14

>> 深橙色肌理橡胶地面(12)和牢固的油毡地面(13)是儿童卧室的优选方案。陶土色瓷砖(14)是乡村风格地面的理想选择。

织物

卷草纹雕版印花棉布(5)窗帘令人赏心悦目。浮石灰色绳绒面料(6)沙发，在同样采用雕版印花面料(7)和浓郁的李子色天鹅绒面料(8)的靠垫的映衬下，显得颇具生机与魅力。扶手椅则选用浅褐色、李子色和橙色相间的机织格子面料(9)。

暖色调

丝绒叶片

温暖的橙色和红色激发了一个极具吸引力的家庭活动室的主题。

秋天的色调似乎特别适合用在热闹的家庭活动室里。各种各样牢固耐用又富于质感的面料，为居室增添了趣味性。

调色板

鲜艳的橘红色(1)和宝石红色(2)是优雅的重点色。用冰灰色(3)的墙面搭配白色的木制品和天花板，以求为居室营造出一种类似茧形的空间包裹感。深灰色(4)是一种较强的中性色，可用在靠垫和室内其他装饰物上。

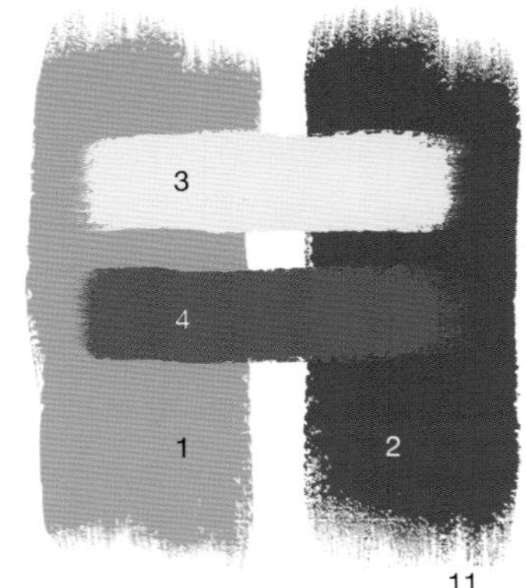

11

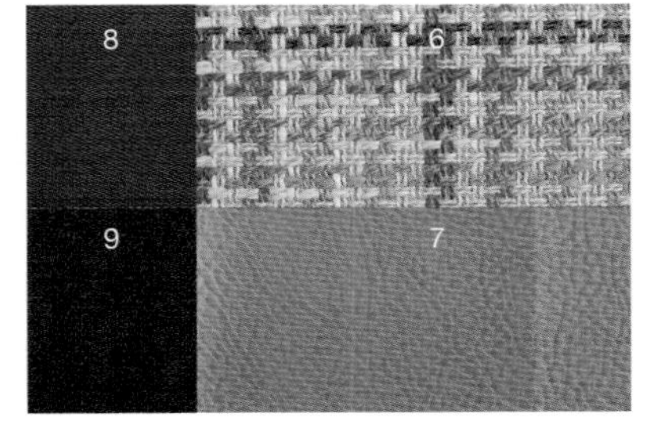

12

织物

用满布树叶图案的植绒面料(5)制作的全幅落地窗帘，为这个方案增添了热情和活力。沙发采用棉纤混纺的格纹花呢(6)包裹，由橙色仿麂皮面料(7)装饰的座椅极具魅力。靠垫则选用秋日色调的宝石红色羊毛面料(8)和质感丰富的深灰色涤纶面料(9)制作。

地面

这种色调浓郁、富于质感的陶土色油毡地面(10)是家庭居室的牢固实用之选，也可选用漂亮的深橙棕色油毡地面(11)。仿陶土砖效果的人造复合地板(12)是公共活动空间的理想地面选择。>>

10

青翠的藤架

娇嫩的绿色调和饱和的蓝色调为这个起居室增添了勃勃生机。

在这个以绿色和陶土色为主基调的方案中，鲜艳的军校蓝色作为重点色出现，这可能不太常见。但通过精挑细选的陶土色、绿色、军校蓝色和乳白色相间的条纹装饰面料，在推出这个出乎意料的蓝色的同时，也将方案中出现的所有主要颜色都联结在了一起。

调色板

带一点玫瑰色调的陶土色(1)和古金色(2)构成了这个互补色配色方案的基础色调。温暖的沙色(3)适合用来粉刷墙面，木制品则采用灰白色。鲜活的军校蓝色(4)使整个方案充满冲击力。

13

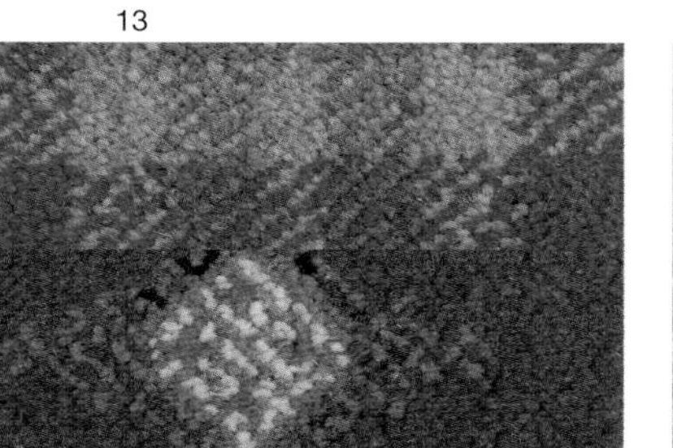

14

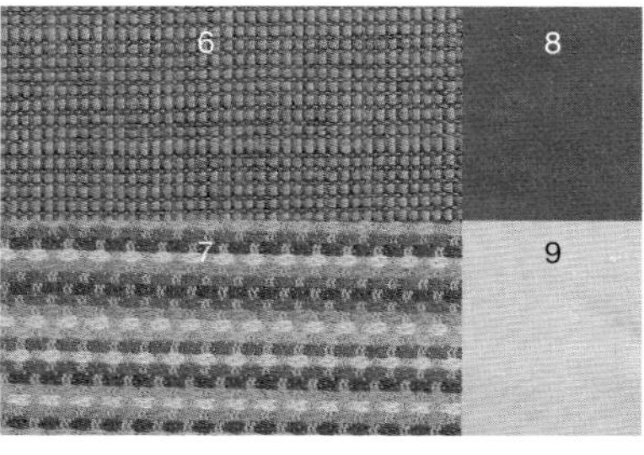

5

>> 也可选用高级的石灰石地面或石材质感的白色陶土砖。软质地面材料的选择包括：环状植绒地毯(13)或毛麻交织的天然材质的地面铺装(14)。

织物

漂亮的花卉图案的印花棉布(5)窗帘恬静迷人。绿、金两色交织的棉质沙发装饰面料(6)和扶手椅上色彩缤纷的棉涤混纺织物(7)，将这一配色方案中所有的颜色糅合在了一起。重点装饰的靠垫则采用军校蓝色的马海毛面料(8)和古金色的丝绸面料(9)。

黄色地面

黄色给人以轻盈、明亮、阳光之感，在整个家居设计中都有极佳表现。

黄白相间的棋盘格图案油毡地面给乡村风格的厨房带来了阳光的气息。

从左至右：想要在居室的地毯上玩一个图形和色彩的游戏吗？只需在房间的中心位置铺设一块具有图案的地毯，然后将其四周用纯色地毯包围。这个餐厅的地毯是传统风格地毯的现代演绎，以一种创造性的新方式来使用旧有图案。

中性色调

大漠之沙

温暖的灰褐色在这个轻松的配色方案中营造了一种颇具吸引力的中性色基调。

当围绕一个核心的中性色展开配色设计时，可以使用图案和材质增加它的趣味性。圆圈图案和与众不同的现代主义方格图案为这个主题增添了视觉上的刺激感，与此同时，明亮的柠檬黄色和玫瑰色调带来了强烈的视觉冲击。

调色板

在这个极具吸引力的色彩主题中，浅黄褐色(1)是关键的中性色。而淡黄色(2)增添了雅致轻快的气氛。将墙面漆成淡黄色并搭配白色木制品，以烘托窗帘织物上温暖的色调。强烈的柠檬黄色(3)和玫瑰红色(4)增添了鲜活的重点色。

11

5 8 6 9 7

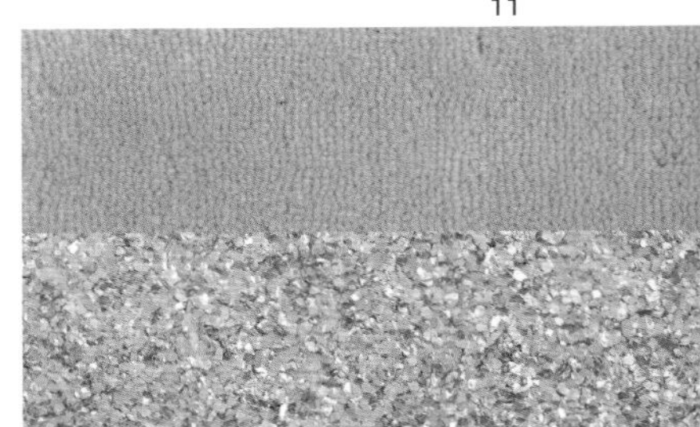

12

织物

用带有活泼圆圈图案的丝纤混纺面料(5)制作全幅落地窗帘。采用棉织装饰面料(6)的大尺寸沙发演绎着中性色的主题。这种少见的纯棉织物(7)将时髦的扶手椅打造成全场的焦点。用精致的细条纹黄色丝绸面料(8)和玫瑰红色的毛毡面料(9)制作吸睛的靠垫。

地面

黄色油毡地面(10)适用于现代风格的厨房。长毛绒植绒羊毛地毯(11)是卧室和客厅的豪华之选。浇注混凝土地面不一定呈现出工业感，不妨看看这个令人惊叹的金属效果的地面选择(12)。>>

10

马戏团

鲜艳缤纷的印花棉织物创建了一个属于孩子的马戏团幻境。

孩子们的卧室应该处处充满童趣，这些欢快的色彩斑斓的圆圈和条纹图案的印花棉织物完全符合要求，任何小孩都会喜欢这个快乐盎然的主题。

调色板

这个生动的色彩搭配方案，是专为儿童卧室和游戏室设计的。热情的柠檬黄色(1)和橙色(2)在翠雀蓝色(3)和苹果绿色(4)的调和下，显得平静了许多。墙面和木制品采用干净的白色。

13

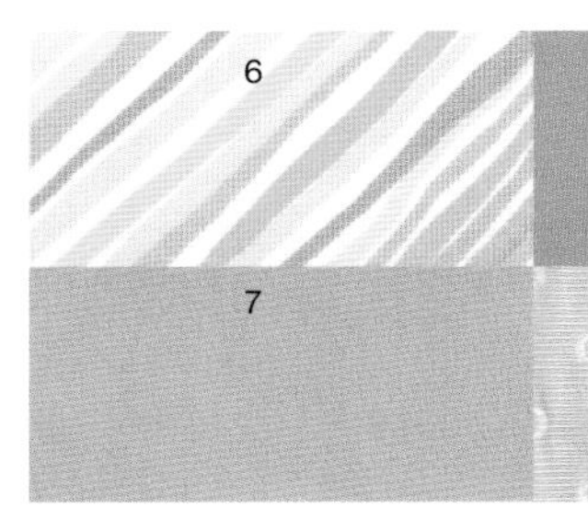

5

14

>> 缟玛瑙地面(13)对于入口门厅和浴室来说都是极具魅力的。在厨房和杂物间铺设实用的陶土砖地面(14)，效果非常理想。

织物

印有色彩斑斓的圆圈图案的全棉面料(5)用作窗帘效果极佳。用斜向彩色条纹面料(6)制作被套。椅子采用结实的翠雀蓝色斜纹毡棉面料(7)，靠垫则选用翠雀蓝色拉绒棉布(8)和苹果绿色的小圆环图案的棉涤混纺面料(9)装饰。

暖色调

天然金块

浓郁的澄金色调绒织物激发了这个金色的温暖主题。

温暖的蜜金色是这个为休闲起居空间而设计的配色方案的基调。窗帘与靠垫上的橘红色和宝石红色是本组配色中明艳的重点色。

调色板

室内装饰品和墙面使用蜂蜜色(1)，营造了一个温暖的色调基础。木制品和天花板使用灰白色。澄金色(2)和橘红色(3)是鲜明热辣的重点色，而宝石红色(4)则拓展了整个方案的色彩深度。

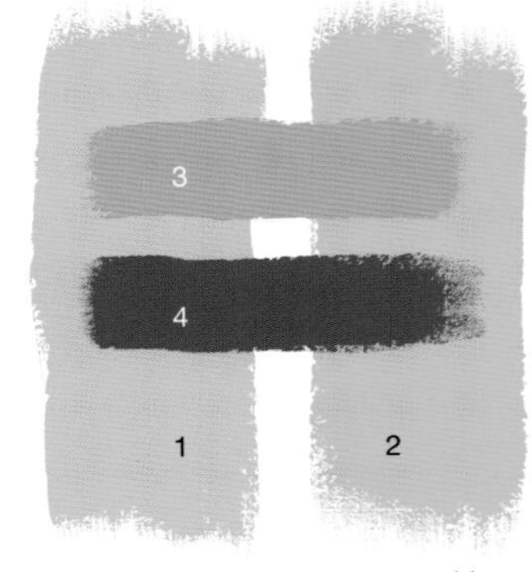

5 8 6 9 7

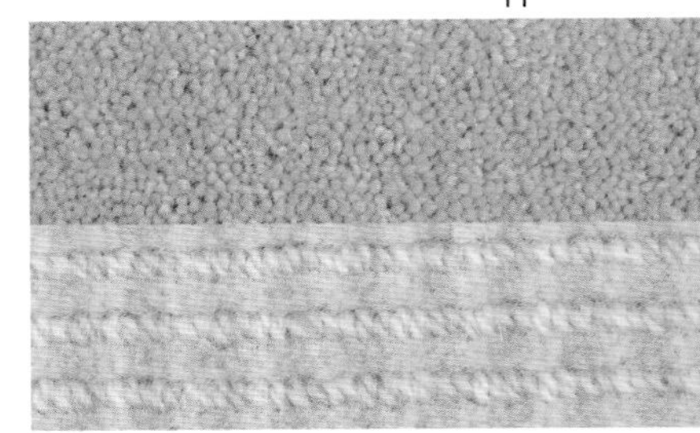

织物

大格子图案的奢华丝绸窗帘(5)带来强烈的视觉冲击力。用蜂蜜色调的编织绳绒面料(6)和漂亮的亚麻面料(7)装饰沙发和座椅。靠垫则选用澄金色塔夫绸面料(8)和附有金块图案的宝石红色与蜂蜜色相间的绳绒织物(9)来制作，增添了柔软的材质趣味。

地面

条纹羊毛平织地毯(10)是客厅和家庭活动室的美观之选。更加传统的地毯选择包括：羊毛簇绒地毯(11)或颇具魅力的条纹图案割绒地毯(12)。>>

10

阳光罂粟

盛开着金色罂粟花的绝美织物营造了极好的视觉效果。

勇敢一点！胆子大一些！用这个带着诱人金色罂粟花图案的极具视觉冲击力的面料包裹沙发吧。谁说图案是窗帘的唯一主宰元素？单一色彩的金黄色窗帘奠定了这个奢华主题的基础。

调色板

柠檬黄色(1)是本方案的色彩基调，而诸如沙色(2)和裸色(3)这样雅致的色调则增添了平静温暖之感。浓郁的太妃糖色(4)作为重点色拓展了色彩的深度。墙面施以沙色，并搭配灰白色的木制品。

13

14

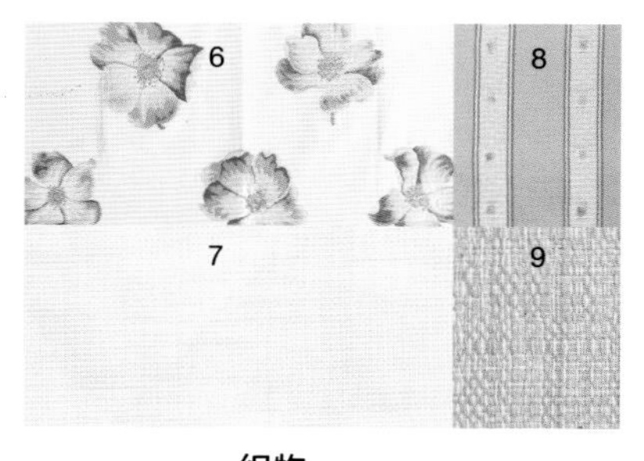

5

>> 橡胶地面有各种不同的有趣纹理和图案可供选择，例如图中这种有小圆圈图案的(13)就很常用。在家庭厨房内，选用耐磨的自然色油毡地面(14)绝不会错。

织物

黄色的丝绸窗帘(5)为窗户增添了阳光灿烂的魅力感受，大沙发上绝美的印花丝织面料(6)是本方案中艳压全场的视线焦点。靠垫上温柔的黄色粗亚麻人字纹面料(7)和美丽的条纹图案丝绸面料(8)呼应着这个黄色调的主题。扶手椅采用裸色装饰面料(9)，以呈现出雅致的面貌。

中性色调

醇美氛围

低调的赭石色调可以为休闲起居室营造柔和醇美的氛围。

当装饰采光较差的阴冷房间时，可以考虑多使用一些暖色系的色彩，这些颜色可以使室内看上去更为明亮。雅致的黄色和温暖的棕色搭配在一起显得温暖舒适，是适用于起居空间的配色方案。

调色板

窗帘和靠垫上醇美的蜂蜜色(1)和温暖的黄油糖果色(2)与地面的赭石色产生了视觉上的关联。棕糖色(3)是大地色系的重点色。墙面和木制品都采用了清新的浅褐色(4)。

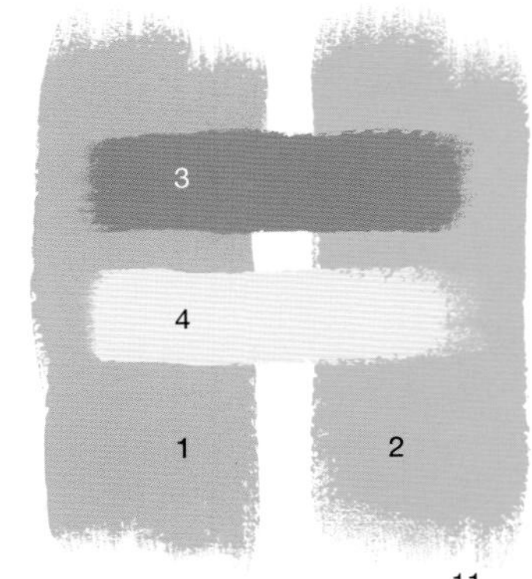

11

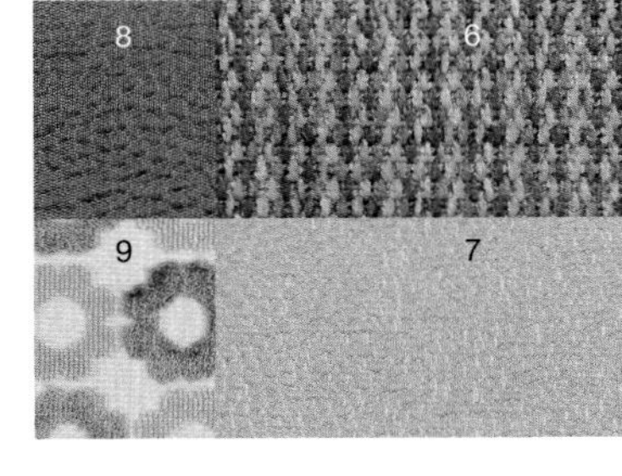

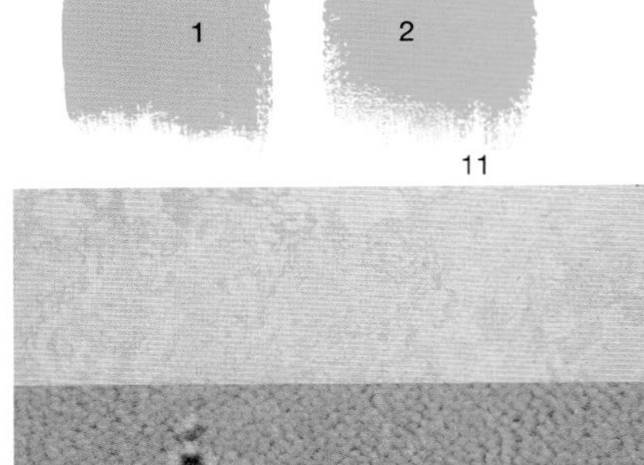

12

织物

织有金色树叶图案的精美丝麻混纺面料(5)的窗帘看上去雅致可爱。罩着蜂蜜色、黄油糖果色和棕糖色相间的绳绒织物面料(6)的大沙发极具魅力。重点装饰靠垫则采用肌理感丝绸面料(7，8)制作。纺织有鲜活雏菊图案的面料(9)用来装饰座椅，让人心情愉悦。

地面

古金色大理石地面(10)是客厅、餐厅和入口门厅的华美之选。温暖色调的油毡地面(11)可以使厨房和杂物间这类房间充满生机。>>

10

鸢尾与紫罗兰

优雅的鸢尾和娇嫩的紫罗兰让人联想起初夏的时光。

漂亮的印花图案总是能给室内装饰带来欢快的感觉。这种令人兴奋的设计主题特别适合在卧室、餐厅，尤其是城市里乡村风格的休闲起居室中使用。

调色板

牛仔蓝色(1)和浓郁的蜂蜜色(2)构建了一个经典的蓝黄配色方案。灰褐色(3)在室内装饰品上营造了充满现代感的氛围。温暖的白色(4)墙面和木制品为这个夏日主题的配色方案提供了一个精致的背景。

13

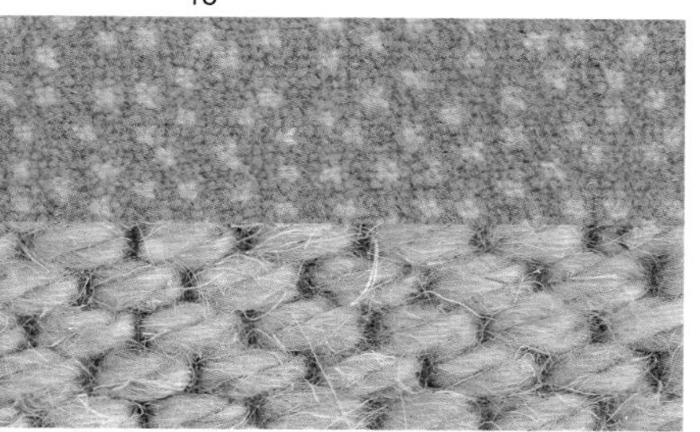

14

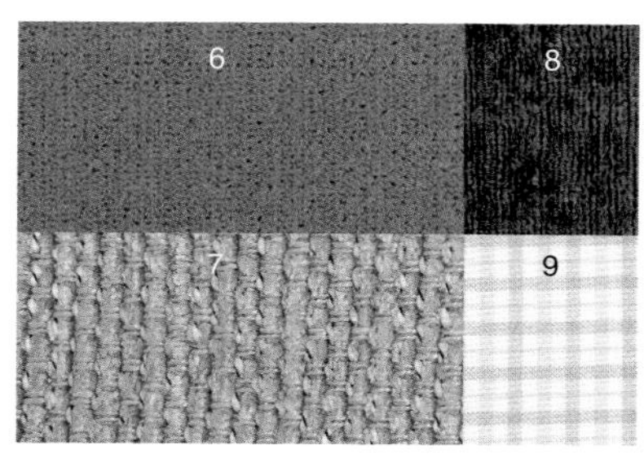

5

>> 地毯一直都是卧室地面的首选方案，可选择带有精致菱形图案的织花地毯(12)或带有斑点图案的羊毛植绒地毯(13)。厚实的羊毛平织地毯(14)外观自然、脚感舒适。

织物

这款经典的印花棉麻面料(5)用在拖地窗帘上，显得非常华美。沙发用灰褐色的羊毛和棉纶混纺面料(6)装饰，扶手椅则采用浓郁蜂蜜色调的纹理感绳绒织物(7)。靠垫选用牛仔蓝色天鹅绒面料(8)和蜂蜜色与白色相间的格子棉布(9)制作。

暖色调

阳光的乐趣

欢快的玉米须黄色激发了这个热情的休闲起居室方案。

柔和的黄色调，例如浅玉米须黄色，在气候较冷的地区下尤其适用，因为那里会由于光线不足而使玉米须黄色呈现出清浅的灰色调。而在温度较高的国家，光线会更加强烈温暖，足以支撑起那些活跃的黄色调，比如金丝雀色和柠檬黄色。但在温度较低的地方，这些颜色看起来就太过强烈了。

调色板

玉米须黄色(1)是本方案的主色调。墙面刷成玉米须黄色，并搭配清新的灰白色天花板和木制品。温暖的太妃糖色(2)为室内装饰增添了颇具吸引力的中性色。浓郁的石榴红色(3)和橘红色(4)则是富有亲和力的重点色。

11

5 8 6 9 7

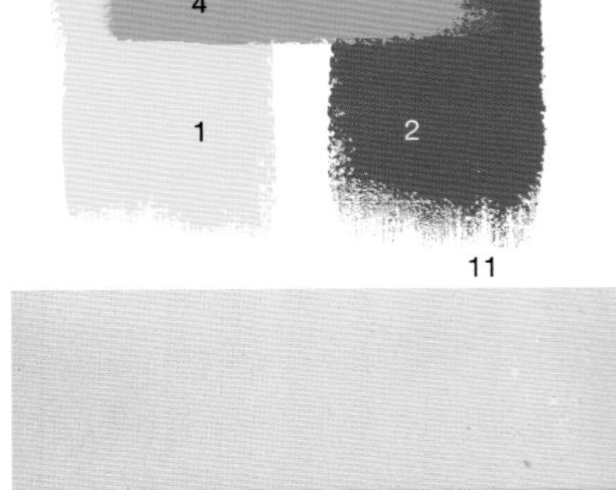

12

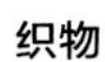

织物

绣有精美花朵图案的丝纤混纺面料(5)的窗帘，看上去明媚可爱。太妃糖色似真丝的马海毛面料(6)的沙发质感奢华。靠垫采用绣着花朵的黄色格子面料(7)和印有橘红色小叶片图案的棉纶混纺面料(8)制作。扶手椅则选用石榴红色的亚麻面料(9)。

地面

温暖的赭石色石灰石地面(10)极具亲和力。该设计从维多利亚时代汲取灵感，将釉面砖(11)作为门廊的地面。夹杂着微妙的石榴红色斑点的油毡地面(12)与这些红、黄色调搭配效果完美。>>

10

康乃馨

粉红色和康乃馨能唤起人们对夏日花园芬芳气息的浪漫回忆。

优雅的康乃馨图案印花棉布为亲切友好的起居室增添了清新的夏日氛围。织物上醇美的黄色调和地板的赭石色调相得益彰。从中撷取的温暖绿色调和浓郁红色调被用在室内装饰品和靠垫上，十分吸睛。

调色板

玉米须黄色(1)用在地板和墙面上，营造出被阳光色调所包围的空间效果。灰白色的木制品，提供了清新的色调对比。大沙发上温暖的蕨菜绿色(2)是温暖的中性色，撷取出来的鲑肉色(3)和康乃馨粉色(4)则是重点色。

13

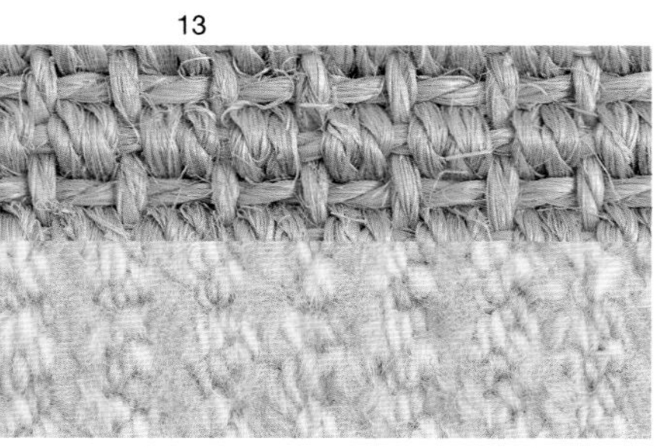

14

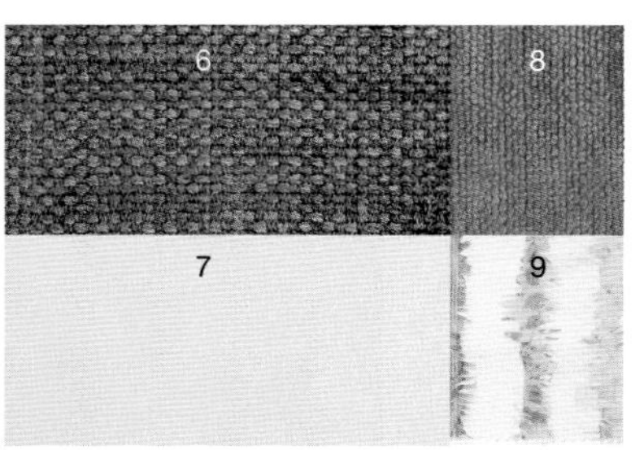

5

>> 剑麻地毯(13)可为卧室、起居室和家庭活动室的地面增添吸引力。若追求温暖舒适的脚感，这个玉米须黄色割绒和白色圈绒相间的羊毛地毯(14)是一种理想的选择。

织物

迷人的印花棉布(5)在窗帘上营造了一个夏日主题。深蕨菜绿色机织绳绒面料(6)沙发增添了基础色调。扶手椅采用玉米须黄色的仿麂皮面料(7)装饰，靠垫选取康乃馨粉色天鹅绒面料(8)和带有织物条纹的白色真丝涤纶混纺面料(9)制作。

中性色调

蜜色格子

亲切的乡村风格格子图案可以为迷人的起居空间营造出轻松的气氛。

格子织物似乎总能给室内带来宁静的乡村气息。装饰城市中的客厅时，采用刺绣丝绸面料制作的全幅落地窗帘给居室带来甜美浪漫之感。用粗壮的橡木窗帘杆和天然色麻质窗帘系带与之搭配。

调色板

蜂蜜色(1)和小麦色(2)激发了这个温暖的中性色主题。墙面漆成小麦色以营造家庭的温馨感，木制品和天花板则采用浅褐色(3)。棕糖色(4)作为重点色为室内增添了亲切的色彩。

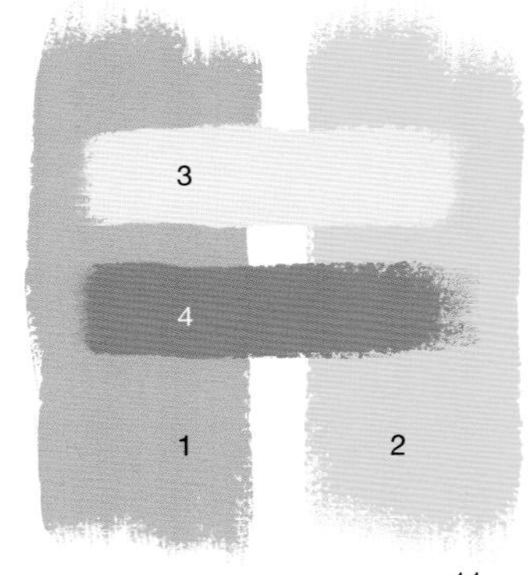

11

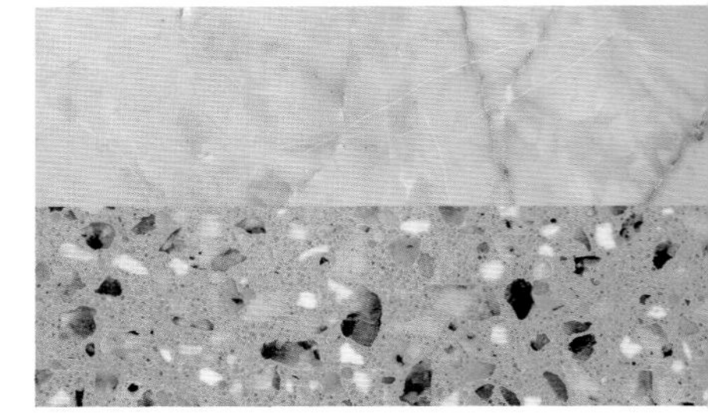

12

织物

这种由可爱的刺绣格子丝绸面料(5)制作的窗帘极富魅力。沙发采用蜂蜜色调的机织绳绒面料(6)，装饰靠垫选取格纹棉布(7)和绣有卷曲图案的乳白色丝绸(8)制作。蜂蜜色与浅褐色相间的棉纤条纹织物(9)则用作扶手椅的面料。

地面

华美的皇家金色大理石地面(10)在城市家居中使用，给人以极强的视觉冲击力。在客厅和门廊的地面，也可选择带有红色脉纹的黄色大理石地面(11)。富于质感的灌浇混凝土地面(12)是一种时尚硬朗的选择。>>

10

复活节

春天清新的黄色和紫色调激发了这个令人振奋的方案。

紫色和黄色是一组经典的互补色，它们处在色环中相对立的位置上。阳光明媚的黄色能够激发紫色的活力，而紫色则让充满活力的黄色调变得平静和谐。这些颜色，就如春日花园中的水仙花、郁金香和番红花一样绚丽多彩。

调色板

鲜活的澄金色(1)确立了这个充满阳光感的配色方案的基调。紫罗兰糖色(2)、紫菀色(3)和紫红色(4)这些冷紫色调的色彩，则与之呈现出颇具吸引力的反差。墙面和木制品都采用灰白色，以营造出清新的春日氛围。

13

14

6 8 5

7 9

>>蜜金色的簇绒羊毛地毯(13)是客厅和卧室的理想之选，油毡地面(14)则可以使儿童房的地板熠熠生辉。

织物

绣有紫红色叶片的小方格丝绸面料(5)装点着窗户。沙发套采用阳光黄色的机织绳绒面料(6)，靠垫采用紫罗兰糖果色拉绒棉(7)和舒适的小碎花面料(8)制作。座椅则选取花团锦簇的印花面料(9)装饰。

暖色调

乡村风情

鲜花和格子图案创造了一个充满欢乐乡村风情的起居室设计方案。

格子和花朵图案相配，正如小鸟和蜜蜂、牛奶和砂糖、蜂蜜和柠檬一样，都是很自然贴切的组合。这种令人愉悦的搭配设计，无论在城市还是在乡村的客厅中使用都非常适宜。需要注意的是，在这个方案中，花朵图案的使用从窗帘转移到了座椅上。

调色板

蜂蜜色(1)提供了温暖诱人的基调。墙面和木制品使用雅致的浅褐色(2)营造了带有轻盈感的背景。暖色调的宝石红色(3)和陶土色(4)出现在靠垫的花卉图案上，为整个设计增添了活力。

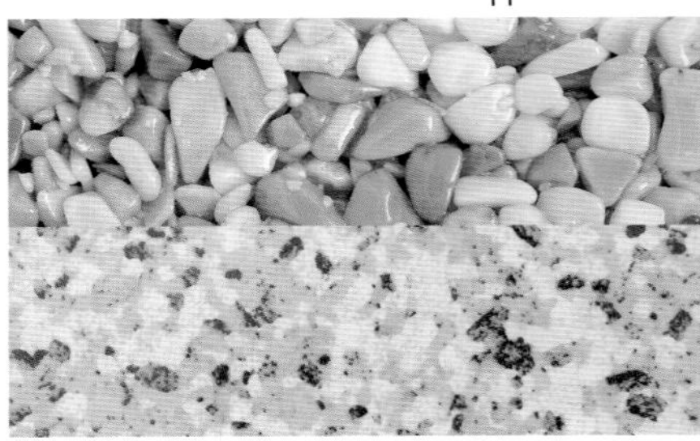

织物

用时髦的大方格棉麻混纺面料(5)制作窗帘。漂亮的沙发采用浓郁蜂蜜色调的做旧效果的棉质天鹅绒面料(6)，搭配以刺绣着花卉图案的丝绸面料(7)和宝石红色亚麻面料(8)制作的靠垫。扶手椅则选择印有可爱花卉图案的细格子面料(9)来装饰。

地面

鲜艳的金黄色羊毛簇绒地毯(10)是这类温暖亲和的客厅设计主题的完美选择。欲寻求真正与众不同的效果，可以考虑在厨房或浴室内采用这种由鹅卵石和树脂浇注的地面(11)。>>

夏日冲击

橙色、黄色和青柠檬色的组合，让人想起炎热的夏天。

这个和谐的配色方案表现优异，这是因为所有的颜色在色环上都是相邻的。就用这个毫无保留的充满活力的夏季配色方案为你的阳光房增加活力吧！

调色板

明艳的柠檬黄色(1)、橙色(2)和橘红色(3)组合在一起，构成了这个娇艳可人的配色方案。鲜明的棕榈绿色(4)有着黄色的基调，是对这些欢快色彩的补充。墙面和木制品均刷成灰白色，以保持清新洁净的整体氛围。

13

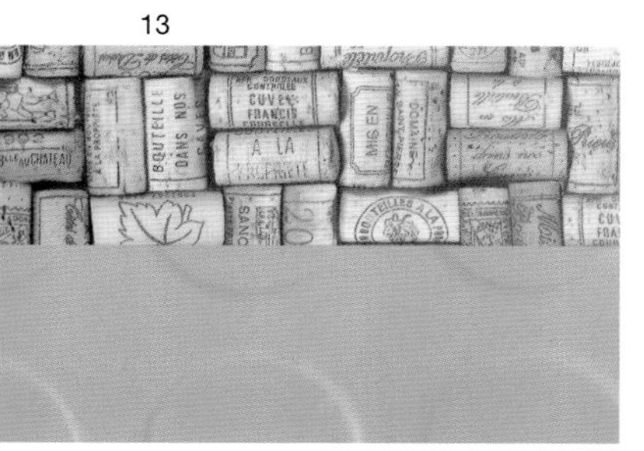

14

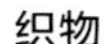

6 8 5 7 9

>> 仿石材效果的抛光陶土砖(12)是厨房和杂物间的首选。印有软木塞图案的人造复合地板(13)带动了家庭活动室的气氛。适用性极强的肌理橡胶地面(14)也是一种经济实用的选择。

织物

这个印花图案的亚麻面料(5)窗帘看上去漂亮极了。沙发采用乳白色棉麻混纺面料(6)。用棕榈绿色光泽的亚麻布(7)制作藤椅坐垫，美观大方。靠垫则选用棕榈绿色与白色相间的纯棉格子面料(8)和柠檬黄色长绒绳绒织物(9)来装饰。

绿色地面

绿色调可以适配任何一种地面设计的需求，它看起来温暖或凉爽，宁静或活跃。

在平织羊毛小地毯上，鲜活的苹果绿色条纹，完美地应和了这个互补色方案中室内装饰品的色调。

从上往下顺时针方向：使用印有时髦花卉图案的人造复合地板，是一种将图案踩在脚下的现代方式。青柠檬色的油毡地面是儿童卧室充满趣味又非常实用的选择。在儿童游戏室中铺设印有雏菊图案的人造复合地板，仿佛在室内种下了一片花田。

中性色调

银铃与海扇

这个主题源自英国歌手玛丽安娜·菲斯福尔的一首歌的歌词："当海扇变成银铃，我的爱便会回到我身边。"银白色的花朵是这个典雅的卧室设计方案的关键。

中性色和绿色由于自身具有宁静的气质，成为卧室设计中的优选色彩。保持色彩的低调，就给了你用图案进行创作的余地。花卉、格子和条纹融洽地结合在这个为主人卧室所做的温馨的配色方案之中。

调色板

中性的灰褐色(1)和沙色(2)营造了轻松的氛围。浅褐色(3)的墙面和木制品，构建了明亮的背景。草绿色(4)作为重点色为居室增加了温柔的气息，并与绿色平织地毯在色调上相协调。

5 8 6 9 7

11

12

织物

花卉图案的亚麻面料(5)用来装饰窗户和制作窗幔，有着极佳的视觉效果。床罩用刺绣着小叶子的雅致浅褐色格子面料(6)，上面的靠垫则选择格子棉布(7)和棱纹丝绸(8)制作。贵妃椅使用叠纹面料(9)来装饰，非常高雅别致。

地面

考虑到卧室的舒适性和实用性，条纹平织羊毛地毯(10)是首选。其他可供选择的地毯还包括：长毛绒羊毛混纺簇绒地毯(11)、绿色和乳白色相间的肌理感地毯(12)。>>

10

夏日婚礼

漂亮的花朵图案和绿色植物能唤起人们对夏日婚礼的记忆。

刺绣着迷人花卉图案的丝绸在客厅中营造了欢乐的夏日景象。用柔和的粉彩色和娇羞的花朵图案相配合，使居室内的一切事物都显得轻盈而雅致。

调色板

柔和的草绿色(1)和蕨菜绿色(2)在蜂蜜色(3)的衬托下，为窗帘和室内装饰品增添了优雅的色调。冷色调的薰衣草蓝色(4)则是漂亮可爱的重点色。墙面和木制品都选用灰白色，以营造宁静气氛。

13

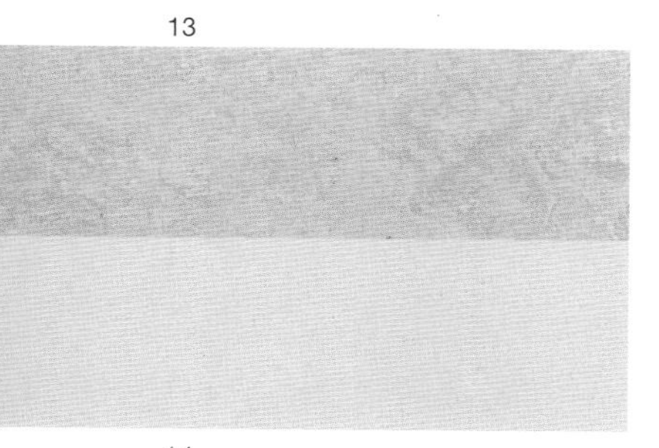

14

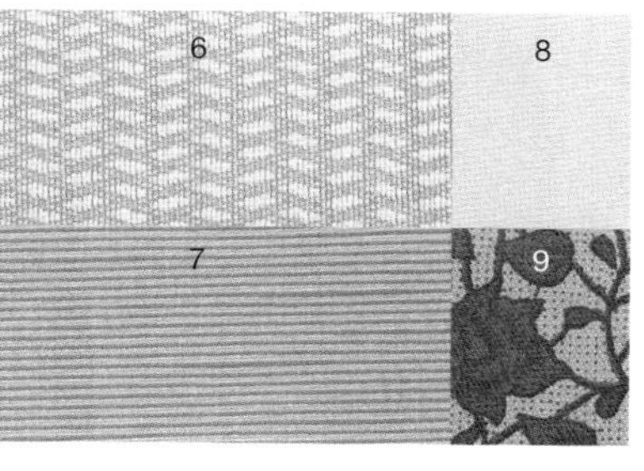

>> 在儿童卧室中铺设浅绿色的油毡(13)地面，既美观又实用。釉面陶土砖(14)是维多利亚时代人们最喜爱的一种地砖，将其铺设在现代风格的厨房和门廊地面上，同样非常契合。

织物

迷人的刺绣丝绸窗帘(5)格外引人注目。沙发上浅褐色和蜂蜜色交织的菱形纹样面料(6)营造出了清新友善的气氛。草绿色棱纹面料(7)的扶手椅具有雅致的材料质感。靠垫则选用蓝色拉绒棉布(8)和蕨菜绿色的印花织物(9)来制作。

暖色调

黄色天竺葵

欢快的黄色为这个平静的主题注入了暖意。

醒目的天竺葵叶片图案，为这个颇具吸引力的舒适的家庭起居室设计方案提供了色彩上的优雅和灵感。

调色板

青柠绿色(1)和深橄榄色(2)构建了绿色调的色彩主题。热情洋溢的金丝雀黄色(3)添加了醒目的重点色。浅黄褐色(4)的沙发装饰品与天竺葵叶片的颜色相协调。灰白色的墙面搭配浅黄褐色的木制品。

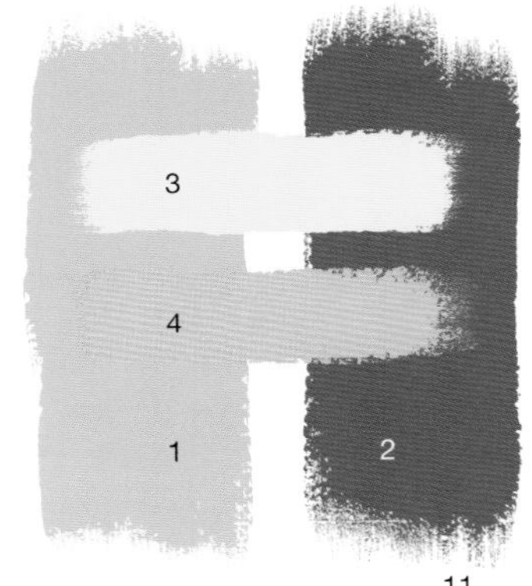

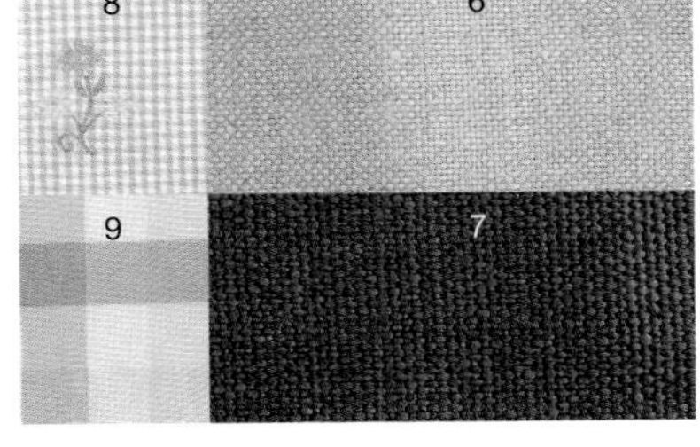

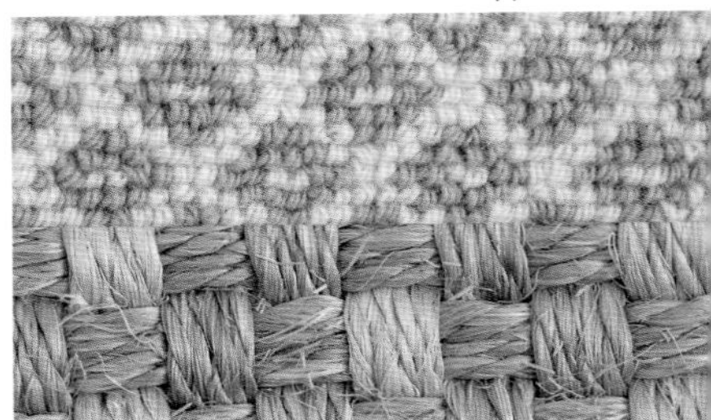

12

织物

印有天竺葵图案(5)的全幅拖地窗帘极富魅力。从这些叶片图案中提取的浅黄褐色和橄榄色被用到亚麻质地的沙发装饰面料(6)和座椅面料(7)上。装饰靠垫则采用绣有花束图案的绿色细格子棉布(8)和引人注目的格子图案面料(9)制作。

地面

柔和的绿色簇绒羊毛地毯(10)是客厅和卧室的理想选择。格子纹样的圈绒地毯(11)增加了视觉趣味。浅绿色织篮纹的剑麻地毯(12)铺设在客厅、餐厅、家庭活动室和卧室内，效果都非常出色。>>

荷兰郁金香

繁盛的郁金香图案可以激起每一个画家内心的豪情。

选择一种喧闹的织物，比如这个郁金香印花面料，给房间带来强烈的视觉冲击感。这些明艳的黄色在自然光线清晰的环境下使用，效果最好。

调色板

淡黄色(1)和柠檬黄色(2)为方案带来鲜嫩诱人的氛围。青柠檬色(3)作为重点色增添了热情洋溢的感受，浅灰色(4)则作为宁静的中性色出现在室内装饰品之上。白色的墙面和木制品可以缓和强烈的黄色调带来的冲击感，营造清新的氛围。

13

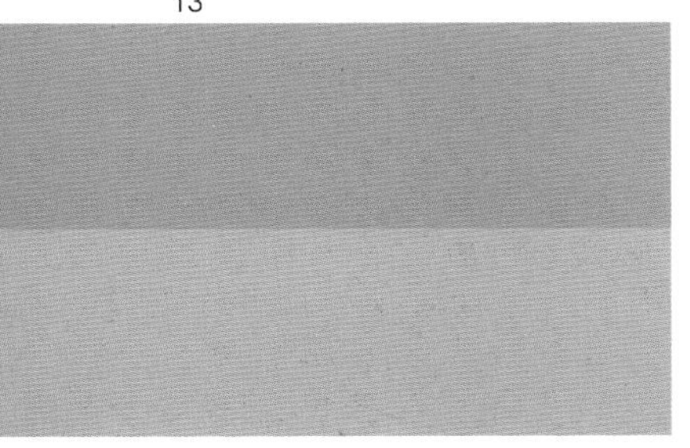

14

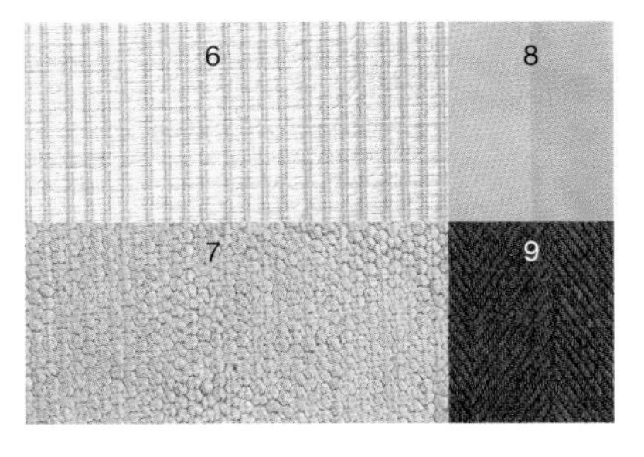

>>浇注树脂地面(13)提供了丰富的色彩选择。瓷砖地面(14)让厨房和浴室美观大方。

织物

用散布着繁盛的黄色鹦鹉郁金香图案的清爽印花棉布(5)制作窗帘十分醒目，从中提取的青柠檬色可用于座椅的棱纹装饰面料(6)。沙发采用安静的浅灰色绳绒面料(7)，靠垫则使用柠檬黄色的条纹丝绸面料(8)和深绿色的棉涤混纺面料(9)制作。

中性色调

洁白的木兰花

葱郁洁白的木兰花激发了这个散发着诱人魅力的设计方案。

为略显平淡的中性色方案增加视觉趣味的最佳方法就是引入各种图案和肌理。有着繁盛木兰花图案的印花亚麻面料，将窗口位置装扮成华丽的视线焦点。灰褐色和绿色的色彩主题，配以格子、斑点、绳绒织物和亚麻面料，得以更加丰富。

调色板

这种特别的印有青草图案的人造复合地板，引入了草绿色(1)作为重点色。色调安宁的浅黄褐色(2)和浅褐色(3)带来轻松舒适的氛围。用浅褐色墙面搭配象牙白色(4)的天花板和木制品。

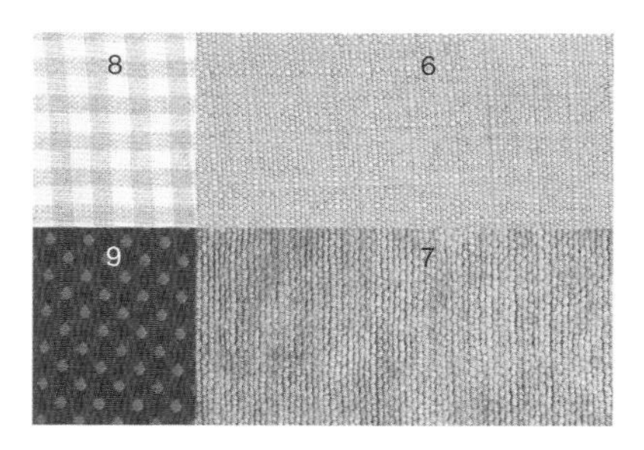

11

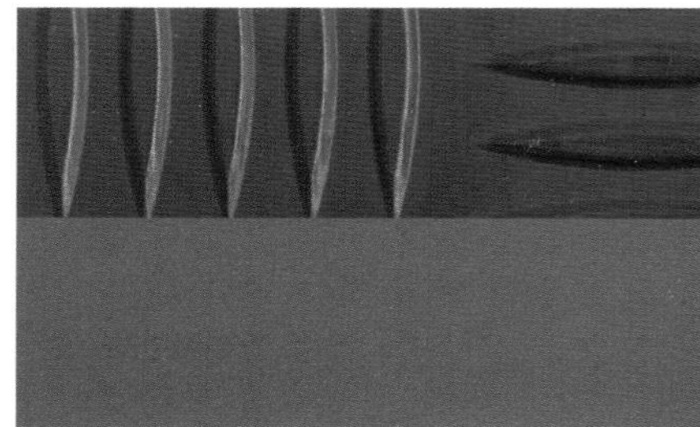

12

织物

印有繁盛的木兰花图案的棉麻混纺面料(5)的窗帘，灿烂而华美。时髦的浅黄褐色棉麻混纺面料(6)的沙发和浅黄褐色绳绒面料(7)的座椅一起营造了中性色基调。靠垫选用浅黄褐色与浅褐色相间的细格亚麻面料(8)和有金色小圆点图案的绿色丝绸(9)面料来制作。

地面

印有青草图案的人造复合地板(10)是一种明智的选择。品种繁多的橡胶地面(11)提供了大量不同色彩和肌理的选择。在温室中铺设绿色的陶土砖(12)，时髦且实用。>>

牙买加花园

繁盛的花朵和树叶充满了欣欣向荣的激情。

冷色调的设计主题不一定就要冷若冰霜。各种蓝色和绿色调的印花图案生机勃勃，为热带风情的客厅和阳光房增添了生命的气息。

调色板

明艳的奇异果绿色(1)是醒目的重点色，通过清凉的高山湖蓝色(2)与之平衡调和。浓郁的水鸭蓝色(3)是奇异果绿色的好搭档。沙色(4)的墙面搭配灰白色的木制品构成了温暖的背景色。

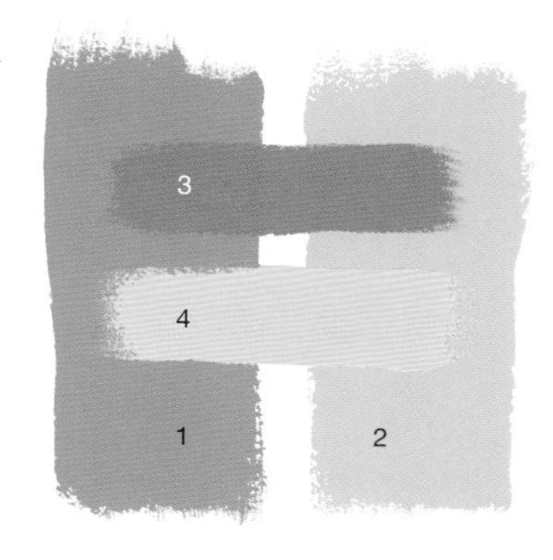

13

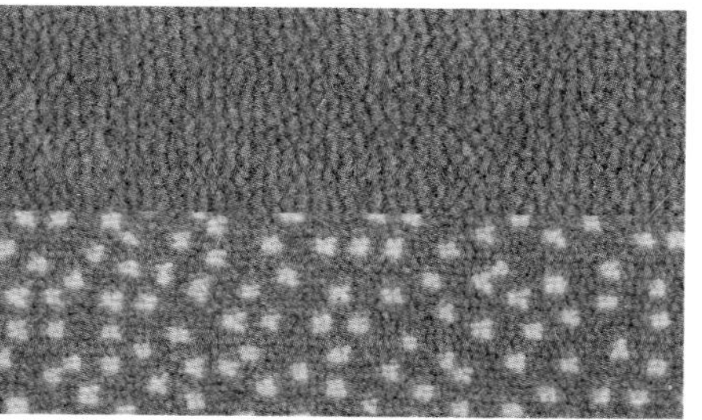

14

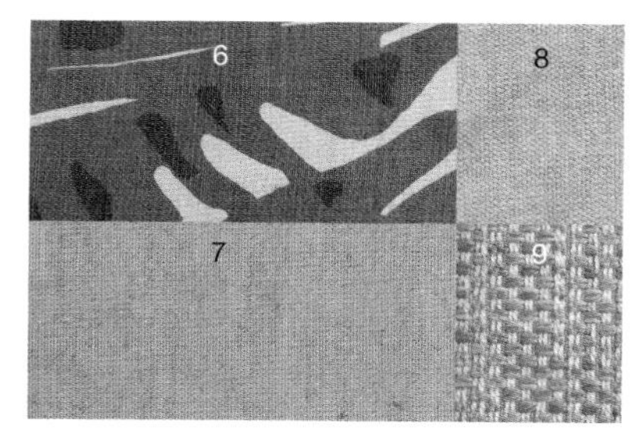

>> 绿色的长毛绒簇绒羊毛地毯(13)是卧室地面的优选方案。带有白色斑点的绿色威尔顿机织羊毛地毯(14)适合在儿童卧室和家庭活动室内使用，效果上佳。

织物

这种华丽的印花亚麻面料(5)并不适合保守的风格。从中撷取的奇异果绿色作为重点色，用在配套的棕榈叶印花图案靠垫(6)上，并用相对安静的蓝绿色靠垫(7)与之搭配。高山湖蓝色的绒织面料(8)和编织面料(9)使这个色彩主题更为平衡。

暖色调

橄榄枝

温暖的橄榄色调让人们联想起地中海花园的景象。

浓郁的黄绿色调如橄榄色、棕绿色和卡其色，可以为寒冷的居室带来温暖的包裹感。这些颜色适合在家庭活动室中营造轻松舒适的色彩氛围。

调色板

黄绿色调的石材地面激发了本方案中橄榄色(1)、棕绿色(2)和卡其色(3)的色彩灵感。黄油糖果色(4)则为这个配色方案增添了一份甜蜜的重点色。

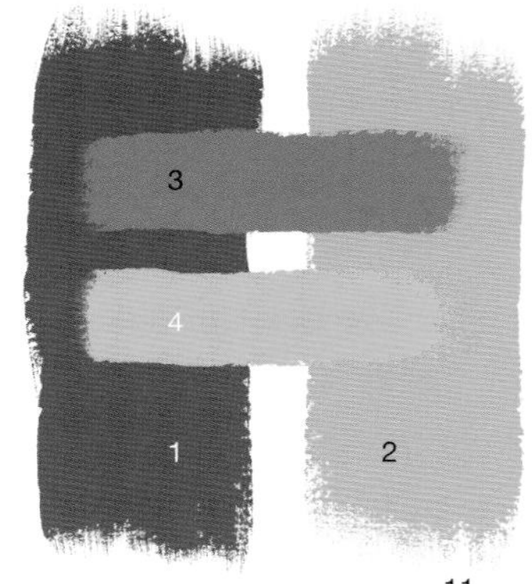

11

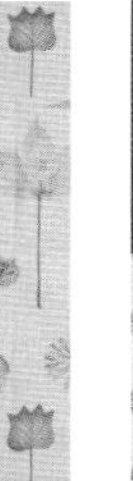

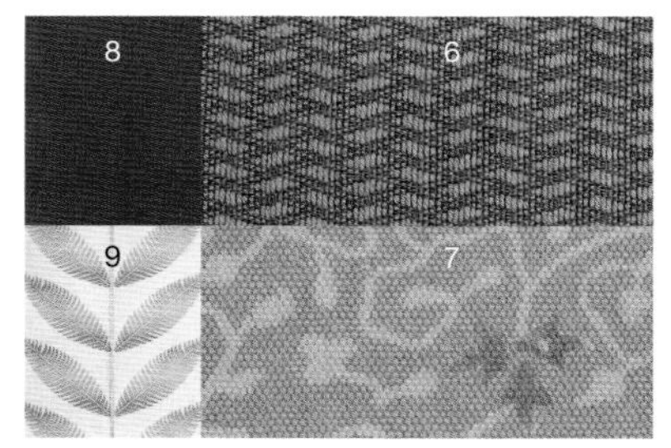

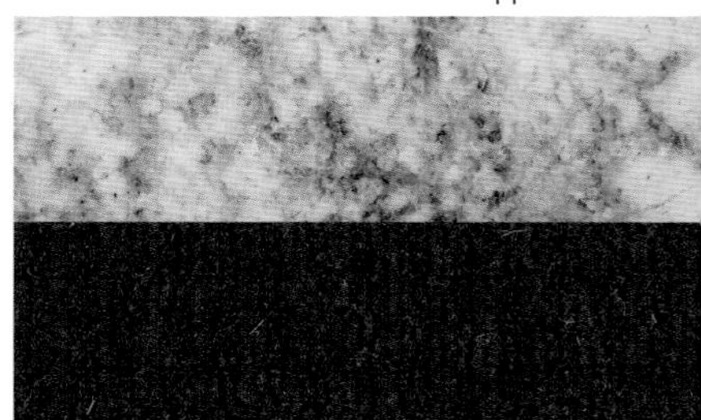

12

织物

用漂亮的印花棉布(5)来装饰窗户。大沙发采用棉纤混纺的菱形纹样面料(6)包裹，与背景色完美融合。靠垫选用点缀着小花图案的雕版印花面料(7)和浓郁的橄榄色色丁面料(8)制作。座椅则由生动的叶片图案织物(9)装饰，效果绝佳。

地面

巴西产的抛光石材地面(10)是时尚美观之选。绿色调的高光大理石地面(11)铺设在入口门廊处，醒目别致。华丽的羊毛植绒地毯(12)是起居室和卧室的理想选择。>>

10

城市绿地

在城市的起居室设计方案中，茄紫色和绿色是雅致默契的搭档。

深深的茄紫色和明艳的青柠绿色搭配得极其完美，因为它们在色环上是直接相对的互补色。偏黄的青柠绿色为冷静的深紫色注入了活力。这个设计方案的核心是在各种不同的肌理面料上搭配运用绿色和紫色，打造充满趣味的居室效果。

调色板

清爽的蕨菜绿色(1)建立了宁静的基调，而黄绿色调的棕榈色(2)和青柠檬色(3)则增添了视觉冲击力。深茄紫色(4)是这个配色方案中雅致的重点色。

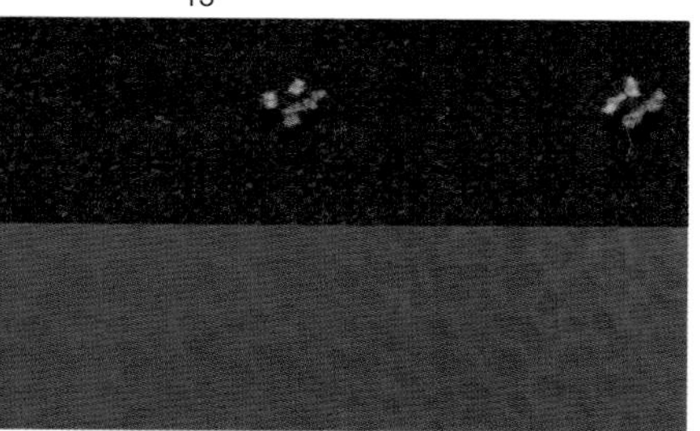

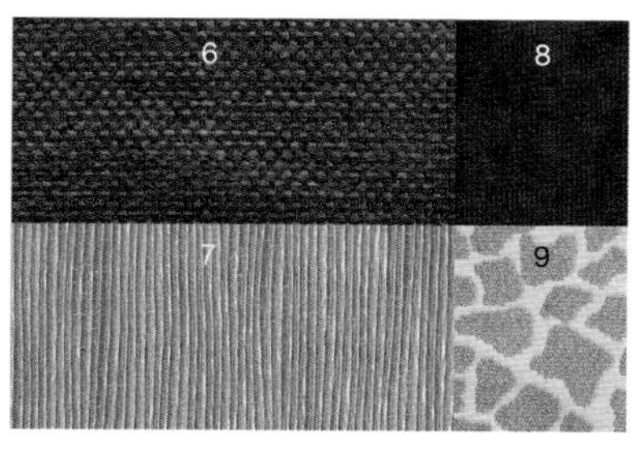

>> 或者也可考虑带有雅致图案的地毯，如这个带有黄油糖果色细小菱形图案的绿色羊毛地毯(13)。想给你的厨房和杂物间铺上橄榄色调的地面吗？那么，没有比适应性极强的橡胶地面(14)更好的选择了。

织物

用条纹面料(5)装饰的高大落地窗效果出众。蕨菜绿色绳绒织物(6)包裹的大沙发，提供了中性色基调。靠垫采用抓人眼球的青柠檬色棉纤混纺面料(7)和浓郁的紫色天鹅绒面料(8)制作。扶手椅则选用织有风趣岩石图案的温暖的棕榈色面料(9)装饰。

中性色调

绿色的叶子

纷繁的叶片让人不禁联想到阳光明媚的夏日花园。

漂亮的中性色亚麻面料总能让人想起那些无忧无虑的夏日时光。与清新的树叶图案印花棉布相搭配，这个设计主题可以给你一整年的清爽心情。

调色板

中性的凝脂白色(1)提供了雅致的基调。天花板和木制品刷成暖白色(2)，来突出窗帘和靠垫上的白色调。草绿色(3)作为重点色出现在了室内装饰上。强烈刺激的青柠檬色(4)使用在窗帘和靠垫上，增添了热情活泼的气氛。

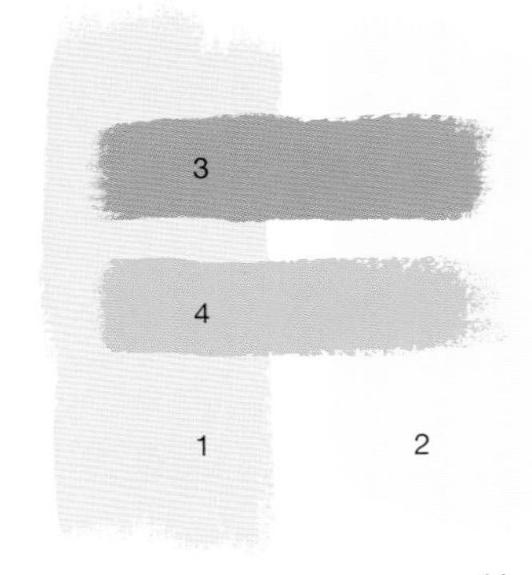

11

5

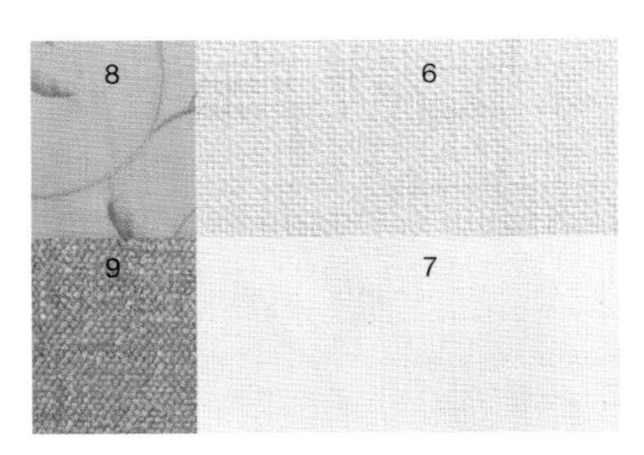

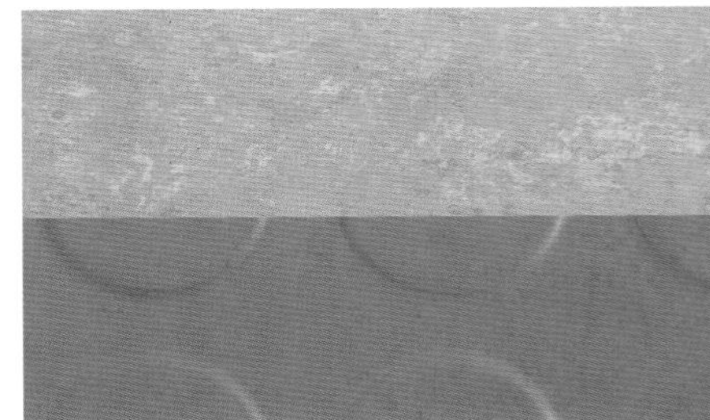

12

织物

窗帘采用迷人的叶片纷繁的印花棉布(5)雅致的肌被套采用理感中性色棉麻混纺面料(6)，床上的靠垫则采用白色亚麻(7)和绣有叶片图案的青柠檬色亚麻(8)面料来制作。座椅采用柔和的草绿色绳绒织物(9)来装饰。

地面

黄绿色调的人造复合地板(10)是儿童卧室和活动室的理想选择。油毡地面(11)是结实自然的地面之选。在厨房内铺设带有圆形纹理的艳绿色橡胶地面(12)，风格现代且极具趣味。>>

10

四月的巴黎

嫩叶和雨水的颜色让人不禁联想起春天的巴黎。

在漫长的冬天之后，春天的绿色和雨水的蓝色会给人们带来由衷的快乐。如果你想创造一个让人无法抗拒的起居空间，这是需要记住并可供借鉴的。

调色板

青柠檬色(1)是颇具魅力的黄绿色调，用在地面、窗帘、室内装饰品上都能取得良好的效果。水润的海蓝色(2)为方案带来了清新的重点色。翠雀蓝色(3)则为靠垫增添了甜美的蓝色调。墙面和木制品均采用暖白色(4)。

13

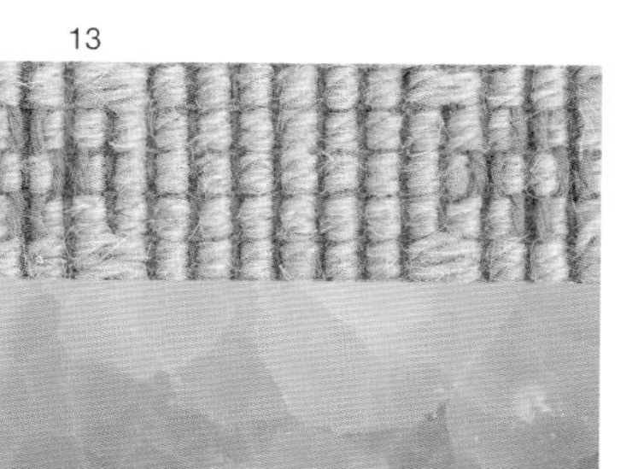

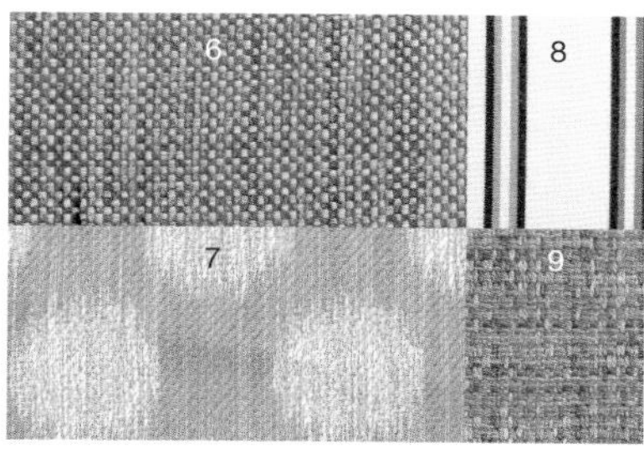

14

>> 如果喜欢将一些青柠檬色注入地面色调，这种带有细小棚架图案的自然效果的圈绒羊毛地毯(13)极其符合你的要求。若寻求真正的华丽效果，奢侈的绿玉石地面(14)会提供一个无可挑剔的选择。

织物

这种印花棉布带有可爱的叶子的图案(5)，是漂亮的窗帘装饰面料。青柠檬色调无论是用在沙发所使用的机织绒质装饰面料(6)上，还是用在扶手椅所使用的迷人圆圈图案织物(7)上，呈现的效果都非常理想。靠垫选用时髦的条纹棉布(8)和编织棉质面料(9)制作，显得活泼欢快。

暖色调

清新和热情

酸性绿色和热粉红色在这个适合多种用途的室内设计方案中活力四射。

本方案的灵感来自充满活力的青柠檬色地毯。对比色的使用可以缓和它过于鲜亮刺眼的感觉——红色在色环上是绿色的直接对比色，所以从粉红色到李子色的这一组玫瑰色调，都可与之搭配。这个室内设计主题适合在女孩卧室、家庭活动室还有时髦的厨房中使用。

调色板

青柠檬色(1)是方案的起点。色调浓郁的莓子色(2)和李子色(3)可以被运用于室内装饰品上，而强烈的树莓冰糕色(4)与青柠檬色在色调上互补调和。由于这个配色方案中使用了多种色彩，所以墙面要保持简洁的灰白色。

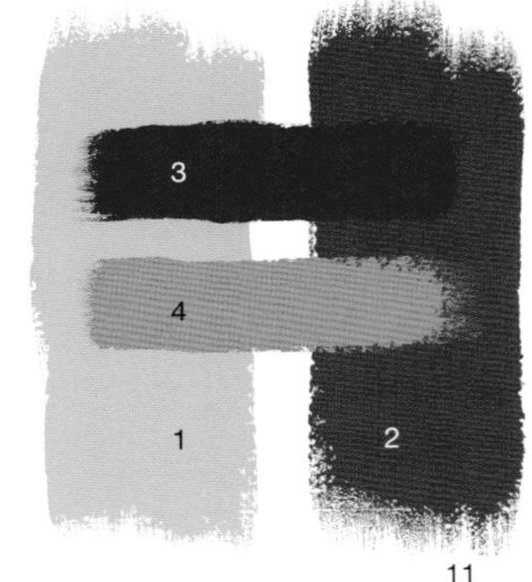

11

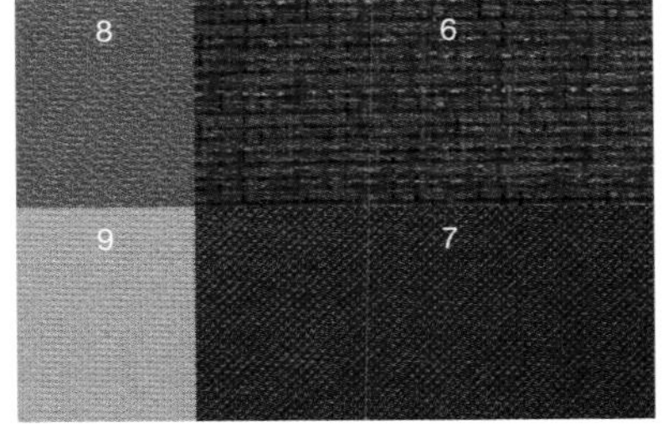

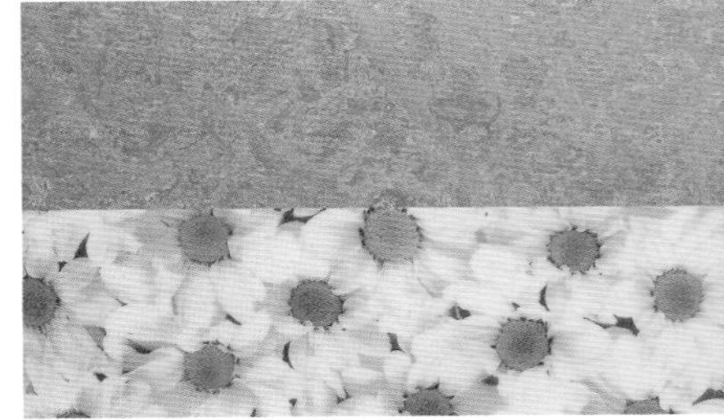

12

织物

莓子色调的窗帘织物(5)瞬间成为房间的视觉焦点。带有青柠檬色斑点的莓子色绳绒面料(6)和李子色亚麻面料(7)用于室内装饰品，效果出色。而树莓色(8)和青柠檬色(9)制作的靠垫，完成了最后的点缀工作。

地面

鲜艳的青柠檬色斑纹羊毛地毯(10)制造了强烈的视觉冲击力，并提供了柔软的足下质感。其他富有弹性的地面方案包括：活力满满的油毡地面(11)和印有欢快雏菊图案的人造复合地板(12)。>>

10

雅致的柑橘

由柑橘花束营造出的成熟风格。

青柠檬色用在时髦的客厅或卧室中，会营造出卓越的视觉效果。在本方案中使用莓子色调进行搭配，首先需要对其增加冷灰色以降低饱和度。灰色非常实用，但也是一种经常被忽视的中性色——比灰褐色更加清新，而且可以为方案带来凉爽的感觉。

调色板

浮石灰色(1)是一种雅致的墙面用色，可用来平衡明艳的青柠檬色(2)。室内装饰品上的李子色(3)和卡其色(4)既可以削弱鲜艳的绿色带来的冲击力，同时也是青柠檬色强劲有力的搭档。

13

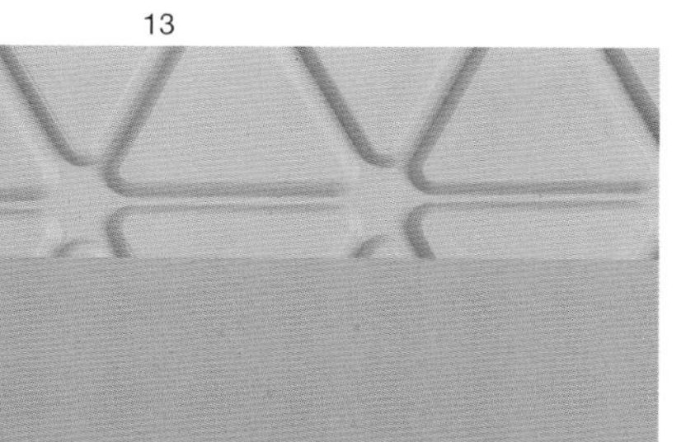

14

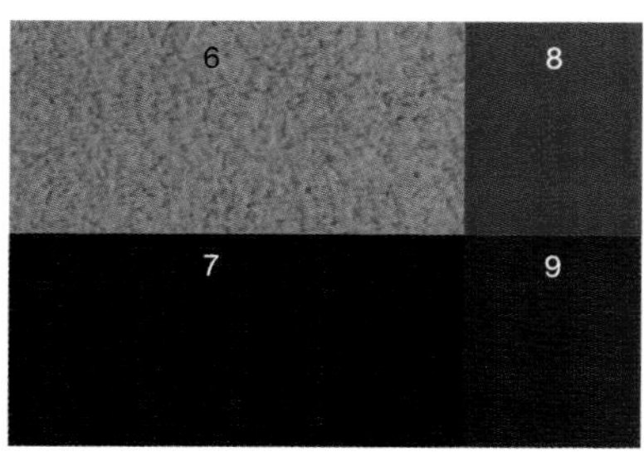

>> 明亮的橡胶地面(13)实用耐磨，适合用于家庭活动室和厨房。用明艳的青柠檬色陶土砖(14)铺地会给家庭浴室带来勃勃生机。

织物

轻薄的青柠檬色和灰色的窗帘面料(5)提取了地毯的色调，并增加了图案的效果。墙面上柔和的灰色调通过仿麂皮装饰面料(6)得以回应，李子色的天鹅绒面料(7)让座椅看上去棒极了。树莓色(8)和李子色(9)的丝绸靠垫，增添了奢华感。

蓝色地面

清爽、平静的蓝色地面使每一个房间都成为可以使心情放松的宁静之洲。

带有传统花卉图案的蓝色和奶油色相间的羊毛地毯非常漂亮，在充满现代气息的客厅中，看上去非常清新并富有魅力。

从左上方顺时针方向：带有水波图案的人造复合木地板为浴室增添了浪漫诙谐的情趣。鸭蛋青色的镶边为迷人的平织羊毛楼梯地毯增添了温柔气息。蓝色调的条纹块毯，为单色调的室内设计增添了图案和材质的趣味性。

中性色调

楠塔基特岛

海鸟、沙滩和海蓝色调能唤起人们对夏日海滨的记忆。

在这个令人愉快的家庭活动室的设计方案中，你几乎可以感觉到脚下趾缝间的细沙，倾听到海浪拍打沙滩的声音。温暖的米黄色调和柔和的蓝绿色调搭配得如此完美，因为它们在自然中就是如此——那正是沙滩和海洋的颜色。

调色板

墙面和织物上浅浅的黄褐色(1)奠定了中性色的基调。灰白色的木制品和天花板看起来轻松惬意。浓郁的巧克力色(2)是另一种温暖的中性色。鸭蛋青色(3)和海蓝色(4)仿佛令人置身海边。

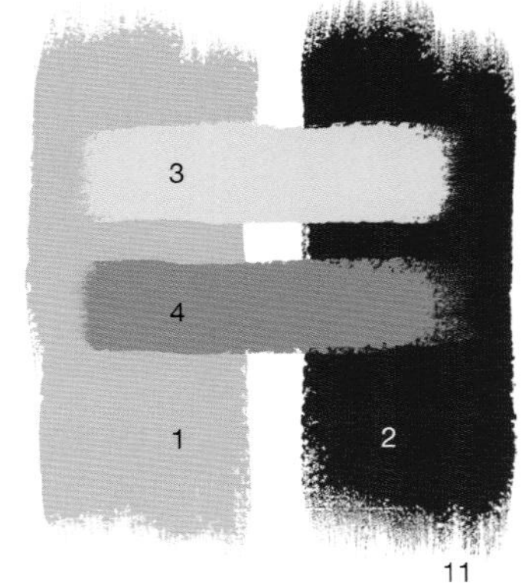

11

5

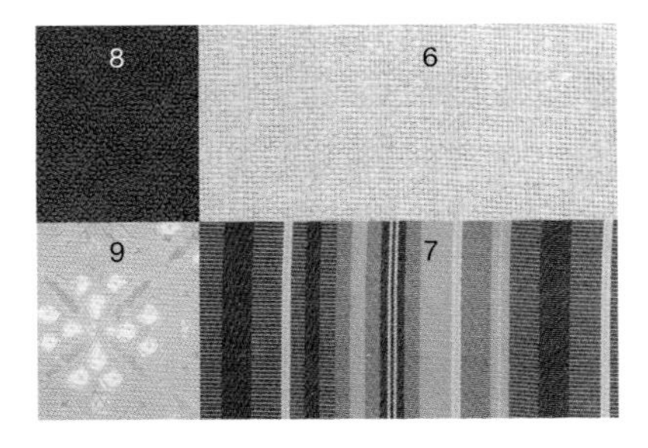

12

织物

印有飞翔海鸟图案的自然色棉麻混纺面料(5)窗帘，美妙独特。用浅黄褐色调的亚麻面料(6)包裹沙发，座椅则采用漂亮的条纹面料(7)来增加材质的肌理效果。垫子选用巧克力色的拉绒棉布(8)和雅致的鸭蛋青色雕版印花面料(9)来制作。

地面

用美观的海蓝色的羊毛簇绒地毯(10)来装饰家庭活动室的地面。富于质感的油毡地面(11)是儿童浴室或杂物间的实用之选。圆形图案的橡胶地面(12)带给厨房十足的现代感。>>

10

螺旋连接

活泼的螺旋图案激发了这个充满活力的设计方案。

面对一个大型的白色的现代公寓却不知道如何装饰它？一个简单的经验法是：找到一个鼓舞人心并可激发灵感的面料来装饰你的窗户，并以它为起点开始你的装饰设计。

调色板

这是一个典型的现代风公寓，墙面和木制品均采用硬朗的白色。不拘一格的轻薄窗帘面料包含了配色方案中的全部色彩：可可棕色(1)、茄紫色(2)、碧玉色(3)和鸽灰色(4)。

13

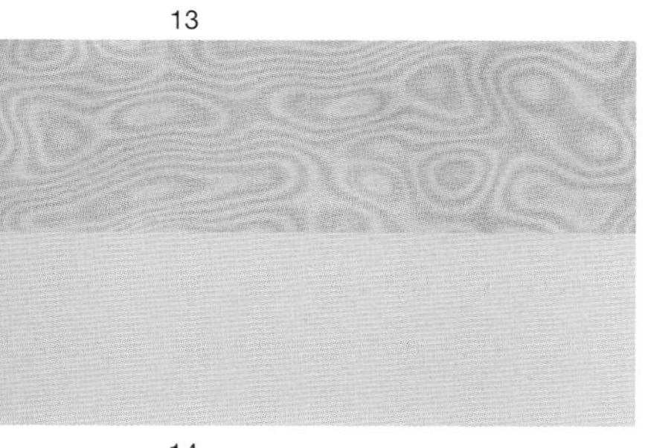

14

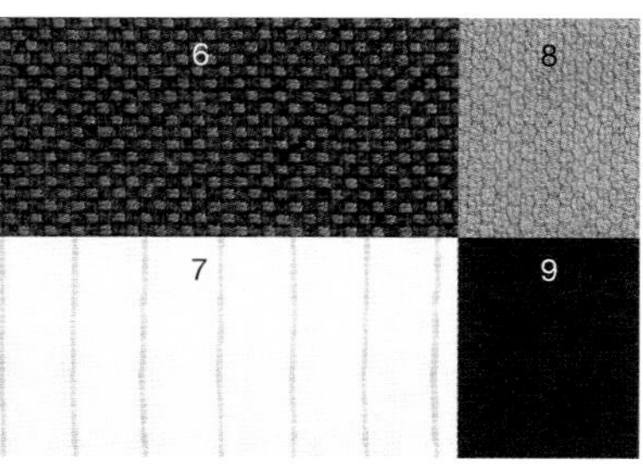

5

>> 这种印有水波纹效果的人造复合地板(13)，是儿童浴室的首选。瓷砖地面(14)一直是浴室和厨房的首选。

织物

富于表现力的螺旋图案的轻薄亚麻窗帘(5)是装饰高大落地窗的绝佳选择。沙发采用可可棕色的绳绒面料(6)，装饰靠垫则选用浅紫色和白色相间的条纹亚麻(7)与碧玉色的绒织物(8)。座椅用带有肌理感的茄紫色羊毛天鹅绒面料(9)装饰，营造出了极具当代风格的氛围。

暖色调

金色时刻

优雅的树枝和卷曲的叶蔓给这个传统的室内设计主题增添了雅致之感。

正式感的客厅不一定要显得刻板和故作姿态。成功的关键在于处理好色彩、图案和材质的关系。精致的花卉图案和丰富的材质：从丝绸到亚麻和马海毛，在这个以红、黄、蓝三色为基色的客厅设计方案中，紧密结合在了一起。

调色板

蜂蜜色(1)、风暴蓝色(2)和陶土色(3)组成的柔和色调构成了这个方案的基础。卡其色(4)是冷静的重点色。墙面刷成风暴蓝色，天花板和木制品则采用灰白色，来保持轻松舒适的气氛。

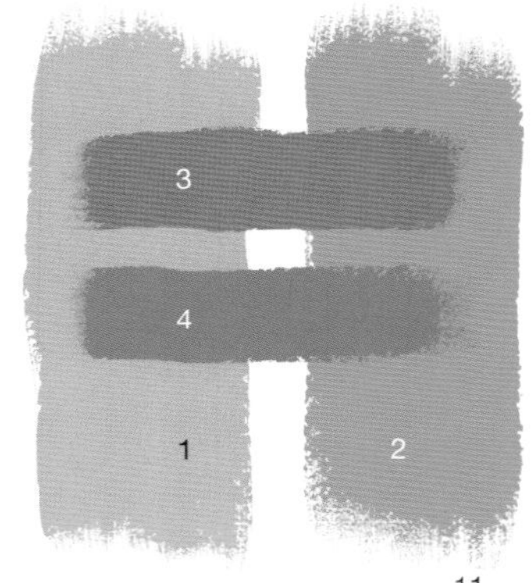

11

5

12

织物

漂亮的蜂蜜色调的刺绣丝绸面料(5)作为窗帘，效果出众。沙发选择带有洛可可式剪绒图案的金色马海毛面料(6)。靠垫采用风暴蓝色的棉麻混纺面料(7)和陶土色的绳绒织物(8)来制作。用与众不同的印花亚麻面料(9)装饰扶手椅。

地面

无论是在传统风格还是在时尚风格的起居空间中，长毛绒羊毛簇绒地毯(10)都可以营造出一种奢华舒适的氛围。而对于走廊、厨房和浴室而言，鸭蛋青色的陶土砖地面(11)都是理想之选。>>

10

南方之歌※

这个热情洋溢的方案完全是为了展示时髦的趣味而诞生的。

条纹、旋涡和之字形图案与充满活力的青柠檬色结合，使这个方案活力满满。方案中的其他颜色则选择中性或冷色调，以保持视觉上的和谐效果。

※《南方之歌》（*Song of the South*）是迪士尼动画电影。

调色板

明艳的青柠檬色(1)为这个现代客厅增添了色彩的冲击力。搭配清爽的高山湖蓝色(2)，可缓和其带来的强烈的视觉刺激感。柔和的浅黄褐色(3)起到中性色的平衡作用。暖白色(4)的墙面和木制品，看上去清新且时尚。

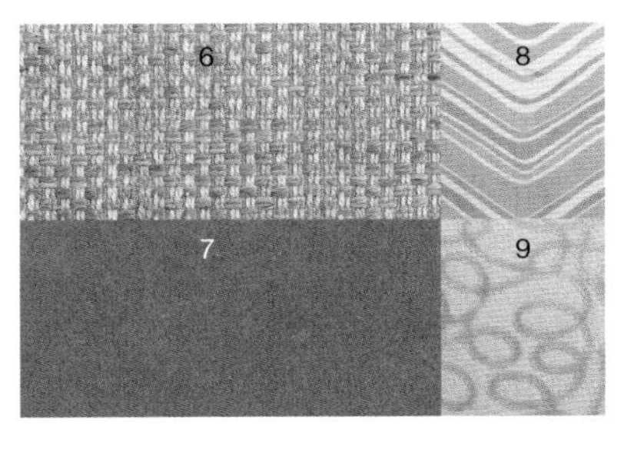

>> 杂色鸭蛋青色瓷砖地面(12)使家庭浴室极具吸引力。树脂和鹅卵石浇注的地面(13)为现代风格的厨房和浴室带来强烈的视觉感受。而色调柔和的油毡地面(14)则适用于婴儿房。

织物

这种条纹棉(5)制作的窗帘，看上去十分醒目。混杂着青柠檬色和暖白色的高山湖蓝色机织绳绒面料(6)是沙发理想的材质选择。靠垫采用活泼的青柠檬色马海毛面料(7)和之字形印花棉布(8)制作。座椅则可采用印有环环相扣图案的割绒面料(9)装饰。

中性色调

瑞典风格

一个明亮而轻快的斯堪的纳维亚风格的客卧设计方案。

在这个迷人的客卧设计中，唯一可能会碰到的问题是：你的客人可能都舍不得离开。这种经典的蓝白组合既可以搭配瑞典风格的漆面家具，也可以搭配温暖的橡木家具营造出新英格兰风格。

调色板

各种漂亮的蓝色——土耳其蓝色(1)、翠雀蓝色(2)和帕尔马紫罗兰色(3)共同构建了这个清新的色彩方案。用如浅褐色(4)这样的温暖色调来衬托那些冷色调色彩。木制品和墙面采用浅褐色，营造经典的瑞士风格。

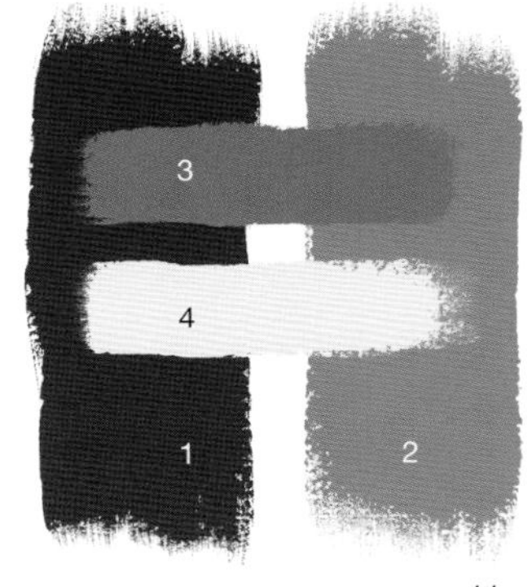

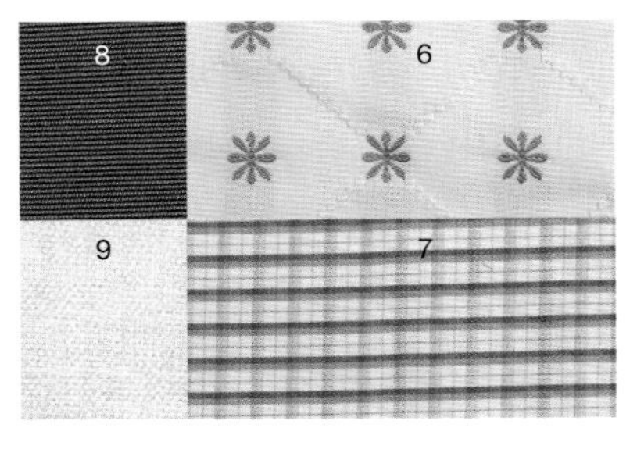

11

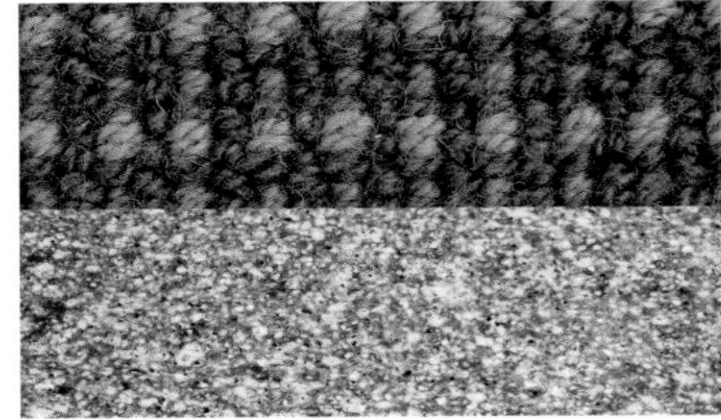

12

织物

褶皱质感的条纹棉布(5)用来装饰窗户，效果简直妙极了。用迷人的织花面料(6)制作被罩。靠垫则选择经典的格子棉布(7)和土耳其蓝色的棱纹棉布(8)制作。座椅和贵妃椅都选用温暖的浅褐色带有肌理感的棉织物(9)装饰。

地面

簇绒羊毛地毯(10)是卧室地面的经典之选。若寻求更丰富的质感，不妨考虑一下这种具有自然感外观的格纹羊毛地毯(11)。人造石英石地面(12)色彩丰富，是一种结实美观的选择。>>

10

蓝色闺阁

经典的蓝色和奶油色棉质印花布激发了这个欢愉的闺房主题。

印有经典乡村风景的约依印花布可能永远也不会过时——它独特的魅力在卧室中尤其得以彰显。既可以像传统的法国人那样在所有地方都用它来装饰，又或者，通过将新的图案和色彩引入方案，赋予它一个全新的现代感。

调色板

鲜活的军校蓝色(1)和浅褐色(2)是约依印花布的经典配色。清爽的水鸭蓝色(3)和浅灰色(4)则构建了更为现代的色彩组合。墙面和木制品使用浅褐色作为温暖的基调。

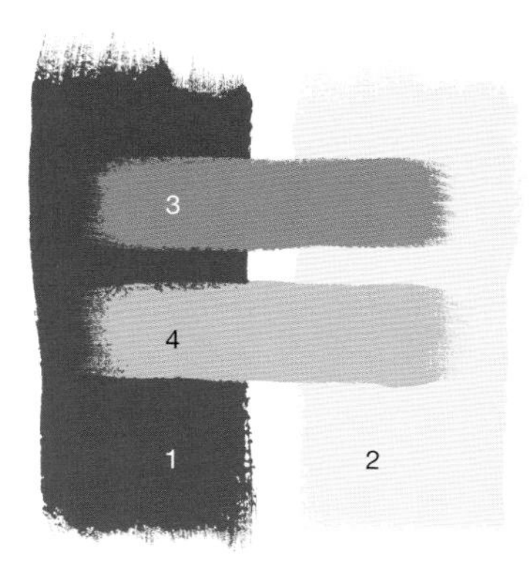

13

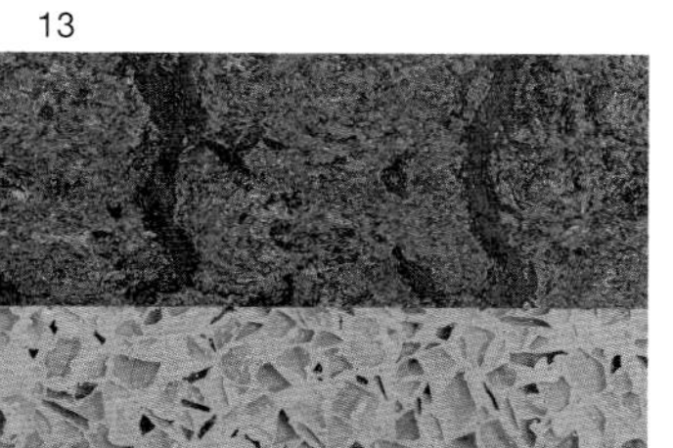

14

6 8 5

7 9

织物

浅褐色的棉布上印有亮蓝色的东方乡村风景(5)，这是经典的约依印花布图案，将其用作窗帘和床幔。床罩使用带有小圆点的格子面料(6)制作。靠垫采用印花面料(7)和水鸭蓝色的亚麻面料(8)制作。用漂亮的浅灰色羊毛面料(9)装饰卧室座椅。

>> 杂色油毡地面(13)提供了温暖牢固的足下之选。蓝色纹理混凝土浇筑地面(14)铺设在一个现代感的居室，效果绝佳。

暖色调

生活的乐趣

甜美鲜艳的粉红色给房间注入了一股暖意。

这种原本安静、凉爽的客厅一旦加入鲜粉红色的色调，就会呈现出一种温暖惬意的生活气息。如果你想让平淡的室内设计得到一些提升，那么不妨像《*Vogue*》杂志的传奇主编戴安娜·弗里兰曾经做过的事情一样，“想想粉色！”

调色板

迷人的矢车菊蓝色(1)在墙面和室内装饰品浅黄褐色(2)的中性基调的衬托下，显得更加美丽可爱。木制品则采用象牙白色(3)。鲜粉红色(4)添加了一种出人意料的明艳色彩，并温暖了整个方案。

5

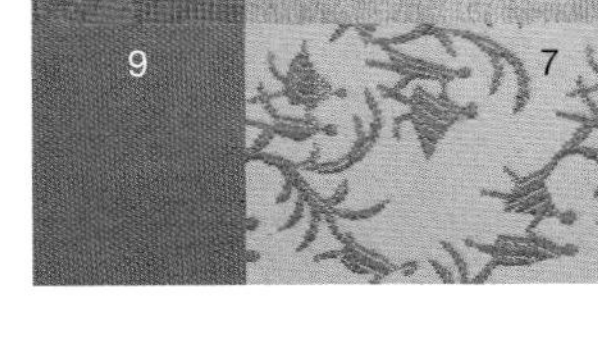

11

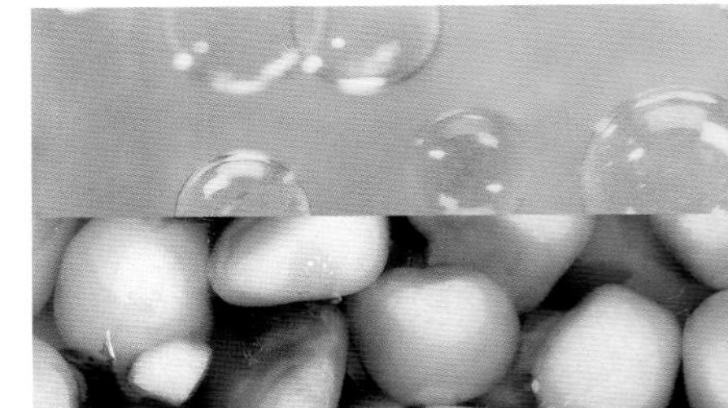

12

织物

手绘花卉图案的天然色棉麻面料(5)窗帘非常醒目。沙发采用浅黄褐色的绳绒织物(6)。扶手椅采用鲜粉红色和浅褐色相间的棉质提花面料(7)装饰，改变了既有印象。靠垫则使用鲜粉红色织花面料(8)和矢车菊蓝色面料(9)制作。

地面

令人惊叹的蓝色大理石地面(10)是客厅或入口门廊的华美之选。浴室的地面可以铺上这种印有可爱泡泡图案的人造复合地板(11)。白漆厨房与蓝色树脂和鹅卵石地面(12)相互映衬。>>

10

异国情调的拖鞋

有趣的拖鞋印刷图案激发了这个适用于青少年卧室的设计主题。

一个十几岁的女孩想要一个迷人雅致的卧室，但又不想让卧室看上去太小女孩气，那该怎么办呢？这个色彩丰富的室内设计也许可以满足她的需要。其实任何有着相似颜色并且装饰着有趣图案的面料，都可以产生类似效果。

调色板

墙面、木制品和被套的浅褐色(1)营造了安静而中性的基调。蔷薇花蕾粉色(2)、青柠檬色(3)和翠雀蓝色(4)搭配呈现在窗户的装饰面料上。这三种颜色还可提取出来作为重点色，应用于靠垫和室内装饰品。

13

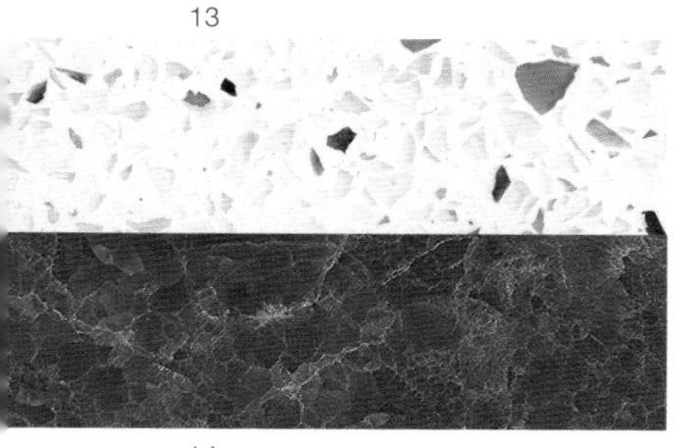

14

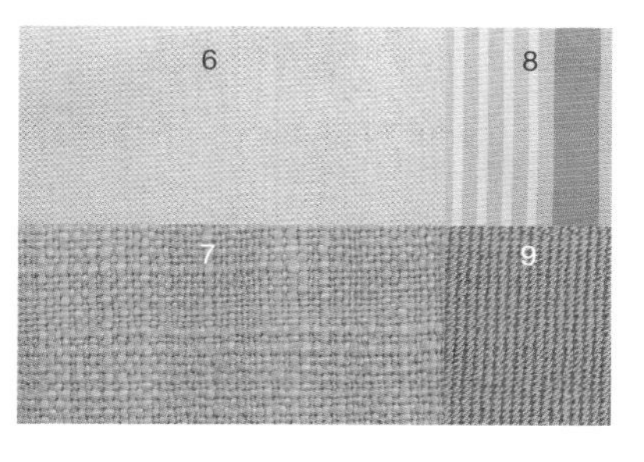

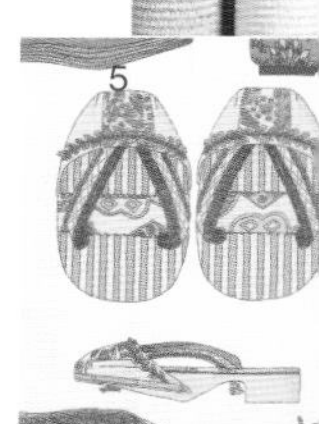

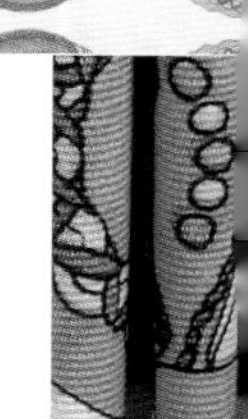

织物

拖鞋图案的印花面料(5)用在卷帘上得以展示全貌，用作布帘则更为含蓄雅致。浅褐色拉绒棉被套(6)增添了柔和低调的气氛。靠垫采用青柠檬色的亚麻织物(7)和条纹棉质面料(8)制作。座椅则选取结实的翠雀蓝色机织棉布面料(9)装饰。

>> 如果只想点缀少许生动的蓝色，这种浇注混凝土地面(13)非常合适。而新颖的蓝色人造复合地板(14)则给游戏室增添了视觉趣味。

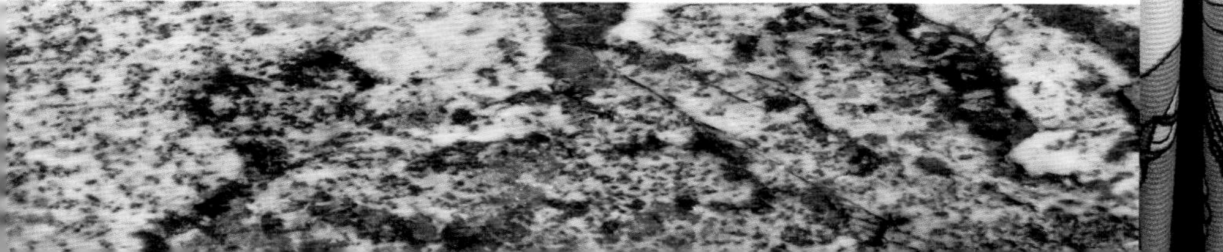

中性色调

嘿，朱迪※

时髦的图案和卷曲的佩斯利花纹营造了一种复古的20世纪60年代气氛。

当进入这间典雅而复古的家庭活动室时，立刻会觉得精神为之一振。带有新颖圆点图案的罗马式卷帘和布帘，佩斯利螺旋花纹图案的天鹅绒靠垫，这一切都仿佛使人置身于柔和醇美的20世纪60年代。

※《嘿，朱迪》是甲壳虫乐队的歌曲。

调色板

大地色调的小麦色(1)、沙色(2)和太妃糖色(3)，营造出温暖亲和的气氛。鲜活的知更鸟蓝色(4)作为重点色，为空间注入了活力。沙色的墙面搭配灰白色的木制品，更能突显轻松自然、安静祥和的氛围。

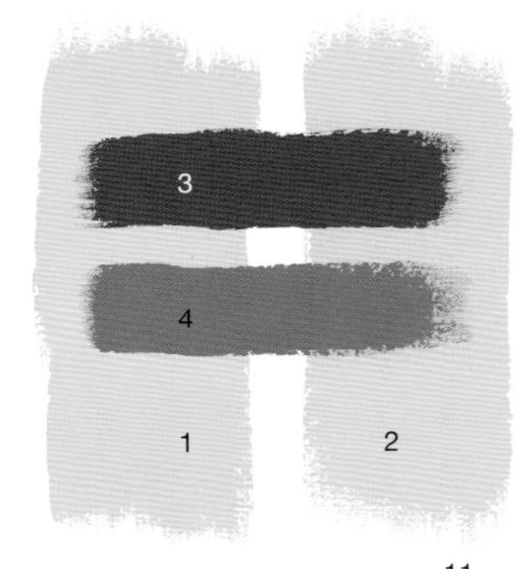

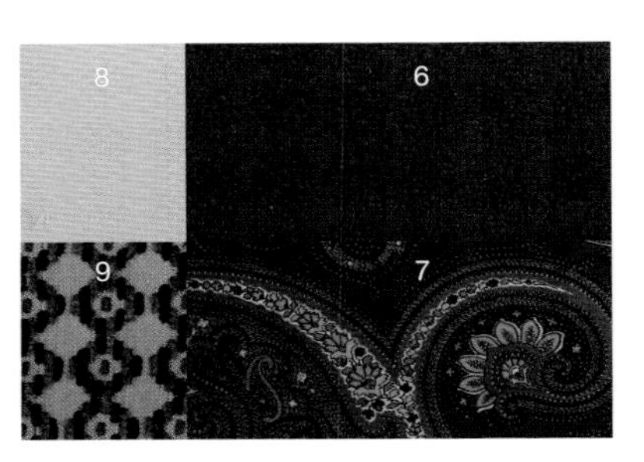

织物

由两种棕色搭配而成的棋盘式复古圆点图案的机织棉质面料(5)装饰在窗户上，效果卓越。沙发采用太妃糖色仿麂皮面料(6)，佩斯利花纹天鹅绒面料(7)和沙色丝绸面料(8)制作的靠垫活跃了视觉效果。用蓝色、沙色和太妃糖色相间的割绒面料(9)装饰扶手椅，仿佛调制了一杯彩色的鸡尾酒。

地面

藏蓝色人造复合地板(10)给家庭活动室增添了材质感。杂色油毡地面(11)是牢固实用之选。捻绒地毯(12)搭配复古风格的房间，效果绝佳。>>

蓝色玫瑰

冰冷的蓝色调玫瑰激发了这个冷静时尚的设计主题。

在苗圃中你可能还在苦苦找寻这种奇妙的蓝色玫瑰，但是现在你不必再等候，就可以感受到它给你带来的独一无二的色彩魅力。印有蓝色玫瑰图案的天然色亚麻窗帘激发了这个为休闲起居室而做的冷静清凉的配色方案。

调色板

中性的浅褐色(1)墙面和象牙白色(2)的木制品，营造了宁静的基调。蓝色成为最关键的色彩，窗帘、靠垫和室内装饰品都采用水手蓝色(3)和矢车菊蓝色(4)。

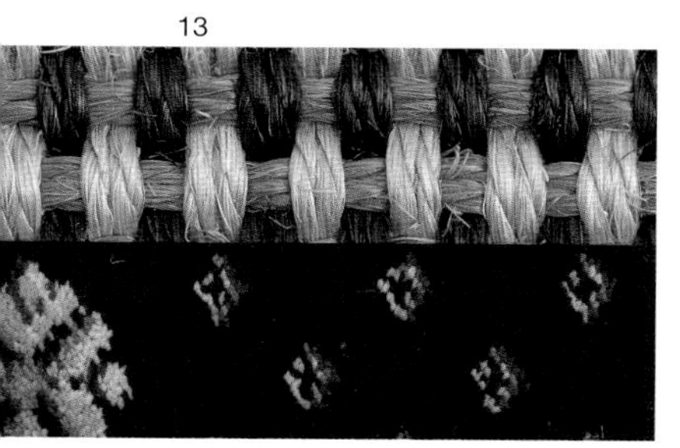

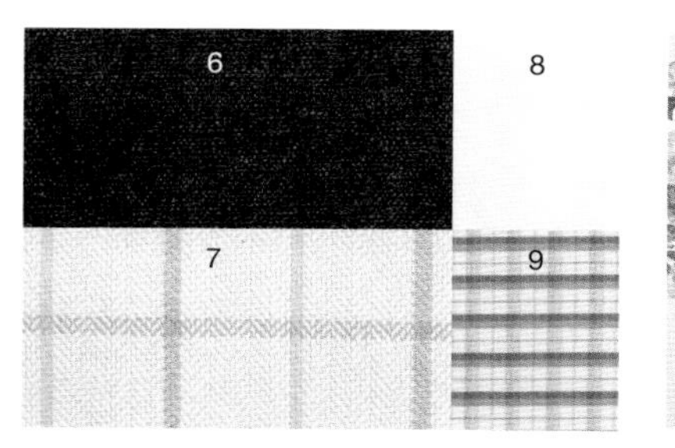

>> 藏蓝色和天然色交织的剑麻地毯(13)，在休闲餐厅和起居室中使用，非常时髦。带有细小菱形图案的藏蓝色织花地毯(14)丰富了卧室和起居室的地面效果。

织物

窗户用这种颇具吸引力的蓝色玫瑰图案的印花棉麻面料(5)来装饰，特别醒目。沙发采用藏蓝色长绒绳绒织物(6)的面料，质地柔软舒适。扶手椅采用机织中性色格子花呢(7)装饰。靠垫则选用象牙白色的丝绸面料(8)和蓝白色相间的格子棉质面料(9)制作，丰富材料的质感。

暖色调

原色

红黄蓝三原色在一个家庭活动室内，创造了一个以鲜艳色彩为主的设计方案。

运用欢快的三原色能够让你的家庭活动室生机勃勃，丰富的图案和材质赋予房间旺盛的活力和想象力。

调色板

玫瑰红色(1)、黄油糖果色(2)和牛仔蓝色(3)构成了柔和的主色调。雾蓝色(4)作为重点色出现在窗户和靠垫上。浅褐色的墙壁和木制品给这个色彩纷呈的配色方案提供了一个清新、简洁的背景。

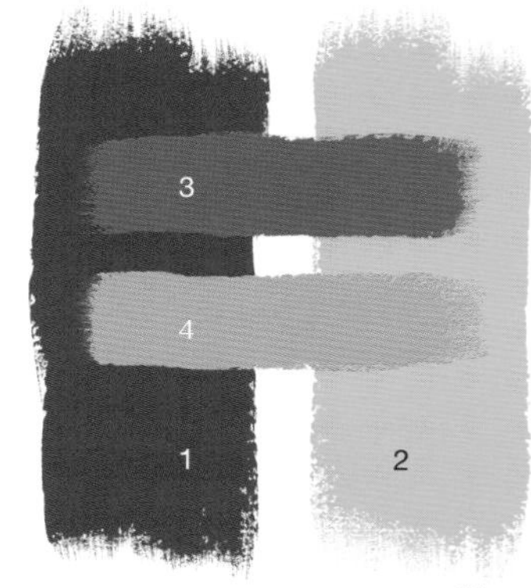

11

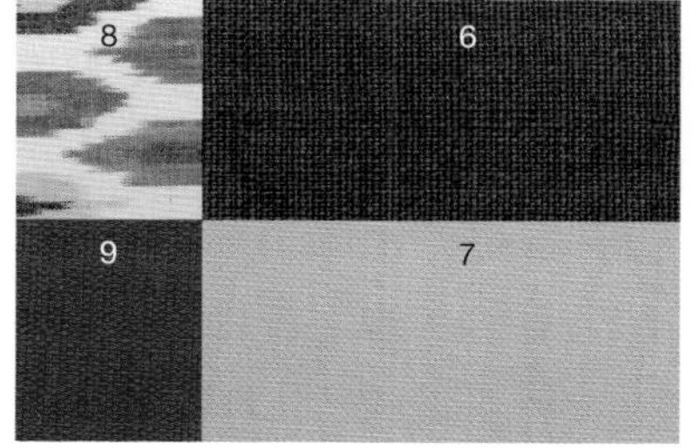

12

织物

圆形和条纹图案交织的棉质面料(5)，用在窗户上效果很棒。牢固的亚麻牛仔面料沙发(6)是家庭活动室的理想之选。靠垫采用黄油糖果色拉绒棉质面料(7)和彩色印花棉布(8)制作。扶手椅采用耐磨的玫瑰红色机织棉麻面料(9)装饰。

地面

油毡地面(10)实用美观，适用于厨房和客厅这样使用频率较高的房间。点缀有精细点状图案的藏蓝色织花羊毛地毯(11)，增添了雅致的趣味。蓝色和金色交织的剑麻地毯(12)是家庭活动室和书房的理想选择。>>

10

乡村厨房

漂亮的蓝色和奶油黄色是经典配色。

乡村厨房主题的核心是家庭。欢快的图案和生动的颜色有助于构建这种温馨的家庭气氛。

调色板

把亮丽的柠檬黄色(1)和翠雀蓝色(2)组合在一起，形成了经典的蓝黄配色方案。靛蓝色(3)增添了沉稳强健的色调，热情的奇异果色(4)则是鲜嫩的重点色。墙面和木制品刷成灰白色，以保持明亮清新的气氛。

13

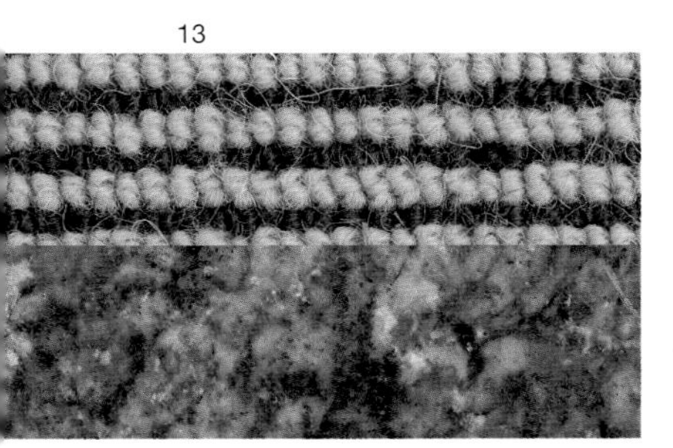

14

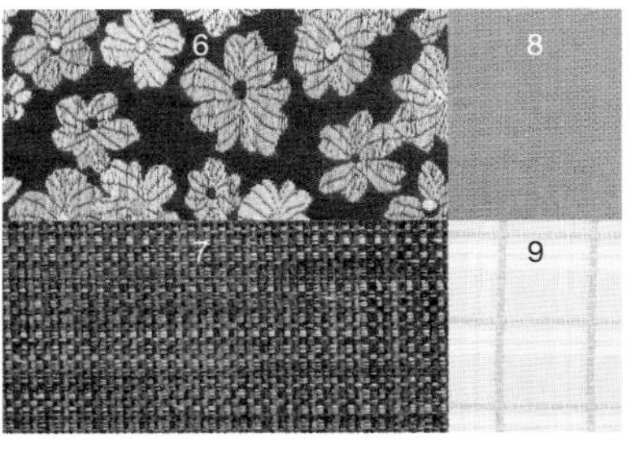

>> 若想欲寻求自然的地面效果，这种观感自然的藏蓝色和金色交织的羊毛地毯(13)极其适合。漂亮的蓝色大理石地面(14)铺设在入口门廊处，效果惊艳。

织物

用佩斯利花纹的印花棉布(5)来装饰窗户，效果上佳。座椅的椅垫采用结实的小型花卉图案的纯棉织物(6)。如果你有一个大房间，那么可以用牢固的靛蓝色和翠雀蓝色交织的全棉面料(7)包裹沙发。靠垫则可选用明艳的奇异果色亚麻面料(8)和格子棉质面料(9)制作。

紫色地面

紫色可以激发创造力，它能为一切居室设计方案添加立竿见影的视觉效果。

房间中央浓郁的茄紫色地毯为中性色的设计主题增加了视觉冲击力。

从左至右：金色和紫色的家具色调与局部地毯上的深茄紫色，构成了这组互补色配色方案的基调。紫色的高光橡胶地面为现代风格的餐厅带来令人惊叹的视觉效果。

中性色调

丁香色的梦

丁香花清新的淡紫色调散发着动人魅力，让人无法抵挡。

在室内装饰中使用丁香紫色会显得非常妩媚，充满女性气息。在客厅、卧室和餐厅中，这些色彩用途广泛但也很容易被忽视。不妨跟随维多利亚时代的潮流，将淡紫色融入它浓郁娇嫩的色系加以使用。

调色板

浪漫诱人的紫罗兰色(1)、法国浅紫色(2)和紫菀色(3)在这个单色系的淡雅设计中作为中性色被使用。墙面和木制品使用象牙白色(4)，以便与窗帘和沙发面料上柔和的白色调相呼应。

11

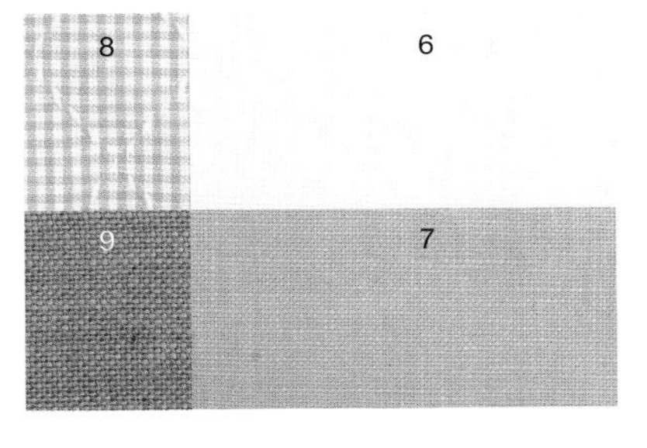

12

织物

用印有繁盛的丁香花图案的清爽棉质面料(5)可以制作出极为漂亮的窗帘。象牙白色的亚麻面料(6)的沙发清新柔和。靠垫选用带有光泽的法国浅紫色的亚麻面料(7)和紫罗兰色与白色交织的细方格棉布(8)制作。扶手椅采用天然紫菀色和紫罗兰色相间的亚麻面料(9)装饰。

地面

带有白色斑点的浅紫色羊毛地毯(10)适合铺在客厅和卧室，看上去浪漫迷人。低调的丁香紫色簇绒地毯(11)是时尚家居的理想选择。深丁香紫色和自然色在棱纹仿剑麻地毯(12)上完美结合。>>

10

春日漫步

色彩丰富的嫩芽和番红花使人想起春日踏青时的悠闲时光。

这个针对客厅的明亮和清新的设计方案灵感源自春季新鲜的绿色和明亮的丁香紫色。

调色板

柔和的草绿色(1)为这个清新的设计提供了雅致的基调。蕨菜绿色(2)给房间带来了浓郁的乡间气息。清凉的鲁冰花色(3)和靓丽的紫菀色(4)是富于活力的重点色。墙面和木制品则刷成灰白色。

13

14

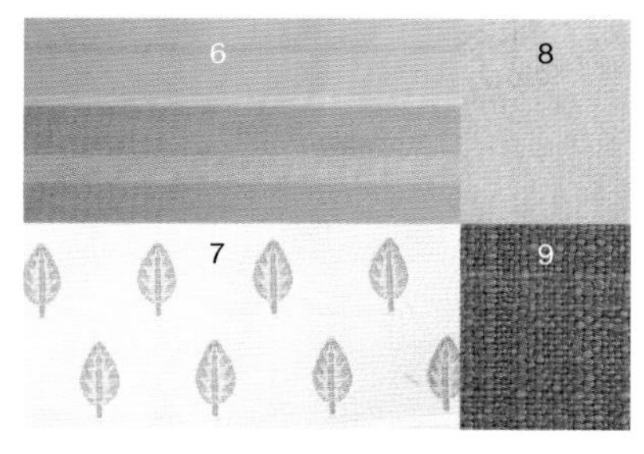

5

>> 浓郁的丁香紫色带有肌理感的橡胶地面(13)铺设在厨房，非常醒目。一系列紫色调在这个儿童卧室浓墨重彩的油毡地面(14)上彼此平衡。

织物

落地窗帘上清爽时髦的条纹图案面料(5)，极其美观。提取窗帘中的绿色，用在大沙发独特的横向条纹棉麻面料(6)和扶手椅迷人的小叶子提花棉质面料(7)上。靠垫选择鲁冰花色的丝绸(8)和紫菀色的亚麻(9)面料来制作。

暖色调

罗马假日

诱人的托斯卡纳色彩给这一起居室设计方案注入了温暖的元素。

泥土、树叶和藤蔓上成熟的葡萄，这些仿佛被阳光亲吻着的色调，让人忍不住慵懒起来。利用好这一点，就可以创造出一个芳醇舒适的起居室设计方案。

调色板

墙面、窗帘和室内装饰品上的蜂蜜色(1)是本方案关键的中性色。木制品和天花板使用灰白色来增加明亮感。用薰衣草紫色(2)和淡青柠檬色(3)作为重点色，而紫菀色(4)则作为深色对配色加以平衡。

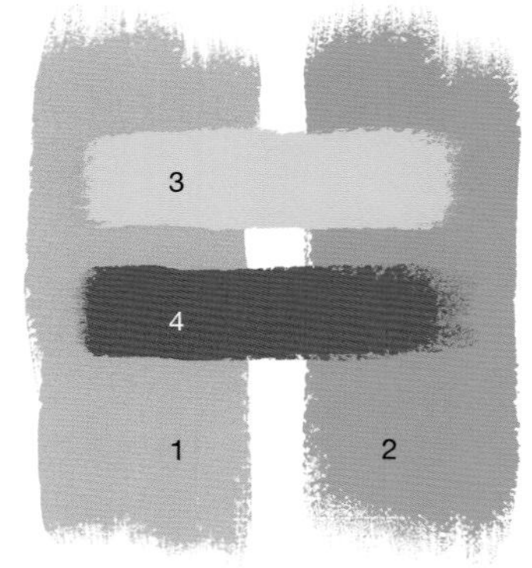

11

5 8 6 9 7

12

织物

丝麻窗帘面料上优雅的叶子图案(5)，能营造一种轻松舒适的氛围。蜂蜜色的天鹅绒面料(6)的沙发感觉温暖柔软。由时髦的亚麻和天鹅绒相间的条纹面料(7)装饰的扶手椅增添了视觉趣味。靠垫选用薰衣草紫色的光泽棉质面料(8)和淡青柠檬色的亚麻面料(9)制作。

地面

柔和的丁香粉色抛光石材地面(10)是当代居室地面的理想选择。人造复合地板有大量的颜色和图案可供选择，这种印有繁盛的夏花图案(11)的就不错。肌理橡胶地面(12)是家庭浴室的绝佳选择。>>

10

普罗旺斯之夏

青柠檬色和杜鹃花能够唤起人们脑海中有关普罗旺斯的阳光灿烂的夏日回忆。

清爽的亚麻面料和明艳的颜色能够让人想起开心的夏日，就像走在去往普罗旺斯的跳蚤市场的路上，悠闲地驾着车经过一片布满薰衣草的美丽田野。这种愉悦的夏日情绪，完全可以由生动的花卉图案和娇嫩的色彩带到你的家中，配以平静的灰褐色，使一切更加和谐。

调色板

墙面、窗帘和室内装饰品，使用浅黄褐色(1)作为中性色基调，用灰白色木制品与之搭配。饱满的杜鹃花色(2)作为重点色增加了视觉上的冲击感。浓郁的青柠檬色(3)让房间充满温暖，而鲁冰花色(4)则带来了令人愉悦的凉爽感觉。

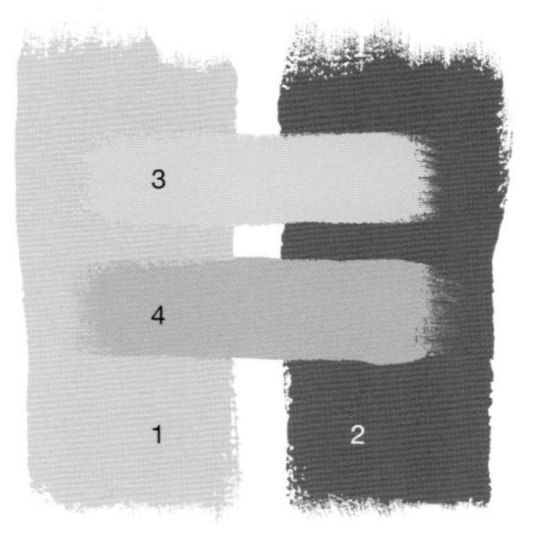

13

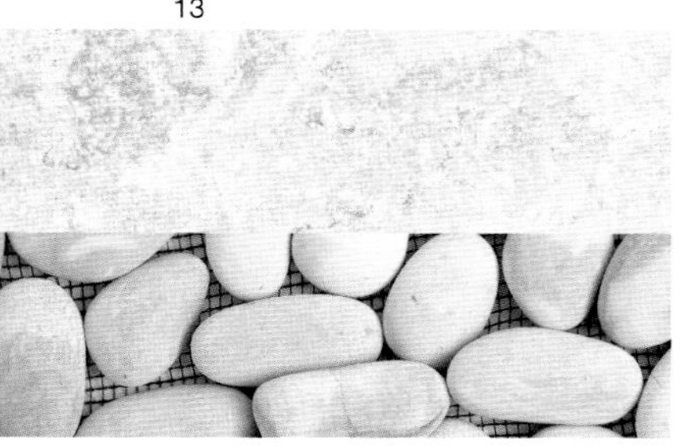

14

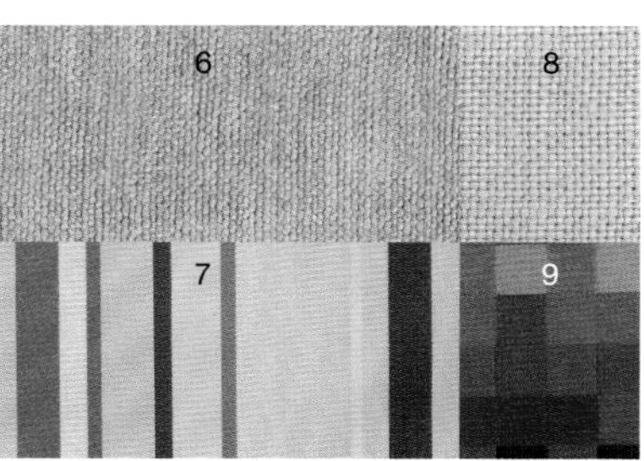

5

>> 漂亮的威尼斯大理石地面(13)，给卧室和客厅带来了一种迷人的蔷薇色调。淡丁香紫色的鹅卵石地面(14)铺设在浴室内，提供了极具震撼力的视觉效果。

织物

华美的印有剑兰图案的棉麻面料(5)的窗帘，成为人们视觉的焦点。浅黄褐色长绒绳绒织物(6)沙发调柔了整体气氛。靠垫采用色彩斑斓的条纹丝绸面料(7)和浅鲁冰花色的亚麻面料(8)制作。座椅则选用机织棉纤格子面料(9)进行装饰。

中性色调

华贵紫色

高贵的紫色和温暖的金色组合在一起，营造出富裕奢华的感受。

富于质感的丝绸和华丽的锦缎作为室内装饰面料，为这个光彩四溢的起居室主题增添了华美的装饰。

调色板

墙面和木制品的暖白色(1)，能营造具有包裹感的温暖氛围。蜜金色(2)搭配苔藓色(3)，可以给奢华的设计主题带来雅致的中性色调。紫蓟色(4)则是优雅高贵的重点色。

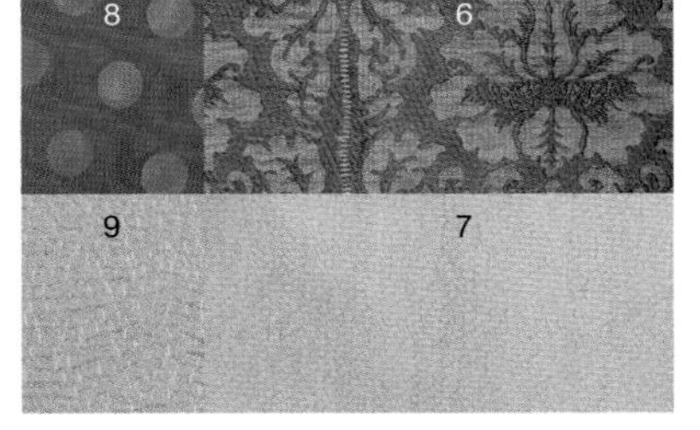

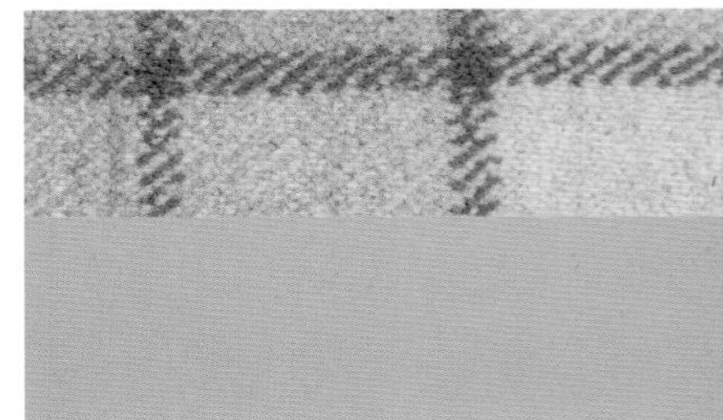

织物

用紫蓟色和金色圆圈图案的光泽感蜂蜜色丝绸面料(5)来装饰窗户，带来勃勃生机。由紫蓟色、蜂蜜色、苔藓色组成的提花织物(6)沙发是居室中光辉华美的视觉中心。扶手椅采用蜂蜜色绳绒织物(7)装饰，靠垫则选用有圆形图案的紫蓟色调(8)和蜂蜜色调(9)的丝绸面料来制作。

地面

强韧的浓郁紫蓟色羊毛簇绒地毯(10)构成了强劲的薰衣草色基调。若寻求更为雅致的观感，蜂蜜色和石楠色相间的方格羊毛地毯(11)，也是一种颇具吸引力的选择。>>

10

紫衣少女

漂亮的粉彩和花朵图案构成精致的室内设计主题。

令人愉快的棉花糖色彩激发了一个针对女孩卧室设计的清新明快的夏日主题。要营造清新舒适的气氛，房间内的窗帘和床上用品均应选用亚麻和全棉这样令人放松的自然面料。

调色板

中性的浅黄褐色(1)亚麻窗帘，呈现出迷人的质朴气息。窗帘上紫蓟色(2)、知更鸟蛋青色(3)和牡丹粉色(4)的刺绣，激发了这个女性化的配色方案。墙面刷成紫蓟色，并搭配灰白色的木制品。

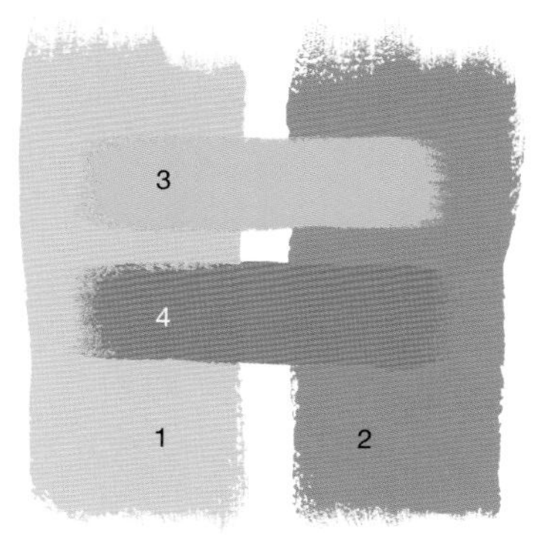

13

14

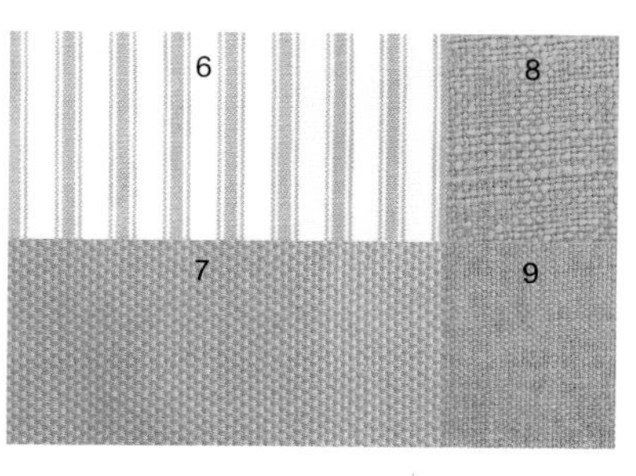

>> 淡紫色陶瓷地砖(12)是浴室的理想之选。游戏室、厨房和儿童房可以铺设肌理感的橡胶地面(13，14)。

织物

质朴的亚麻面料上绣有宝石色的花朵(5)，窗帘是如此漂亮可爱。被套选用蓟色和白色相间的条纹棉质面料(6)，靠垫选用紫蓟色的机织棉布(7)制作，牡丹粉色的亚麻面料(8)则用来装饰床罩。座椅采用知更鸟蛋青色的拉绒棉质面料(9)。

暖色调

五月时光

阳光明媚的黄色和甜蜜的浅紫色激发了这个愉快的春日主题。

这个为城市中乡村风格的居室量身定做的、令人愉悦的客厅方案，使人仿佛可以闻到春天里潮湿的泥土气息和花蕾散发的清香。

调色板

蜂蜜色(1)和淡黄色(2)带有阳光的气息，而紫蓟色(3)作为重点色的加入，则为方案带来一丝清凉。古金色(4)是室内装饰品上清新的中性色。墙面刷成淡黄色，并搭配灰白色的木制品。

11

5

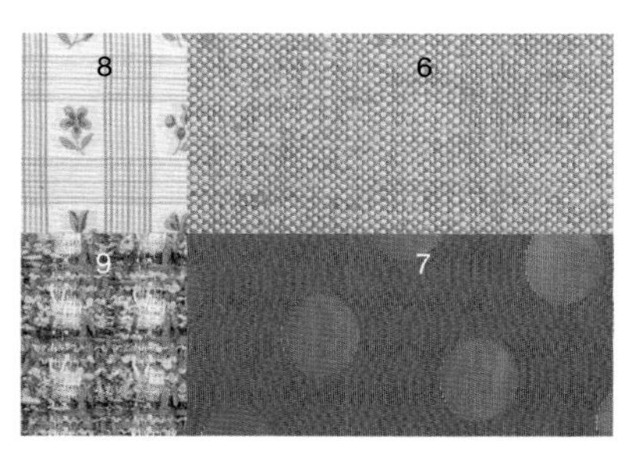

12

织物

窗帘采用金色调的大格子丝绸面料(5)，让人有一种阳光始终陪伴左右的温暖感觉。沙发采用古金色亚麻面料(6)包裹。靠垫选用紫蓟色圆形图案面料(7)和蜂蜜色与紫罗兰色相间的格子棉布(8)来制作。用亲和质朴的棉质编织面料(9)装饰座椅。

地面

深薰衣草色的细密羊毛簇绒地毯(10)是卧室和客厅的魅力之选。有淡紫色棚架图案的自然感羊毛地毯(11)，拥有质朴动人的风格。>>

10

三色堇

艳丽的三色堇创造了一个鲜活丰盈的客厅设计方案。

在你的客厅中是不是缺少壁炉这样的视觉中心呢？不妨把客厅中的沙发用让人惊叹、难以忽视的面料包裹起来，让它成为关注的焦点。看看它是如何吸引客人们情不自禁地进入客厅并且连声称赞的吧。你现在要担心的唯一问题反而是如何请他们离开。

调色板

墙面和木制品刷成安静的浅褐色(1)。沙发装饰面料上喧闹的三色堇色调激发了这个澄金色(2)和紫蓟色(3)形成的互补色配色主题。靠垫上的古金色(4)是宁静的重点色。

13

14

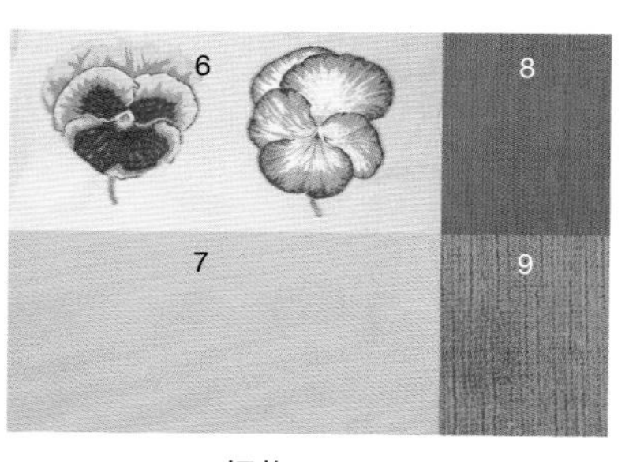

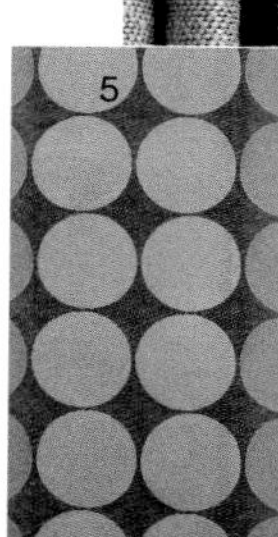

>> 深薰衣草色瓷砖地面(12)用在时尚的白色厨房内，会有一种高雅华丽的感觉。棱纹橡胶地面(13)适合游戏室，实用又有趣。游戏室还可以选择斑驳效果的油毡地面(14)，效果也非常好。

织物

有着圆形图案的紫蓟色调(5)的罗马式卷帘或布帘非常夺人眼球。采用华丽的三色堇图案面料(6)装饰的沙发，是空间中最重要的焦点。靠垫选用澄金色(7)和古金色(8)的丝绸面料制作。扶手椅采用澄金色做旧感棉质天鹅绒面料(9)装饰，保持了整体的中性色调。

中性色调

荷兰的岁月

诱人的郁金香图案让人不禁联想到风车和木鞋。

采用中性色和莓子色相搭配的郁金香图案的印花窗帘面料极具表现力，为休闲客厅创造出一个充满魅力的设计方案。

调色板

安静的浅黄褐色(1)是关键的中性色。浅黄褐色的墙面搭配灰白色的木制品奠定了中性色的基调。色调甜美的紫红色(2)、甜菜色(3)和紫菀色(4)是本方案诱人的重点色。

11

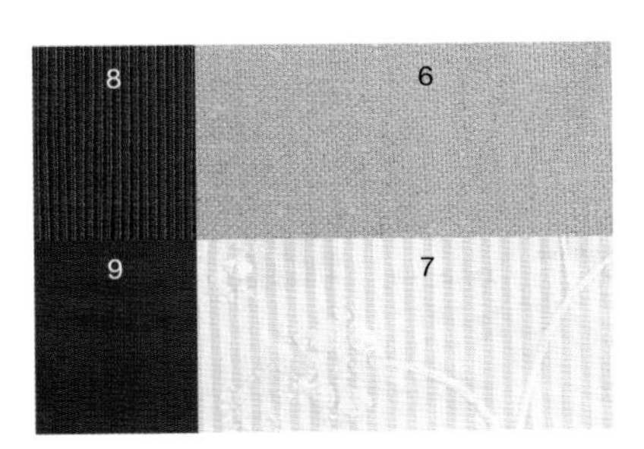

12

织物

这种印有郁金香图案的棉麻混纺印花面料(5)窗帘，效果极佳。沙发由质朴的浅黄褐色亚麻面料(6)包裹，非常时髦。靠垫选用带有暗条纹的刺绣丝绸面料(7)和甜菜色的柔软天鹅绒面料(8)制作。紫菀色的棱纹织物(9)座椅，雅致时髦。

地面

色调浓郁的抛光花岗岩地面(10)是门廊、客厅、餐厅和厨房的华美之选。抛光紫色石材地面(11)给现代感的地面增添了丰富的色彩元素。地毯(12)始终是人们的最爱。>>

10

花卉幻想曲

奇幻的花草激发了这个繁盛迷人的起居室设计方案。

满布着艳丽的、超大的花卉图案的印花丝绸面料蓬勃热情，激发出一个炫酷成熟的客厅设计主题，不间断地散发魅力。

调色板

草绿色(1)和橄榄色(2)确立了这一绿色的主题基调。娇嫩的孔雀蓝色(3)和紫菀色(4)是令人回味的重点色。草绿色的墙面搭配灰白色的木制品，使整体色彩和谐统一。

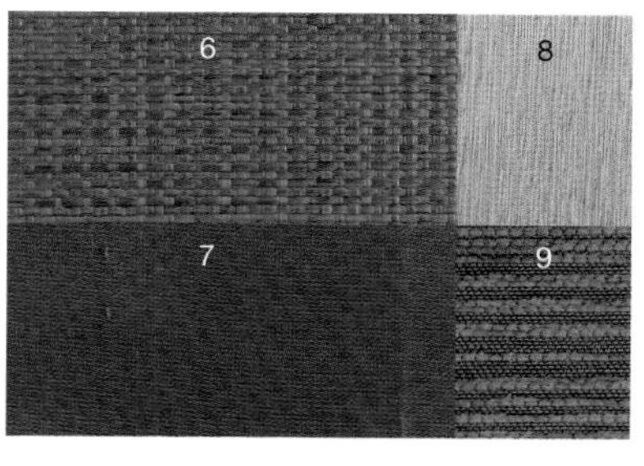

>> 不妨考虑在厨房内使用茄紫色橡胶地面(13)，在浴室内选用带有可爱鱼鳞图案的橡胶地面(14)。

织物

印有繁盛的奇幻花卉图案的草绿色丝绸面料(5)，使窗帘瞬间散发出魔力。沙发采用橄榄色拉菲草面料(6)，带来了时髦的材质感。靠垫选用紫菀色(7)和草绿色(8)面料制作。扶手椅使用孔雀蓝色和橄榄色相间的横纹棉织面料(9)装饰。

暖色调

紫色薄雾

浓郁的紫色调激发了这个不拘一格的当代起居空间的设计方案。

大地色系的茄紫色是当代室内设计中的流行色，它雅致的深色调使之成为成人起居室和餐厅的理想选择。

调色板

茄紫色(1)和紫菀色(2)确立了这个强大的紫色系配色方案。靠垫上明艳的青柠檬色(3)作为重点色补充了暖色调的色彩。墙面和木制品的浅褐色(4)，可以平衡浓郁的紫色带来的视觉冲击。

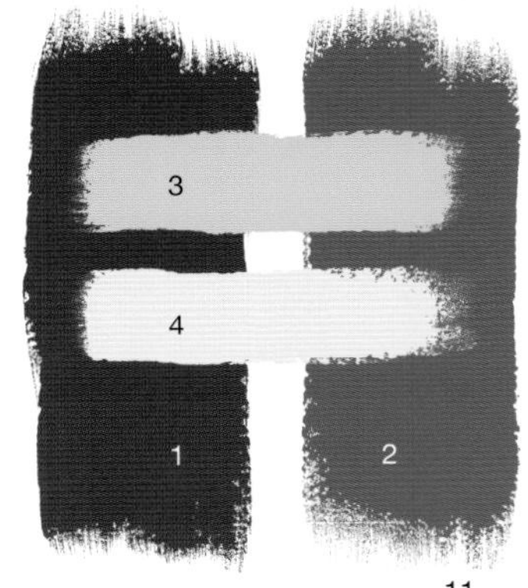

11

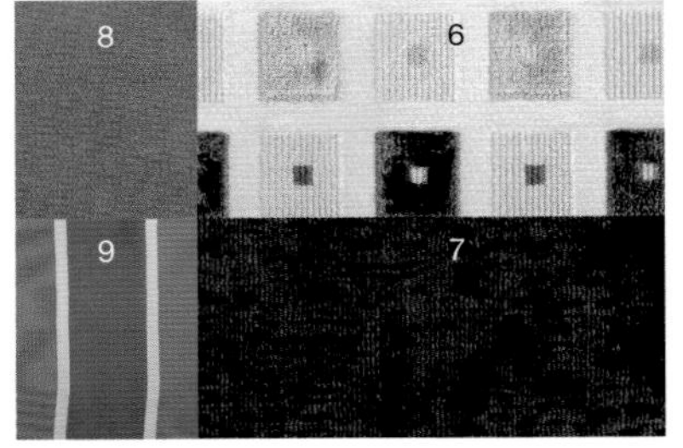

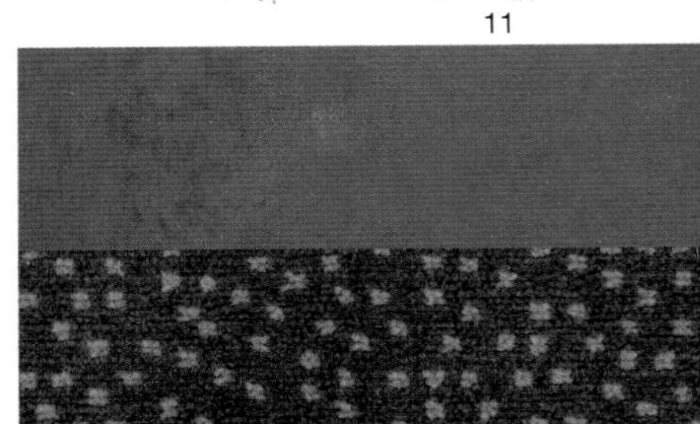

12

织物

印有起伏紫色藤蔓的浅褐色亚麻面料(5)的拖地窗帘吸引了人们的目光。沙发采用的方形图案割绒面料(6)引入了青柠檬色这一重点色。茄紫色天鹅绒面料(7)将座椅装点得分外温柔。靠垫则选用青柠檬色丝绸(8)和宽条纹丝绸(9)面料制作。

地面

抛光紫色巴西石材地砖(10)为当代居室营造出绝佳的地面效果。釉面陶土砖(11)是厨房和门廊的实用之选。带有青柠檬色斑点的紫水晶色厚绒地毯(12)为客厅带来了生趣与活力。>>

10

青柠甜酒

鲜活刺激的青柠檬色给这个室内设计方案注入了勃勃生机。

茄紫色浓郁的紫色调被青柠檬色衬托得非常完美，如果一开始没能冒险使用这对绝妙的配色，那该有多遗憾啊。现在，你可以信心满满地使用它们，但要记得，少量的青柠檬色会带来更好的视觉效果。

调色板

在这个舒适的客厅中，李子色(1)甜美鲜嫩的色调和青柠檬色(2)搭配得十分完美。浅黄褐色(3)的墙面搭配浅褐色(4)的天花板和木制品，可以建立一个有品位的中性基调。

13

14

6 8 5

7 9

>> 圈织剑麻地面(13)在游戏室中使用，非常实用耐磨。纹理丰富的富有光泽的花岗岩地面(14)是浴室的时髦之选。

织物

窗帘采用印有卷草纹样和花朵图案的青柠檬色棉质面料(5)，为居室注入满满的欢愉能量。大沙发采用印有花卉纹样的浅黄褐色棉麻面料(6)来装饰，时髦的条纹面料(7)则是扶手椅的理想选择。靠垫选择李子色的天鹅绒(8)和格子图案的丝绸(9)面料来制作。

致谢

特别感谢数月以来，在为本书挑选纺织品和地面材料的样品时，给我无私帮助的人们。

首先，感谢Quarto公司的所有同人对我能力的认可。特别感谢凯特·科尔比女士发现并培养了我这名年轻的作者；感谢米歇尔·皮克林女士在我陷入只见树木不见森林的窘境时（或者说只见材料不见地面效果可能更为恰当）对我的督促和鞭策；感谢莫伊拉和安娜做了如此出色的工作，她们将所有的样品以最佳的效果呈现在本书中；感谢菲尔·威尔金斯先生忍受着寒冷，在一月份没有暖气的展厅内，不辞辛苦地为地面装饰材料拍照。

最后，我必须感谢我的几个密友：塔里克、佩得罗、玛里琳和玛戈，他们偶尔把我从电脑前拉开，参加朋友的聚会；感谢梅尔·菲克林无私的鼓励；感谢诗人霍沃思在形容词方面给予本书创造性的贡献；感谢卢卡烹制的家常意大利美餐；感谢加拿大的后援团——克莱尔女士、劳·勒戈·洛伦索、维姬·塞丁、克雷格·赖安、凯特、莉兹、贝蒂姑妈、佛瑞德、杰欧夫和裘德。还有我的妹妹卡罗林·钦，谢谢她的爱、支持和美味的皇家基尔鸡尾酒。

谨以此书献给我亲爱的母亲，玛丽·爱德华兹·钦女士。